工程训练教程

（含报告册）

主　编　曾家刚

主　审　李柏林

西南交通大学出版社

·成　都·

图书在版编目（ＣＩＰ）数据

工程训练教程：含报告册.1，工程训练教程／曾
家刚主编. —成都：西南交通大学出版社，2020.1（2022.10
重印）

ISBN 978-7-5643-7362-7

Ⅰ. ①工… Ⅱ. ①曾… Ⅲ. ①机械制造工艺 – 高等学
校 – 教材 Ⅳ. ①TH16

中国版本图书馆 CIP 数据核字（2020）第 012441 号

Gongcheng Xunlian Jiaocheng (Han Baogaoce)

工程训练教程（含报告册）

主　编／曾家刚 　　　　　 责任编辑／何明飞
　　　　　　　　　　　　　 封面设计／墨创文化

西南交通大学出版社出版发行

（四川省成都市金牛区二环路北一段 111 号西南交通大学创新大厦 21 楼　610031）
发行部电话：028-87600564　028-87600533
网址：http://www.xnjdcbs.com
印刷：四川煤田地质制图印刷厂

成品尺寸　185 mm×260 mm
总印张　21.5　　总字数　531 千
版次　2020 年 1 月第 1 版　　印次　2022 年 10 月第 4 次

书号　ISBN 978-7-5643-7362-7
套价　53.80 元

前 言

为了适应工程教育改革、加强新工科建设的需要，切实培养学生处理复杂工程问题的能力，根据教育部高等学校工程训练教学指导委员会有关文件精神，结合目前工程训练实际情况，特编写本书。

全书共分五章，内容包括绪论、传统制造技术、先进制造技术、机电控制技术、综合训练、创新实践。考虑到对不同专业学生的要求有所不同，书中加"*"的内容为有关专业的拓展训练内容。编写负责人有曾家刚（绪论），郑朝霞和熊先云（第一章），杨志军（第二章），周丹（第三章），文小燕（第四章），王衡（第五章）。参加编写的人员有张小珍、李娟、韩金龙、杨佳、闫时禹、吕爱芬、陈晓刚、郑乔、王淑伟、龚丽、陈小勤、谢敏。全书由西南交通大学曾家刚教授担任主编并负责统稿，教育部工程训练教学指导委员会委员、西南交通大学李柏林教授担任主审。

本书引用并参考了兄弟院校的有关教学资料和教材，在此表示衷心的感谢。

由于编者水平有限，书中不妥之处在所难免，敬请读者批评指正。

编 者

2019 年 12 月

目　录

绪　论 ……………………………………………………………………………… 1

第一章　传统制造技术 ……………………………………………………………… 5

　实训一　铸　造 …………………………………………………………………… 6

　实训二　焊　接 …………………………………………………………………… 18

　实训三　热处理 …………………………………………………………………… 29

　实训四　机械测量技术 …………………………………………………………… 38

　实训五　车削加工 ………………………………………………………………… 50

　实训六　铣削加工 ………………………………………………………………… 61

　实训七　钳　工 …………………………………………………………………… 72

第二章　先进制造技术 ……………………………………………………………… 86

　实训一　数控车削 ………………………………………………………………… 87

　实训二　数控铣削 ………………………………………………………………… 95

　实训三　数控线切割 ……………………………………………………………… 120

　实训四　数控雕刻 ………………………………………………………………… 132

　实训五　3D 打印 ………………………………………………………………… 144

　实训六　激光加工 ………………………………………………………………… 159

第三章　机电控制技术 ……………………………………………………………… 178

　实训一　电气控制基础 …………………………………………………………… 179

　实训二　电子制作 ………………………………………………………………… 199

　实训三　开源硬件编程 …………………………………………………………… 216

　实训四　模块化机器人 …………………………………………………………… 234

　实训五　PCB 加工 ………………………………………………………………… 254

第四章　综合训练 …………………………………………………………………… 273

　综合训练一　足球机器人 ………………………………………………………… 274

　综合训练二　智能机器人 ………………………………………………………… 278

　综合训练三　个性化创新设计 …………………………………………………… 282

第五章　创新实践 …………………………………………………………………… 285

参考文献 …………………………………………………………………………… 288

绪　论

工程训练课程是为本科生开设的一门实践性技术基础课，是学生学习工艺知识、培养工程意识、提高工程实践能力的重要实践教学环节。本课程依托工程训练中心实践教育基地，以模拟实际工业环境为背景，以机械、电子、信息、控制等工业基本制造方法和综合训练项目为载体，采用模块化、理论教学与实践教学相结合，以实际操作训练为主的教学方式，建立以强化制造工程基础，注重多学科交叉，以提高工程实践能力和创新能力为核心的人才培养模式。学生通过本课程的学习可以获得机械制造的基本知识，建立工程意识；在培养一定操作技能的基础上增强工程实践能力；在劳动观点、创新意识、理论联系实际的科学作风等基本素质方面受到培养和锻炼。通过基础训练、综合训练和创新实践培养学生处理复杂工程问题的能力，为培养综合创新型与复合应用型人才打下基础。

一、工程训练教学目标

工程训练课程是一门实践教育课程，其目的是引导学生广泛涉猎不同学科领域，获得工程实践知识，建立工程意识，训练操作技能，了解生产实际，获得生产技术及管理知识，进行工程师基础素质训练。根据我国工程实践教学的发展和创新人才的培养要求，课程教学目标如下：

1. 学习工艺知识

工程训练是学生在教师的指导下通过独立的实践操作，建立起对制造过程的感性认识。在实训中，学生学习机械制造主要加工方法及其主要设备的结构、工作原理和操作方法，正确使用各类工具、夹具、量具及工艺元件。通过这些具体、生动而实际的知识的学习，使学生对工程问题从感性认识上升到理性认识，为学生以后学习相关专业课程及毕业设计等打下良好的基础。

2. 增强实践能力

为了培养学生的工程实践能力，强化工程意识，本科人才培养方案中安排了各种实验、实训、设计等实践性教学环节和课程，其中工程训练是最重要的实践课程之一。在实训中，学生通过直接参加生产实践，亲自操作各种机器设备，使用各种工具、夹具、量具、刀具等，独立完成简单零件的制造过程，使学生对简单零件具有初步的选择加工方法和分析加工工艺能力。用理论指导实践，以实践验证和充实理论，培养工程师应具备的基础知识和基本技能。

3. 提高综合素质

工程训练课程是在生产实践中的现场教学，它不同于理论教学，它是生产、教学、科研相结合的实践教学。它的教学内容丰富多样，对大多数学生来说是第一次接触实际工程环境，是对学生进行思想作风教育的良好时机与场所。学生须遵守纪律与各项规章制度，加强劳动观念，爱惜公共财产，建立经济观点与质量意识等。这一方面弥补了学生在实践知识上的不足，增加了在以后学习和工作中所需要的工艺技术、知识与技能；另一方面使学生初步树立起工程意识、劳动观念、集体观念、组织纪律性和爱岗敬业精神，从而提高学生的综合素质。

4. 培养创新意识和创新能力

在工程训练中，学生需要用到几十种设备，了解、熟悉和掌握其中一部分设备的结构、原理和使用方法，学习一些基本的制造工艺。在学习过程中，经常会遇到新鲜事物，时常会产生新奇想法，要善于把这些新鲜感和好奇心转变为提出问题和解决问题的动力。同时，这些基础工艺知识的学习为以后的创新孵化提供了实践方法和基本技能，培养同学们的综合创新实践能力。

二、工程训练教学要求

工程训练是一门实践性很强的课程，不同于一般的理论课程。它没有系统的理论、定理和公式，除了一些基本原则以外，大都是一些具体的生产经验和工艺知识。工程训练主要的学习课堂不是教室，而是工厂或实验室；主要的学习对象不是书本，而是具体的生产过程，学习的指导者是现场的教学指导人员。因此学生的学习方法主要是在实践中学习，要注重在生产过程中学习工艺知识和基本技能，并能理论联系实际融会贯通。同时，应及时完成实训报告，加强理论知识的巩固。

工程训练的教学要求如下：

（1）了解制造的一般过程和基础知识，熟悉零件的常用加工方法及其所用的主要设备与工具，了解新工艺、新技术、新材料在现代制造中的应用。

（2）初步具有对简单零件选择加工方法和进行工艺分析的能力，在主要加工工艺方面应能独立完成简单零件的加工，并培养一定的工艺实践能力。

（3）培养学生的安全意识、生产质量和经济观念、理论联系实际和认真细致的科学作风，以及热爱劳动、尊重劳动者和爱护公物等基本素质。

（4）加强预习环节，学生每次实训前须完成实训项目【预习要求及思考题】中的"课前预习要求"内容。

三、工程训练成绩评定办法

（1）"基础训练"实训总成绩满分为 100 分，其中实际操作 75 分，实训报告 10 分，实训日志 5 分，总结报告 10 分。学生所有实训结束后，课下完成《工程训练实训总结报告》，内容包括工程训练综述（3 分），心得体会（4 分），意见与建议（3 分）等。

（2）"综合训练"实训总成绩满分为 100 分。

（3）"基础训练"＋"综合训练"实训总成绩满分为 100 分，其中"基础训练"和"综合训练"各占 50%。

（4）学生必须完成教学计划规定的所有实训项目内容，该门课程才能合格。

四、工程训练学生实训守则

为了进一步加强和规范工程训练教学管理，提高教学质量，根据有关文件精神，特制定本守则。参加工程训练中心实训的学生应严格遵守本守则。

1．排（选）课与请假制度

（1）按排课执行教学计划的由工训中心统一排课；按选课执行教学计划的，学生要按时选课。排（选）课结果公布（提交）后或过了排（选）课开放时间，排（选）课结果不能更改。特殊情况需向工训中心教务办公室提出申请，办理相关调课手续。

（2）学生应严格执行排（选）课计划，排（选）课后无故缺课者，第二学期（学年）重修缺课工种。只有按教学计划完成所有实训工种，该门课程才能合格。

（3）因病不能按时上课者，应提前向工训中心教务办公室请假并提供医院证明材料；有特殊事项不能到课者，提前向工训中心教务办公室请假并提供所在学院盖章的证明材料；紧急情况不能提前请假者，事后补办相应手续。经工训中心同意请假者，由工训中心统一安排补课。

2．安全要求

（1）应通过预习熟知实训工种的安全要求。

（2）不准穿拖鞋、凉鞋、高跟鞋、吊带服等进入实训场所；操作设备时必须穿好全套实训服并戴好有关防护用品，扎好袖口，头发长的同学必须戴工作帽。

（3）实训期间严格遵守学校、工训中心有关安全规章制度，按照各实训工种的安全要求，听从老师统一安排，不得擅自操作设备。

（4）实训必须在指定地点、设备上进行；未经允许不准动用他人设备和工、卡、量具等；不准任意开动电闸、开关；发生问题，立即报告上课老师。在操作设备时思想要高度集中，不准聊天、打闹，禁止背着书包操作设备。

（5）发生安全事故须及时报告上课老师。

（6）文明实训，保持实训工位、场地的整洁。实训完后，将设备、场地环境清扫干净，关闭电源，经老师检查并签字同意后方可结束离开。综合训练及创新项目等开放的场地若两次以上因学生原因未打扫设备、场地卫生，将不再提供使用；不打扫设备、场地卫生的学生，不得再次入场加工。

3．上课纪律

（1）每次实训前需认真预习实训工种对应的预习内容，并完成规定的预习报告（即实训报告的一部分，包括实训仪器、原理、注意事项等）。上课前老师将检查预习报告，未完成预习报告者不得参加实训。

（2）迟到 15 分钟及以上者，不得参加当天的实训；中途离开实训工种场地、未经老师许可提前结束离开的按无故缺课处理。

（3）在实训场地内禁止吸烟、吃东西、玩手机，禁止戴耳机上课，不做与实训无关的事。

（4）实训中应注意节约，降低原材料及低值易耗品的消耗，在保证实训质量的情况下尽量降低实训成本。

（5）尊重老师、虚心学习、听从指挥、服从分配。对实训安排或对老师有意见，可以直接向老师提出，也可向工程训练中心领导报告，还可向所在学院或教务处反映。

（6）实训需要使用工具、量具、工件的，按老师要求办理借还手续，不得乱拿工具、量具和工件，原则上不能将工具、量具等从一个工种场地带到另一工种场地，更不得将公物据为己有。因自身保管、使用不当等原因丢失或损坏工具、量具和工件的须照价赔偿。

（7）实训中应按操作规程和老师要求使用设备，发生因违反操作规程而造成的设备损坏应做出经济赔偿。

4. 其　他

（1）实训期间须携带学生证（一卡通）。

（2）每次实训必须带上教材、实训报告、实训日志等。未带教材、实训报告者，以及实训报告中未完成有关预习要求内容者，不得参加实训。未带实训日志的，课后补齐，当天的实训日志成绩记零分。

（3）实训开始前按班统一领取实训服，实训结束后按班统一归还。实训服丢失须照价赔偿。

第一章　传统制造技术

传统制造技术分为冷加工制造技术（切削加工）和热加工制造技术。

铸造、焊接、热处理为传统制造（热加工）的实训工种。通过各工种的实训，学生将了解到各工种的加工范围、内容、工艺、特点以及在机械制造中的具体应用。

铸造实训主要使学生了解铸造的种类、特点、铸造成型基本工艺以及铸造在工业生产中的应用，掌握砂型铸造两箱整模造型的操作方法和工具使用，体验铸铝件从混砂开始到铸件清理的全过程。

焊接实训主要使学生了解焊接的分类、特点、焊接工艺方法、坡口形式、接头形式的选择，以及焊接在工业生产上的应用，掌握手工电弧焊的操作要点并操作 6 mm×100 mm×50 mm 冷轧钢板平焊焊缝、对接接头形式、I 形坡口的焊接，拓展学习钨极氩弧焊、压力焊点焊和 ABB 焊接机器人的焊接原理、设备组成、焊接过程及特点、适用范围等。

热处理实训主要使学生了解热处理的作用、主要服务对象、热处理工艺和常规质量检测方法，以及热处理在机械制造中的作用，掌握热处理实训设备的使用，操作 ϕ 20 mm×120 mm 的 45 号钢高频感应加热后正火或淬火工艺，用洛氏硬度计分别测试工件软、硬两种状态的硬度并进行比较，体验退火、正火和淬火的工艺过程及"趁热打铁"基本过程。

切削加工技术是利用切削刀具或工具去除毛坯上多余的材料，以获得所需要的尺寸精度、形状精度、位置精度和表面粗糙度的零件的加工方法。它一般在常温下进行，传统上也称为冷加工。目前，除了用精密铸造、精密锻造等方法直接获得零件成品外，绝大多数零件均需经过切削加工获得。

切削加工通常分为机械加工（简称机加工）和钳工。机械加工通过操纵机床对工件进行切削加工，如车、铣、刨、磨、镗、齿形加工等。钳工一般是指手持工具进行的装配、维修或切削加工。利用钻床进行的钻削加工按理应归为机械加工，但通常是由钳工来完成的。

质量检验是制造工程链中的重要一环，对零部件进行检验的依据是零件图样和检验卡。质量检验的方式有很多种，按检验数量分为全数检验和抽样检验；按质量特性值分为计数检验和计量检验；按检验性质分为理化检验和官能检验；按检验后检验对象的完整性分为破坏性检验和非破坏性检验；按检验的地点分为固定检验和流动检验。

实训一　铸　造

【实训目的】

（1）了解铸造在工业生产中的应用以及铸造的种类、特点和铸造成型工艺过程。

（2）掌握两箱整模造型的基本操作。

【实训设备及工具】

序号	名称	规格型号	备注
1	工业电炉	GR2-15	熔炼铸铝
2	卧式冷室压铸机	J1116B	压力铸造设备
3	辗轮式混砂机	S1110	知识拓展
4	小铁铲、墁刀、两头圆、砂勺、砂舂、直浇棒、起模针、气孔针、手风器、刷子、铁棒、刮板		砂型铸造造型

【实训基础知识】

一、铸造概述

铸造是将熔融的合金溶液注入预先制备好的铸型中使之冷却凝固而获得具有一定形状、尺寸和性能要求的毛坯或零件的制造过程。铸造生产出的产品称为铸件。铸造是机械制造业的基础，是现代制造业中获得成型毛坯的应用最广泛的方法。铸件在工业产品中所占的比重相当大，如机床、内燃机中，铸件占总质量的 70% ~ 90%，拖拉机和农用机械中占 50% ~ 70%。随着铸造技术的发展，各种铸件在公共设施、生活用品、工艺美术和建筑等国民经济领域中被广泛采用。

随着科学技术的进步，许多精密铸造，如熔模铸造、压力铸造、离心铸造等，在生产中被广泛应用。铸造生产技术的新成就，改善了劳动条件，提高了铸造质量、精度等级和生产效率，使铸造生产呈现出新的面貌。

二、铸造的分类

铸造方法很多，常见的分类方法如图 1-1-1 所示。

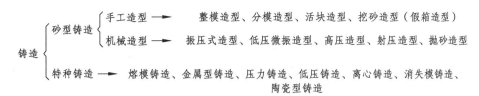

图 1-1-1　铸造的分类

三、铸造的工艺参数

铸造的工艺参数是铸造生产时进行铸造工艺设计要注意把握的技术要点，主要包括以下几方面：

1. 浇注位置和分型面

浇注位置：是指浇注时铸件在铸型中所处状态（姿态）和位置，也就是说，哪个部位在上或在下，哪个面朝上、呈侧立状态或朝下。

分型面：是指铸型上型与下型的接触面叫分型面，在图 1-1-2 中，分型面为粗线表示处。

分型面和浇注位置的选择原则见表 1-1-1。

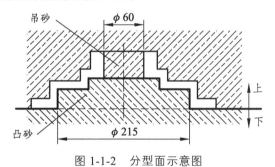

图 1-1-2　分型面示意图

表 1-1-1　分型面和浇注位置选择原则

分型面的选择原则	1. 为便于造型，分型面最好是平面，并且应设在铸件最大水平截面处，并尽可能减少分型面的数量
	2. 尽可能使整个铸件或铸件的加工面和加工基准面置于同一砂箱内
	3. 便于起模，方便检查铸件壁厚、不易错箱、有利于砂芯的固定与排气等
	4. 尽量减少砂芯、活块数量，避免吊芯
浇注位置的选择原则	1. 尽量减少砂芯、活块数量，避免吊芯
	2. 铸件的大平面应尽可能朝下，以减少缺陷和加工余量
	3. 铸件的重要面或薄壁部分应处于型腔的底面或侧面，以保证金属液能顺利充满
	4. 铸件的厚实部分应放在上部或侧面，以便于放置冒口和冷铁进行补缩

2. 加工余量

铸件上为切削加工而增大的尺寸称为加工余量。加工余量的大小与铸件大小、合金种类及造型方法有关。

3. 拔模斜度

为便于起模，凡垂直于分型面的模样表面都要加上 0.5°～3°的拔模斜度（起模斜度）。

4. 铸造圆角

铸件相邻表面之间的夹角应尽可能做成圆角，以消除砂型上较难捣实的、脆弱的、易于损坏的、尖锐的角和边，防止铸件应力集中而引起裂纹。一般中小铸件的铸造圆角半径为 3～5 mm。

5. 铸造收缩率

液体金属冷凝后要收缩，所以模样应比铸件尺寸大一个收缩量，其大小一般由合金的线收缩率和铸件结构来确定，灰口铸铁一般为 0.7%～1%，铸钢为 1.6%～2%，铸造铝合金为 1%～1.2%。

6. 型芯、芯头及芯座

型芯：铸件上不方便用模型直接铸出的内腔或妨碍起模的凸台或凹槽等，可用型芯做出。型芯由芯盒制成。

芯头及芯座：型芯通过芯头固定在铸型的芯座上，芯座应稍大于芯头。芯座和芯头在制作模型和芯盒时分别做出。

四、砂型铸造

砂型铸造就是用型砂和芯砂紧实成铸型进行铸造的方法，俗称翻砂，它是最基本的铸造方法。

1. 砂型铸造工艺过程

砂型铸造工艺过程如图 1-1-3 所示。

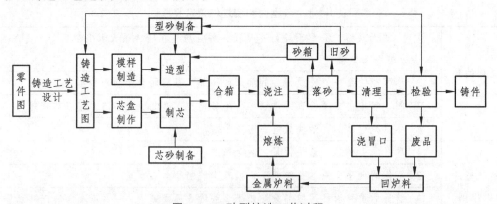

图 1-1-3　砂型铸造工艺过程

2. 砂型铸造的特点

砂型铸造的优点：

（1）用铸造方法可以制成形状复杂的毛坯，如箱体、气缸、机座、机床床身等。

（2）铸件的形状和尺寸与零件很接近，因此节省了金属材料和加工工时。

（3）铸造所用的原材料大多来源广泛、价格低廉，而且可以直接利用报废的机件、废钢和切屑，在一般情况下，铸造设备需要的投资也较少，因而铸件的成本比较低廉。

（4）绝大部分金属均能用铸造的方法制成铸件。

砂型铸造的缺点：

（1）废品率较高。

（2）其力学性能不如同类材料的锻件高。

（3）劳动条件较差。

五、型（芯）砂的组成、性能要求及配制

制造砂型铸型的材料称为造型材料，分型砂和芯砂两种。型砂用于制造砂型、形成铸件外部轮廓，芯砂用于制造砂芯、形成铸件内部孔腔。型砂、芯砂主要由原砂、黏结剂、水和附加剂按一定比例混合制成。黏结剂有黏土、水玻璃、桐油、合脂等，用黏土作为黏结剂的型（芯）砂称为黏土砂。

1. 型（芯）砂性能要求

造型材料的好坏对造型工艺及铸件质量有很大影响。为满足铸造生产工艺要求，型砂、芯砂应具备一定的性能要求。

强度：指型（芯）砂抵抗外力破坏的能力。强度过低，易造成塌箱、冲砂、砂眼等缺陷；强度过高，易使型（芯）砂透气性和退让性变差。

可塑性：指型（芯）砂在外力作用下变形，去除外力后能完整地保持已有形状的能力。可塑性好，造型操作方便，制成的砂型形状准确、轮廓清晰。

透气性：指型（芯）砂能让气体通过而逸出的能力。若透气性不好，易在铸件内部形成气孔等缺陷。

耐火性：指型（芯）砂抵抗高温热作用的能力。耐火性差，铸件易产生黏砂。

退让性：指铸件在冷凝时，型（芯）砂可被压缩的能力。退让性不好，铸件易产生内应力或开裂。

溃散性：型（芯）砂在浇注后，容易溃散的性能。溃散性对清砂效率和劳动强度有显著影响。

回用性（复用性）：型（芯）砂在使用后保留原有性能的能力。黏土砂的复用性与原砂和黏土的性质有关。反复使用时，其中砂粒体积膨胀和收缩而破碎细化，黏土丧失结构水或丧失重新获得层间水的能力成为死黏土。钠基膨润土复用性最好，活化处理的钙基膨润土次之，普通黏土又次之，钙基膨润土最差。

铸造性能好的型（芯）砂应具有一定的强度、可塑性，良好的耐火性、透气性、溃散性及一定的退让性和回用性。

2. 型（芯）砂的配制

常用设备是辗轮式混砂机。配制型砂时，一般将新砂、旧砂、黏结剂、附加物等材料按一定配比放入混砂机中，先干混 2~3 min，再加水湿混 10 min 左右，卸砂，堆放 4~5 小时进行自然调匀。配好的型砂需经检测合格后才能使用。使用前还需过筛或用松砂机进行松砂，

使型砂松散好用。

芯砂的配制与型砂的配制方法一样,只是不能加入旧砂。

六、常见造型方法及其工具

1. 常见造型方法

(1)整模造型:其模样是整体的,分型面是平面,铸型型腔全部在半个铸型内,其造型简单,铸件不会产生错型缺陷。适用于铸件最大截面在一端,且为平面的铸件。整模造型过程如图 1-1-4 所示。

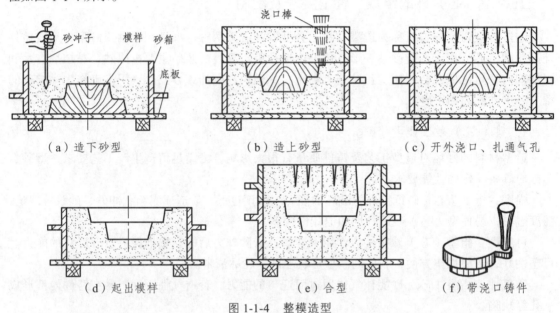

(a)造下砂型　　　　　　　(b)造上砂型　　　　　　(c)开外浇口、扎通气孔

(d)起出模样　　　　　　　(e)合型　　　　　　　(f)带浇口铸件

图 1-1-4　整模造型

(2)分模造型:将模样沿最大截面处分成两半,型腔位于上、下两个砂箱内。其造型简单省工,常用于最大截面在中部的铸件。分模造型过程如图 1-1-5 所示。

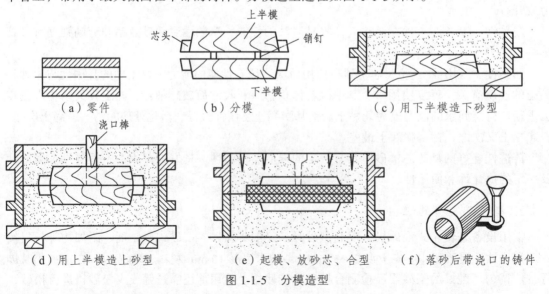

(a)零件　　　　　　(b)分模　　　　　　(c)用下半模造下砂型

(d)用上半模造上砂型　　　(e)起模、放砂芯、合型　　　(f)落砂后带浇口的铸件

图 1-1-5　分模造型

（3）挖砂造型：有些铸件如手轮、法兰盘等，最大截面不在端部，而模样又不能分开时，只能做成整模放在一个砂型内，为了起模，需在造好下砂型翻转后，挖掉妨碍起模的型砂至模样最大截面处，其下型分型面被挖成曲面或有高低变化的阶梯形状（称不平分型面），这种方法称为挖砂造型。挖砂造型过程如图 1-1-6 所示。

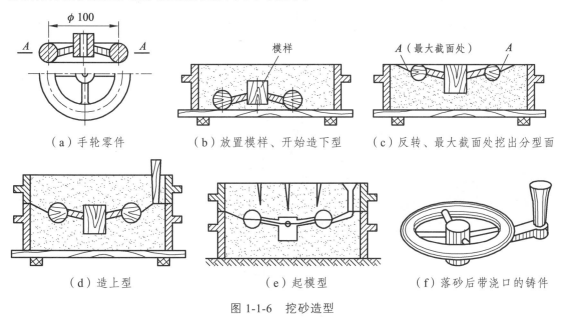

图 1-1-6　挖砂造型

（a）手轮零件　　（b）放置模样、开始造下型　　（c）反转、最大截面处挖出分型面

（d）造上型　　（e）起模型　　（f）落砂后带浇口的铸件

（4）挖砂造型——假箱造型：利用高度紧实的硬砂预先制好半个铸型代替底板，即假箱，如图 1-1-7 所示。

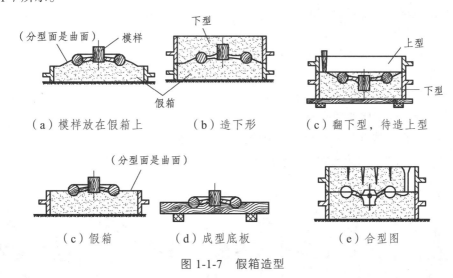

（a）模样放在假箱上　　（b）造下形　　（c）翻下型，待造上型

（c）假箱　　（d）成型底板　　（e）合型图

图 1-1-7　假箱造型

（5）活块造型：在制模时将铸件上的妨碍起模的小凸台、肋条等这些部分做成活动的（即活块）。起模时，先起出主体模样，然后再从侧面取出活块。其造型费时，对工人技术水平要求高，主要用于单件、小批生产带有突出部分、难以起模的铸件。活块造型过程如图 1-1-8 所示。

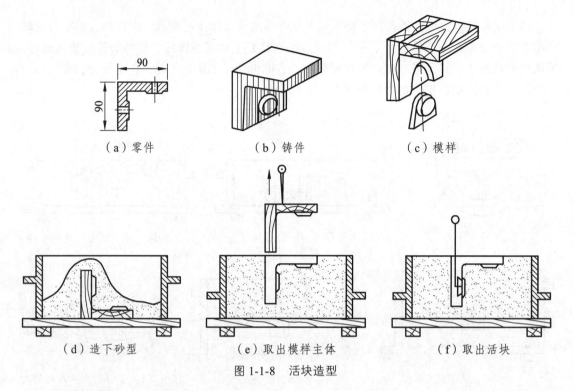

（a）零件　　　　　　（b）铸件　　　　　　（c）模样

（d）造下砂型　　　　　（e）取出模样主体　　　　　（f）取出活块

图 1-1-8　活块造型

2. 造型工具

制造铸型用的工具被称为造型工具。常用的工具有砂春、通气针、起模针、手风器、墁刀、两头圆等，如图 1-1-9 所示。图中：

（a）直浇道棒：用于做直浇道；

（b）砂春：用于春实型砂；

（c）通气针：制作起排气作用的通气孔；

（d）起模针：用于取出模型；

（e）墁刀：用于修平面及挖沟槽；

（f）两头圆：用于修凹的曲面；

（g）砂勾：用于修深的底部或侧面及钩出砂型中散砂；

（h）手风器：用于吹分型砂，以免进入眼睛。

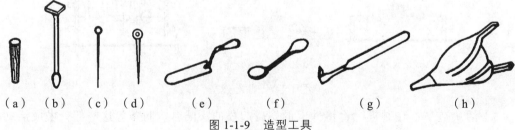

（a）　　（b）　　（c）　　（d）　　　　（e）　　　　（f）　　　　　　（g）　　　　　（h）

图 1-1-9　造型工具

七、浇注系统

将熔融金属从浇包注入铸型的操作称作浇注。浇注操作不当，会使铸件产生气孔、冷隔、浇不足、缩孔和夹砂等缺陷。浇注时，金属液流入铸型所经过的通道称浇注系统。浇注系统一般包括外浇口、直浇道、横浇道和内浇道，如图 1-1-10 所示。浇注系统的主要作用是调节铸件冷凝顺序和温度，及时补充铸件所需要的金属。

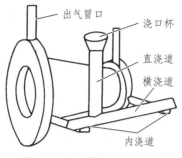

图 1-1-10　浇注系统组成

1. 浇注技术

铸件浇注时应把握好以下几个技术要点：

（1）浇注温度：金属液浇入铸型时所测量到的温度是浇注温度。浇注温度由铸件材质、大小及形状来确定。浇注温度过低时，由于熔融金属液的充型能力差，易产生浇不足、冷隔和气孔等缺陷；浇注温度过高时，会使铁水收缩量增加而产生缩孔、裂纹以及铸件黏砂等缺陷。对形状复杂的薄壁件，浇注温度应高些；对简单的厚壁件，浇注温度可低些。

（2）浇注速度：浇注速度应按铸件形状和大小来定。浇注速度应适中，太慢会使金属液降温过多，易产生浇不足等缺陷；太快又会使金属液中的气体来不及析出而产生气孔，同时由于金属液的动压力增大，易造成冲砂、抬箱及跑火等缺陷。对于薄壁件，浇注速度可快一些。

（3）正确估计金属液质量：浇注过程中不能断流，金属液不够时应不浇注，否则得不到完整的铸件。

（4）挡渣：浇注前应向浇包内金属液面上加些干砂或稻草灰，以使熔渣变稠便于扒出或挡住。

（5）引气：用红热的挡渣钩及时点燃从砂型中逸出的气体，以防一氧化碳等有害气体污染空气及形成气孔。

2. 浇注系统各部分的作用

（1）外浇口：外浇口呈漏斗形承接金属液，减缓金属液的冲击力，将金属液平稳地引入型腔，并具有分离熔渣和防止气体卷入浇道的作用。

（2）直浇道：多为圆锥垂直通道，其高度决定金属液静压力大小，底部需做出球面缓冲坑。

（3）横浇道：多为梯形截面的水平通道，设在内浇道的上方起分流、挡渣、减速的作用。

（4）内浇道：多为扁梯形或三角形，直接与铸型型腔相通，起控制金属液流入型腔方向、流速，调节铸件各部分冷却速度及凝固顺序的作用，是控制铸件质量的关键环节。

3. 出气冒口

为防止铸型腔中金属液在冷凝过程中产生体积收缩形成缩孔，往往在铸件的顶部或原实部位放置冒口以补充铸件的收缩，冒口具有补缩、排气和集渣的作用。

八、铸件的缺陷分析

铸件常见缺陷有气孔、砂眼、渣眼、缩孔、裂纹、黏砂、夹砂、胀砂、冷隔、浇不足、缩松、缺肉，肉瘤、错箱、偏芯等，见表1-1-2。

表1-1-2　常见铸造缺陷分析

缺陷名称	缺陷简图	缺陷特征	产生的主要原因
气孔		铸件表面或内部出现的内壁光滑的孔洞，多为圆形、椭圆形或梨形	1.型砂透气性差； 2.型砂过湿，起模、修型时刷水偏多； 3.型芯通气道堵塞或型芯未干； 4.浇注系统不正确，气体排不出
砂眼		铸件表面或内部存在形状不规则的、含有砂粒的小孔洞	1.型砂强度不够或局部型砂没捣实，掉砂； 2.型腔或浇口内残留散砂； 3.合箱操作不当，致砂松落； 4.浇注系统不合理冲坏砂型
渣眼		铸件表面或内部存在形状不规则的熔渣	1.浇注时挡渣不好； 2.浇注温度偏低，熔渣未完全浮起，残留在金属液内； 3.浇注系统不合理，挡渣作用差
缩孔		铸件最后凝固处有或明或暗的孔洞，孔壁粗糙，形状不规则	1.浇冒口和冷铁设置不当，补缩不足； 2.铸件壁厚不均匀，无法有效补偿； 3.浇注温度过高，金属液收缩过大； 4.金属液中气体或磷含量偏高
夹砂	金属片状物	铸件表面有片状的金属突出物，边缘锐利，表面粗糙，金属片与铸件之间夹有一层型砂	1.铸件结构不合理； 2.湿态强度较低，局部型砂过紧，水分过多； 3.浇注温度过高； 4.浇注速度过慢
黏砂		铸件表面沾着一层难以清除的砂粒，铸件表面粗糙。常发生在厚大断面、内角或凹槽部	1.型砂紧实度不够； 2.浇注温度过高； 3.型砂耐火性差； 4.涂料不好或脱落； 5.金属液中碱性氧化物过多
浇不足		铸件残缺，形状不完整，常产生于远离浇口部位	1.金属液流动性差； 2.浇注温度太低； 3.浇注速度太慢； 4.铸件壁太薄； 5.浇注系统设计不合理

缺陷名称	缺陷简图	缺陷特征	产生的主要原因
错箱		铸件的一部分与另一部分在分型面处错开	1.合箱时上下砂箱未对准，发生错位； 2.造型时上下模定位不好，有错移； 3.上下砂箱未夹紧
冷隔		铸件上有未完全融合的浅坑或缝隙，边缘呈圆角	1.浇注温度过低； 2.浇注速度太慢或断流； 3.铸件壁太薄； 4.浇口太小或位置不当； 5.金属液流动性差
裂纹		铸件开裂。热裂纹断面氧化严重，呈暗蓝色，呈曲折形状，不规则；冷裂裂纹断面发亮有金属光泽，不氧化或轻微氧化，成连续直线状	1.铸件结构不合理，薄厚差别大，冷却不一致； 2.型（芯）砂退让性差，阻碍铸件收缩，产生大的内应力； 3.浇注系统设计不合理，铸件各部分收缩不均匀； 4.金属液化学成分不当，收缩大
偏芯		铸件的孔偏斜或轴心线偏移	1.型芯变形或位置偏斜； 2.烧道位置不合理或下芯时定位不牢，金属液冲歪型芯； 3.合箱操作不当碰歪型芯； 4.制模时型芯头偏心

九、熔炼铝合金的设备

铸造铝合金的熔炼炉种类较多，常用的有坩埚炉、感应炉及反射炉等。其中，电阻坩埚炉带有电子电位差计，能对炉温进行准确控制，炉内含杂质和气体少，合金的成分容易控制，因而熔炼的合金质量高。其缺点是耗电量大，成本较高。它主要用于对质量要求较高的铝、铜合金的熔炼。电阻坩埚炉结构示意如图 1-1-11 所示。

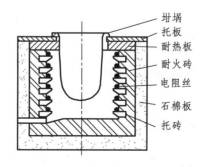

图 1-1-11　电阻坩埚炉结构示意图

十、铸件的落砂和清理

将铸件从砂型中取出的过程叫落砂。落砂后，从铸件上清除表面黏砂和多余金属（包括浇冒口、飞翅、毛刺和氧化皮等）的过程称为清理。清理工作主要包括下列内容：

（1）切除浇冒口：铸铁件性脆，可用铁锤敲掉浇冒口；铸钢件要用气割切除；有色金属铸件则需锯掉。

（2）除芯：从铸件中去除芯砂和芯骨的操作叫除芯。除芯可用手工、振动出芯机或水力清砂装置进行。

（3）清砂：落砂后除去铸件表面黏砂的操作叫清砂。小型铸件广泛采用清理滚筒和喷砂器来清砂；大、中型铸件可用抛丸室等机器清砂。生产量不大时可用手工清砂。

（4）铸件的修理：它是最后磨掉在分型面或芯头处产生的飞翅、毛刺和残留的浇冒口痕迹的操作。一般采用各种砂轮、手凿及风铲等工具来进行。

（5）铸件的热处理：由于铸件在冷却过程中难免会出现不均匀组织和粗大晶粒等非平衡组织，同时又难免会存在铸造热应力，故清理以后要进行退火、正火等热处理。

十一、特种铸造方法简介

（1）熔模铸造：用易熔材料（如蜡料）制成模样，然后在表面涂覆多层耐火材料，待硬化干燥后，将蜡模熔去，而获得具有与蜡模形状相应空腔的型壳，再经焙烧后进行浇注而获得铸件的一种方法。

（2）金属型铸造：将液体金属浇入用金属材料制成的铸型中，以获得铸件的方法。

（3）压力铸造：是使液态或半液态金属在高压的作用下，以极高的速度充填压型，并在压力作用下凝固而获得铸件的一种方法。

（4）低压铸造：是液体金属在压力的作用下，完成充型及凝固过程而获得铸件的一种铸造方法。压力一般为 20~60 kPa，故称为低压铸造。

（5）离心铸造：是将液体金属浇入旋转的铸型中，使之在离心力的作用下，完成充填铸型和凝固成型的一种铸造方法。

【实训内容】

（1）学习铸造基础知识。
（2）学习砂型铸造的工具使用及混砂方法。
（3）操作混砂、整模造型、浇注、落砂清理。
（4）了解 J1116B 型卧式冷室压铸机。

【安全操作规程及注意事项】

（1）实训前须检查所用工具、砂箱、底板等是否完好，破损的要找老师修整或更换后方能使用。实训过程中管理好自己的造型用具，不要乱放。

（2）造型时不可用嘴吹型砂，以免型砂进入眼睛。

（3）实训过程中不要触摸加热中的熔化炉，避免被烫伤；不要擅自打开控制柜柜门，禁止触摸电气线路及电器元件，以免触电。

（4）浇注现场不得拥挤、打闹。

（5）落砂时拿取铸件前应注意其是否冷却，防止烫伤。

（6）清理铸件时要注意安全，避免伤人。

（7）实训结束后将所有工具、砂箱清理归位。

【预习要求及思考题】

一、课前预习要求

（1）了解铸造的定义、分类、特点和应用。

（2）了解铸造的工艺过程。

（3）了解常见的砂型铸造的造型方法。

（4）了解常见铸造缺陷及产生原因。

（5）完成实训报告中的第一、二、三题。

二、思考题

（1）如何选择铸造工艺方法？

（2）为什么铸造是毛坯生产中的重要方法？

（3）为什么熔模铸造是最有代表性的精密铸造方法？它有哪些优越性？

【阅读资料】

特种铸造中金属型铸造、熔模铸造、离心铸造的具体操作参见二维码内容。

金属型铸造、熔模铸造、离心铸造

实训二 焊 接

【实训目的】

（1）了解焊接基础知识以及焊接在工业生产上的应用。

（2）掌握手工电弧焊的操作要点。

（3）学习钨极氩弧焊、压力焊—点焊和 ABB 焊接机器人的设备组成、特点及焊接过程等知识。

【实训设备及工具】

序号	名称	规格型号	备注
1	手工直流电弧焊机	ZX7-400	
2	氩弧焊焊机	YC-300WX	知识拓展
3	压力焊点焊机	DZ-63 型	知识拓展
4	ABB 工业焊接机器人	IRB1410	知识拓展
5	防护面罩、防护手套、焊枪、敲渣榔头等		

【实训基础知识】

一、焊接概述

在机械工业中，使两个或两个以上零件连接在一起的方法有螺钉连接、铆钉连接、焊接。螺钉连接、铆钉连接都是机械连接，特点是变形小，可使两种不同金属或使焊接性能差的金属连接在一起。焊接是通过加热或加压（或两者并用），使两块分离的金属达到原子和分子间结合，形成永久性连接的一种方法，连接后不可拆卸。焊接具有节省金属材料、简化加工及装配工序、过程简单、接头牢固、劳动强度低、生产率高等特点。焊接件的厚度不受限制，焊缝能达到油密、气密和水密。焊接技术在机械、锅炉、压力容器、管道、电力、造船、航空、建筑及国防等领域均得到广泛的应用。

根据焊接过程的特点，焊接可分为三大类，见图 1-2-1 所示。

熔化焊：利用一定热源将焊接件接头处局部加热到熔化状态形成焊缝。

压力焊：通过电源同时加压或加热（不加填充金属）使原子或分子之间结合。

钎焊：将熔点比母材低的钎料作填充金属，适当加热熔化后连接母材。

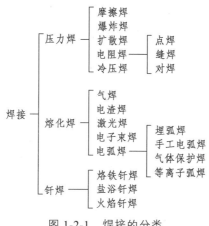

图 1-2-1　焊接的分类

二、常见焊接技术

1. 手工电弧焊

手工电弧焊是以手工操作的焊条和被焊接的工件作为两个电极，利用焊条与焊件之间的电弧热量熔化金属进行焊接的方法。焊接时，只需把手弧焊机的两根输出电缆线，一根接工件，另一根接焊钳，焊钳夹持焊条，操作者戴上面罩，便可引弧焊接。

手工电弧焊设备简单、操作灵活方便、成本低，对焊接接头的装配尺寸要求不高，可在各种条件下进行各种位置的焊接，是目前生产中应用最广的焊接方法。但手工电弧焊在焊接时有强烈的弧光和烟尘、劳动条件差、生产率低，对工人的技术水平要求较高，焊接质量也不够稳定。

（1）手工电弧焊引弧。

焊接时，使焊接材料（焊条、焊丝等）引燃电弧的过程叫引弧。引弧时，先将焊条末端与工件表面接触形成短路，然后迅速将焊条提起 3 ~ 6 mm，电弧即被引燃。引燃电弧后即产生了焊接电弧，焊接电弧是一种发生在焊条与工件之间强烈而持久的气体放电现象，是所有电弧焊接方法的热源。利用电弧放电产生的热量来加热、熔化焊条（焊丝）和母材，使之形成焊接接头，实现连接金属的目的。在焊接时为确保焊接的焊缝质量，焊接电弧的长度不能超出焊条直径。手工电弧焊操作时电弧放电，可产生高温和耀眼弧光，温度可达 6 000 K，使焊条与工件间形成液态金属，冷却后形成焊缝。焊接电弧及焊缝形成过程示意如图 1-2-2 所示。

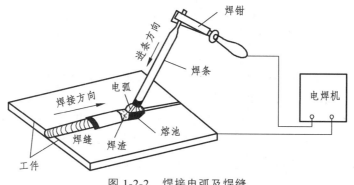

图 1-2-2　焊接电弧及焊缝

通常手工电弧焊的引弧方法有两种：敲击引弧（直击引弧）和摩擦引弧（划擦引弧）。

敲击引弧：即焊条撞击到母材后迅速抬到一定高度引燃电弧。敲击引弧的操作要领：将焊条末端对准焊件，然后将手腕下弯，使焊条轻碰一下焊件后迅速提起 2~4 mm，即引燃电弧。引弧后，手腕放平，使电弧长度保持在与所用焊条直径相适应的范围内，使电弧稳定燃烧。

摩擦引弧：类似于划火柴，易掌握，也易操作。摩擦引弧的操作要领：先将焊条末端对准焊件，然后将手腕扭转一下，像划火柴一样将焊条在焊件表面轻轻划擦一下，引燃电弧。再迅速将焊条提起 2~4 mm，使电弧引燃，并保持电弧长度，使之稳定燃烧。在操作中如遇到引弧时焊条与焊件黏住时，可将焊条左右摆动几下，即可使焊条脱离。如仍取不出来，应立即将焊钳脱离焊条，待焊条冷却后再用手掰下来。

焊接操作时，引燃电弧后，在热源作用下，焊件上形成的具有一定形状的液态金属部分被称为焊接熔池。焊接熔池温度场分布不均匀，体积小，冷却速度快，电弧下的熔池金属在电弧力的作用下克服重力和表面张力被排向熔池尾部，随着电弧前移，熔池尾部金属冷却并结晶形成焊缝。

（2）手工电弧焊焊条。

焊条是手工电弧焊的焊接材料，由焊芯和药皮两部分组成，见图1-2-3。焊条的长度和直径是指焊芯的长度和直径，焊条的规格通常以焊条的直径（即焊芯直径）表示，常用的有 ϕ 3.2~4.5 mm 等几种，焊条长度为 350~450 mm。通常根据焊件厚度、接头形式、焊接位置、焊道层数来选择焊条直径。

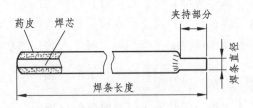

图 1-2-3　电焊条组成示意图

焊芯是焊条内的金属丝，其作用一是作为焊机电极传导电流，产生电弧；二是作为焊缝的填充金属，熔化后填入焊缝间隙，与熔化的母材一起组成焊缝。

药皮（涂料）是压涂在焊芯表面的涂料层，主要由矿物类、铁合金类和黏结剂等材料按一定比例配制而成，药皮具有造气、造渣、稳弧、脱氧及渗合金的作用。

（3）焊机的种类。

焊机可分为交流弧焊机、直流弧焊机两类。

交流弧焊机：是一种特殊的降压变压器，结构简单、造价便宜、使用可靠、维修方便，但焊接电弧不太稳定。

直流弧焊机：又分旋转式和整流式两种，旋转式是由一台三相电动机拖动与其同轴的直流发电机组成，这类焊机由于耗能多、噪声大，已逐步被整流式所取代。整流式弧焊机通过一个整流器，将交流电变成直流电，具有电弧稳定、飞溅小等优点。

实训操作的手工电弧焊设备为 ZX7-400 型直流弧焊机（见图1-2-4），初级电压 380 V，工作电压 36 V，空载电压 70 V，额定电流 400 A，电流调节 30~400 A。

图 1-2-4　ZX7-400 型直流弧焊机

2. 气　焊

气焊是利用可燃气体与氧混合燃烧的火焰作为热源来熔化母材和填充金属而焊接的一种方法。气焊火焰温度较低、热量分散，适用于焊接薄板和有色金属。气焊设备由氧化瓶、乙炔发生器或乙炔瓶、回火防止器、减压器、焊炬、焊嘴等组成，如图 1-2-5 所示。调整氧乙炔混合比，可得到三种不同性质的气焊火焰：

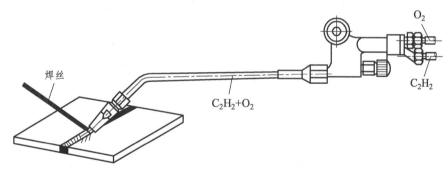

图 1-2-5　气焊示意图

（1）中性焰：是氧气乙炔混合比为 1.1～1.2 时燃烧形成的火焰，由焰心、内焰、外焰三部分组成。中性焰燃烧后的气体中既无过剩氧，也无过剩的乙炔，中性焰的最高温度在距焰心 2～4 mm 处，为 3 050～3 150 ℃，中性焰适用于焊接一般低碳钢、不锈钢、紫铜、铝及铝合金等。

（2）碳化焰：是氧气与乙炔的混合比小于 1.1 时燃烧形成的火焰，火焰中含有过剩的碳，具有较强的还原作用，也有一定的渗碳作用。由于碳化焰对焊缝金属具有渗碳作用，故碳化焰只适用含碳较高的高碳钢、铸铁、硬质合金的焊接。碳化焰的最高温度为 2 700～3 000 ℃。

（3）氧化焰：是氧气与乙炔的混合比大于 1.2 时燃烧形成的火焰。火焰中有过量的氧，在尖形焰芯外面形成一个氧化性的富氧区，故氧化焰通常焊接黄铜，氧化焰的最高温度为 3 100～3 300 ℃。

在气焊操作时，偶尔会发生回火现象，回火是因氧气系统中混入了乙炔或乙炔系统中混入了氧气，这种氧气和乙炔的混合气体燃烧速度很快，超过了工作时氧气和乙炔的混合气体燃烧的速度，致使火焰向焊炬、割炬内部燃烧而形成回火。发生回火时，应迅速关闭乙炔阀，再关闭氧气阀，以确保安全。

气焊工艺参数：包括焊丝直径、焊嘴倾角、焊接速度、火焰能率、火焰性质。

气焊操作技术：左焊法、右焊法。

3. 手工钨极氩弧焊

钨极氩弧焊是以氩气作为保护气体的气体保护焊，属于电弧焊。焊接时，电弧在氩气流中燃烧，氩气从喷嘴喷出保护熔池，钨极焊丝的末端不与空气接触，用钨极和工作之间产生的电弧热来熔化母材和焊丝，待冷却后凝固连接成一体的焊接方法。氩弧焊的优点有：氩气保护效果好，电弧稳定，飞溅小，焊缝质量好，焊后变形小，易于实现机械化和自动化。但氩气成本高，氩弧焊设备复杂，目前主要用于铝、镁、钛及其合金和耐热钢、不锈钢等的焊接。

氩弧焊分熔化极和非熔化极两种，如图1-2-6所示。

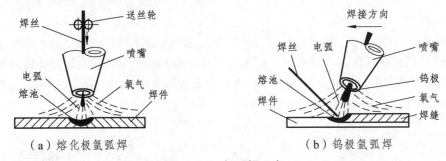

（a）熔化极氩弧焊　　　　　　　（b）钨极氩弧焊

图1-2-6　氩弧焊示意

熔化极：又可分为自动熔化极氩弧焊和半自动熔化极氩弧焊，自动或半自动焊接采用直流焊接电源。

非熔化极：又分为手工钨极氩弧焊和自动钨极氩弧焊，采用交流或直流焊接电源。焊接实训使用的设备为手工钨极氩弧焊。

手工钨极氩弧焊设备主要由焊接电源、控制系统、气路系统、焊枪及水冷却系统组成。手工钨极氩弧焊电源分为直流、交流或交直流两用三种，电源应满足如下要求：电源必须具有陡降或垂直陡降外特性；交流氩弧焊时，为使电弧容易引燃并稳定地燃烧，应采用高频振荡器或脉冲稳弧器引弧、稳弧；交流电源必须配备消除直流分量的装置。

4. 压力焊——点焊

工件组合后通过电极施加压力，利用电流通过接头的接触面及产生的电阻热进行焊接的方法叫作压力焊，压力焊可分为点焊、缝焊和对焊等。

点焊：焊件以搭接形式装配接头，并压紧在两电极之间，利用电阻热熔化母材金属，形成焊点的电阻焊方法，如图1-2-7所示。点焊多用于薄板的连接，如飞机蒙皮、航空发动机的火烟筒、汽车驾驶室外壳等。

点焊机的主要部件包括机架、焊接变压器、电极与电极臂、加压机构及冷却水路等。焊接变压器的次级只有一圈回路，上、下电极与电极臂既用于传导焊接电流，又用于传递动力，冷却水路通过变压器、电极等部分。焊接时，应先通冷却水，然后接通电源开关。

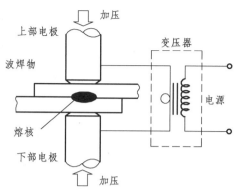

图 1-2-7　压力焊——点焊示意图

电极的材料、形状、安装及表面都直接影响焊接过程、焊接质量和生产率。电极材料常用紫铜、镉青铜、铬青铜等制成。电极的形状多种多样，主要根据焊件形状确定。安装电极时，要注意上、下电极表面保持平行。电极平面要常用砂布或锉刀修整，保持清洁。

点焊的工艺过程为开通冷却水；将焊件表面清理干净，装配准确后，送入上、下电极之间，施加压力，使其接触良好；通电使两工件接触表面受热，局部熔化，形成熔核；断电后保持压力，使熔核在压力下冷却凝固形成焊点；去除压力，取出工件。

焊接电流、电极压力、通电时间及电极工作表面及尺寸等点焊工艺参数对焊接质量有重大影响。

三、先进焊接技术

随着焊接技术的迅速发展，新材料和新结构的出现，新的焊接方法和焊接工艺已运用到焊接领域中，如真空电子束焊、激光焊等。这些新技术包括通过改进普通焊接方法和工艺来提高焊接质量和效率，如窄间隙焊、三丝埋弧焊等；采用计算机或示教器控制焊接过程，如焊接机器人等。在焊接实训中，我们通过讲解演示 ABB 工业焊接机器人（型号 IRB1410，见图 1-2-8）来了解先进焊接技术。

图 1-2-8　ABB 焊接机器人

工业焊接机器人是指从事自动弧焊的焊接工业机器人，是一种多用途、可重复编程的自动控制操作机的一种先进的智能焊接操作设备，主要应用于各类汽车、批量零部件等焊接生产。

ABB 工业焊接机器人由三部分组成：机械手、控制器和 EhaveCM350 焊机。

ABB 焊接机器人通过 ArcWare 来控制焊接的整个过程，可对焊接设备、焊接系统和焊接传感器进行设置，焊接机械手是由 6 个转轴组成的 6 杆开链机构，理论上可以达到运动范围内的任何一点，每个转轴均带有一个齿轮箱，均由 AC 伺服电机驱动。

ABB 焊接系统的配置组成和特点：

（1）在焊接过程中实时监控焊接的过程，检测焊接是否正常。

（2）错误发生时，ArcWare 自动将错误代码和处理方式显示在示教器上。

（3）只需要对焊接系统进行基本的配置即可以完成对焊机的控制。

焊接时，操作人员通过控制器操作机器人，机器人基本焊接语句指令如图 1-2-9 所示。

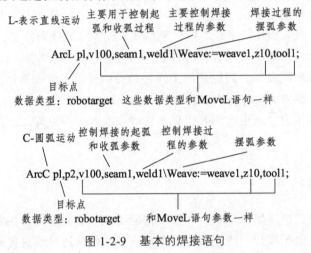

图 1-2-9　基本的焊接语句

四、焊接工艺参数

焊接工艺参数是指焊接时为保证焊接质量而选定的多个物理量的总称，通常包括焊条选择、焊接电流、电弧电压、焊接速度、焊接层数等。

五、焊接接头形式和坡口形状及焊缝的空间位置

1. 焊接接头形式

常见接头形式有对接接头、搭接接头、角接接头、T 形接头，如图 1-2-10 所示。

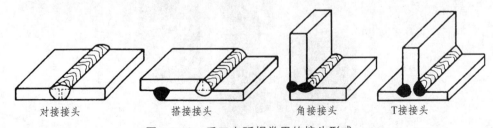

对接接头　　　搭接接头　　　角接接头　　　T接接头

图 1-2-10　手工电弧焊常用的接头形式

2. 焊接坡口形状

当焊件较厚时，为了保证焊透，焊接之前要把两个焊件间待焊处加工成所需的形状，称坡口。常见的坡口形状有 I 形、V 形、X 形和 U 形，如图 1-2-11 所示。坡口的加工可采用机械加工或气体火焰切割等方法完成。

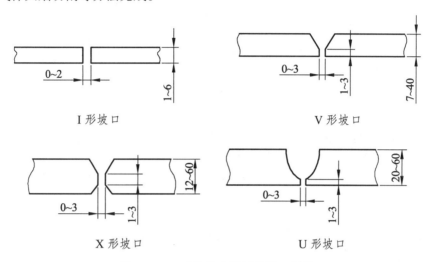

I 形坡口　　　　　　　　　　　　V 形坡口

X 形坡口　　　　　　　　　　　　U 形坡口

图 1-2-11　对接接头常见的坡口形状

焊件较薄时，只需将被焊工件间留一定间隙，就能焊透。6 mm 以下的焊件对接时，一般可不开坡口直接焊接。坡口形式的选择与板厚的关系：

V 形：材料厚度为 7～40 mm；

X 形：材料厚度为 12～60 mm；

U 形：材料厚度为 20～60 mm；

I 形：可不开坡口直接焊接，焊接时留 1～2 mm 间隙。

3. 焊缝的空间位置

实际生产中，一条焊缝可以在空间的不同位置施焊，焊缝所处的空间位置分为四类：平焊、立焊、横焊和仰焊。图 1-2-12 所示为角接接头焊缝空间位置。其中平焊操作方便，易于保证质量和提高生产率。横焊、立焊、仰焊这几种焊接位置比较困难，熔化的金属受重力影响使焊缝下坠，成型困难，易产生各种缺陷，因此宜采用细焊条（一般 4 mm 以下，立焊比平焊小 10%～15%，横焊、仰焊比平焊小 5%～10%）、短弧焊，同时配合正确的焊条角度。

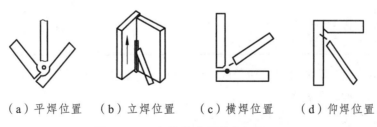

（a）平焊位置　　（b）立焊位置　　（c）横焊位置　　（d）仰焊位置

图 1-2-12　角接接头焊缝空间位置

六、焊接缺陷分析及检测方法

常见的焊接缺陷有焊缝尺寸及形状不符合要求、咬边、夹渣、未焊透、气孔、裂纹、烧穿、弧坑等，其中裂纹是最严重的缺陷。手工电弧焊常见的焊接缺陷如图1-2-13所示。

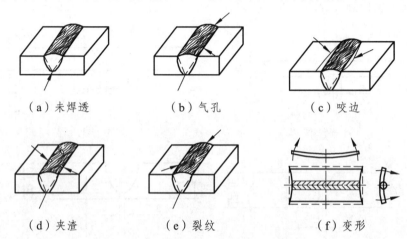

（a）未焊透　　　　　（b）气孔　　　　　　（c）咬边

（d）夹渣　　　　　　（e）裂纹　　　　　　（f）变形

图1-2-13　手工电弧焊常见的焊接缺陷

缺陷产生的主要原因：材料选择不当、焊接工艺不正确及焊接操作不当等都是焊接缺陷产生的原因。常见焊接缺陷及产生的原因和防止措施见表1-2-1。

表1-2-1　常见焊接缺陷及产生原因和防止措施

缺陷名称	产生原因	防止措施
尺寸和外形不符合要求	运条不当,焊接规范和坡口尺寸选择不好	选择恰当的坡口尺寸、装配间隙和焊接规范
咬边	焊条角度和摆动不正确、焊接电流过大、焊接速度太快	选择正确的焊接电流和焊接速度,掌握好运条方法、焊接角度和弧长
焊瘤	焊接电流太大、电弧太长、焊接速度慢、焊接位置及运条不当	采用平焊,选择正确的焊接规范,掌握好运条方法
烧穿	坡口间隙大、电流大、焊速慢、操作不当	合理装配间隙,焊接要规范,掌握好运条方法
未焊透	焊速快、电流小、坡口小、间隙窄、焊坡不干净	焊接合理规范,正确选用坡口形式、尺寸和间隙,多清理,正确操作
夹渣	前道焊缝熔渣未清干净、电流小、焊速快、焊缝面不干净	焊层清渣、坡口干净、工艺规范

焊接质量检测是保障工件焊接质量的重要措施，主要包括以下几种检测方法：

外观检测：表面缺陷检验。

致密检测：水压检验、气压检验、煤油检验。

无损检测：磁粉检测、渗透检验、射线检验、超声波检验、其他无损检测。

【实训内容】

（1）学习焊接基础知识。

（2）学习手工电弧焊操作要点和规范。

（3）进行引弧和手工电弧焊操作练习。

（4）用 $\delta 6 \times 100$ mm $\times 50$ mm 冷轧钢板进行焊接，要求平焊焊缝、对接接头形式、I 形坡口。

（5）拓展学习钨极氩弧焊、压力焊——点焊和 ABB 焊接机器人的焊接原理、设备组成、焊接过程及特点、适用范围等相关知识。

（6）* 学习并操作手工电弧焊之点连接焊件。

（7）* 利用给定材料自主设计创意作品，并用手工电弧焊完成制作。

【安全操作规程及注意事项】

（1）弧焊设备的外壳必须接零或接地，以免由于漏电而造成触电事故。

（2）焊钳应有可靠的绝缘。中断工作时，焊钳应放安全的地方，防止焊钳与焊件之间产生短路而烧坏弧焊机。

（3）焊工应穿戴好工作服、手套、绝缘鞋，以防止弧光灼伤皮肤。

（4）为确保安全，严禁在有水的地面操作。

（5）焊工必须使用有电焊防护玻璃的面罩。

（6）焊件必须平稳、固定，放置好才能施焊。

（7）焊接完成后，使用其他辅助工具挪动焊接后的零件，以免被烫伤。

【预习要求及思考题】

一、课前预习要求

（1）了解焊接分类、特点以及焊接在工业生产上的应用。

（2）了解焊接工艺方法、接头形式、坡口形状及焊缝空间位置。

（3）了解常见的焊接缺陷及产生的原因。

（4）完成实训报告中的第一、二、三题。

二、思考题

（1）电弧焊操作时应注意哪三个度？如何掌握？

（2）熔化焊有哪几种？钎焊的方法有哪些？

（3）怎样才能焊好电焊？

（4）焊接中，焊接参数应如何选择？

【阅读资料】

摩擦焊、激光焊、搅拌焊等焊接工艺参见二维码内容。

摩擦焊、激光焊、搅拌焊

实训三　热处理

【实训目的】

（1）了解热处理的作用、主要服务对象、热处理工艺、常规质量检测方法及在机械制造中的应用。

（2）了解钢铁材料基本知识。

（3）了解手工自由锻的基本过程。

【实训设备及工具】

序号	名称	规格型号	备注
1	12 kW 中温箱式实验电阻炉	SX2-12-10	
2	20 kW 全固态感应加热设备	HPP-20C	
3	洛氏硬度计	HR-150A	
4	手工自由锻操作台	自制	
5	15 kW 中温箱式电阻炉	RX3-15-9	知识拓展
6	里氏硬度计	TIME5306	知识拓展
7	冷却槽、钳子、钩子、手锤等		

【实训基础知识】

热处理实训主要包括钢铁材料的基本知识、热处理基本知识及手工自由锻等几部分内容。

一、钢铁材料的基本知识

金属材料分为两大类：黑色金属和有色金属。

黑色金属，是指铁（Fe）及铁基合金，一般指钢和铸铁，通常又叫钢铁材料。以铁为基体金属，以碳为主要合金元素形成的合金材料是碳素钢或铸铁（灰口铸铁）；为改善钢铁材料性能再有意识地加入其他合金元素，就形成合金钢或合金铸铁。理论上，纯铁的含碳量小于0.02%，钢的含碳量在0.02%～2.11%，铸铁的含碳量大于2.11%。

除黑色金属以外的各种金属及合金称为有色金属，如铜、铝等。

1. 钢的分类

钢的分类方法很多，主要有以下几种：

（1）按化学成分分。

碳素钢：以铁为基体，碳为主要合金元素，如 45 钢。

合金钢：在碳素钢基础上加入其他合金元素以改善钢铁材料的性能，如 40Cr。

按化学成分的含碳量分，又分为低碳钢、中碳钢和高碳钢。含碳量小于 0.25%的为低碳钢，含碳量在 0.25%~0.6%的为中碳钢，大于 0.6%的为高碳钢。

（2）按用途分。

结构钢：主要用于工程及建筑领域，如船舶、钢结构等，通常做成型材（板材、线材等）；用于机械制造领域，制造各种机器零件，如弹簧、齿轮、主轴等。

工具钢：主要用于制造量具、刃具、工具、模具等。

特殊性能钢：在特殊环境下能保证其稳定性能，如不锈耐酸钢，主要用于化肥、石油、化工等工业部门。耐热钢，具有高温化学稳定性和高温强度，用于医疗、高温零件。

（3）按质量分：普通质量钢、优质钢、高级优质钢。

（4）按专门用途分：滚动轴承钢、桥梁钢等。

2. 钢的编号方法

钢的编号一般有以下几点规律：

（1）碳含量（C%）及合金元素含量（M%）用数字表示，碳含量在最前面，合金含量标在相应的元素符号后面，如 3Cr2W8V 中的数字 3 表示碳含量，数字 2 表示合金元素 Cr 的含量。

（2）结构钢的平均碳含量用 2 位数表示，单位含碳量为 0.01%，如 45 平均碳含量为 0.45%。

（3）工具钢的平均碳含量用 1 位数表示或不标出，单位含碳量为 0.1%，含碳量未标出的表示平均碳含量不小于 1%，如 3Cr2W8V 的平均碳含量为 0.3%，Cr12 的平均碳含量为不小于 1%。

（4）合金元素平均含量以 1%为单位，小于 1.5%的不标出，特殊情况有 GCr15（Cr 含量为 1.5%），如 3Cr2W8V 中 Cr 的平均含量为 2%，V 的平均含量小于 1.5%。

（5）高级优质钢在牌号后加 A，如 38CrMoAlA。

几个常用的标记符号：

G ——滚动轴承钢，如 GCr15。

T ——碳素工具钢，如 T7、T8。

A ——甲类钢，如 A3（新标准为 Q235，普通碳素钢，只保证基本性能不保证化学成分）。

ZG ——铸钢，如 ZG45。

二、热处理基本知识

1. 热处理概述

热处理是将钢材在固态下进行加热、保温和冷却，改变其内部的显微组织，从而获得所需机械性能的一种热加工工艺。热处理主要服务对象是钢铁材料。热处理工艺曲线如图 1-3-1 所示，图中可以看出热处理工艺的三要素：加热、保温、冷却。常用热处理分类如图 1-3-2 所示。

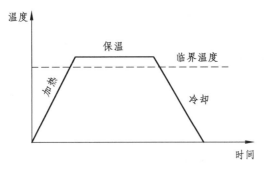

图 1-3-1　热处理工艺曲线示意图

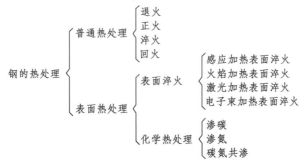

图 1-3-2　常用热处理分类

热处理是机械制造中的重要工艺之一，与其他加工工艺相比，热处理一般不改变工件的外形和整体的化学成分，而是通过改变工件内部的显微组织，或改变工件表面的化学成分，显著提高钢的力学性能，改善工件的使用性能，延长工件使用寿命。因此，热处理在机械制造中应用很广，如汽车、拖拉机中有 70%～80%的零件要进行热处理，各种刀具、量具、模具、工具等几乎 100%要进行热处理。

2. 普通热处理基本工艺

普通热处理基本工艺包括退火、正火、淬火和回火。如图 1-3-3 所示，冷却方式不同，导致冷却速度不同，构成不同的热处理基本工艺，热处理后的产品硬度也不同。通常冷速越快，热处理后的工件越硬。

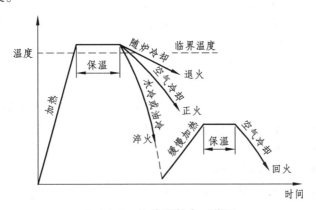

图 1-3-3　热处理基本工艺图

（1）退火。

退火是将钢材加热到一定温度，充分保温后随炉缓慢冷却的热处理工艺。退火既可消除和改善前道工序残留的组织缺陷和内应力，保持尺寸稳定和减小变形，又可降低硬度，提高塑性和韧性，改善切削加工性能，为后续切削加工和最终热处理做组织准备，属于半成品热处理，又称预先热处理。

（2）正火。

正火是将钢材加热到一定温度，充分保温后出炉空冷、喷雾或风冷的热处理工艺。正火主要目的是调整钢材硬度，消除大部分组织缺陷，使组织均匀化，改善切削性能。正火工艺简单、操作方便、生产周期较短、成本低，是一种经济的热处理工艺。它既可作为预备热处理，同时对一些使用性能要求不高的中碳钢零件，正火又可代替调质处理作为最终热处理使用。

（3）淬火。

淬火是将钢件加热到一定温度，充分保温后在水、油或其他冷却液中快速冷却的热处理工艺。淬火后的钢件具有很高的硬度，有很大的淬火应力，组织不稳定，工件易变形和开裂。因此，淬火状态的工件不能直接使用，必须经过后续的回火处理才能使用，也就是说工件淬火后必须回火。

钢中的碳含量也决定钢材淬火后的硬度，一般情况下含碳量越高，淬火后工件硬度越高。

（4）回火。

回火是将淬火后的钢材重新加热到临界温度以下的某一温度，充分保温后冷却到室温的热处理工艺。回火目的是消除淬火应力，调整工件硬度、强度、塑性和韧性，保证零件的尺寸稳定性。回火决定了钢在使用状态的组织和性能，是非常关键的一道工序。零件淬火后配合不同工艺的回火，使零件内部形成不同的显微组织，最终使零件具有不同的性能。按回火温度不同，回火分为低温回火、中温回火和高温回火。通常回火温度越高，硬度越低，塑性、韧性越好。

淬火和高温回火组合称为调质。零件经调质处理后具有良好的综合机械性能，不仅可以作为一些零件的最终热处理，也可作为一些精密零件或表面淬火件的预先热处理。

3. 表面热处理

金属的表面热处理是指通过改变金属材料表面组织结构来实现零件所需性能的热处理方法。当零件要求表面具有高硬度、高耐磨性和良好的抗疲劳性能，而心部保持原有的组织和韧性时，可采用表面热处理强化技术来实现。表面热处理通常分为表面淬火和表面化学热处理。

（1）表面淬火。

钢的表面淬火是利用加热设备将钢的表面快速加热到淬火温度，然后进行淬火的热处理工艺。表面淬火实现了工件表面淬硬而心部硬度不变，提高工件的耐磨性和抗疲劳性。按加热介质不同，常用的表面淬火有感应加热表面淬火、激光加热表面淬火、电子束加热表面淬火和火焰加热表面淬火等。

感应加热表面淬火是利用电磁感应原理，将工件放在感应线圈内，交变电流通过线圈产生交变磁场，使工件表面形成涡流，从而实现表面层快速加热而淬火的方法。图1-3-4所示为感应加热原理示意图。根据感应加热设备产生的交变电流频率不同，通常又可分为高频加热、中频加热和工频加热等，淬硬层越薄，采用的频率越高。

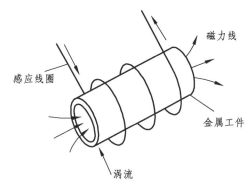

图 1-3-4　感应加热原理示意图

感应加热表面淬火的特点是淬火表层组织细、性能好，淬硬层深度易于控制，加热速度快、时间短，生产率高，工件表面氧化、脱碳极少，变形也小，容易实现自动化。但设备费用昂贵，适用于形状简单的工件大批量生产。

激光加热表面淬火、电子束加热表面淬火和火焰加热表面淬火分别利用激光、电子束和乙炔-氧气的混合气体燃烧火焰进行工件表面加热完成工件表面淬火工艺。

（2）化学热处理。

化学热处理是将钢件置于活性介质中加热并保温，高温状态下活性介质渗入零件表层，从而改变其表面化学成分、组织和性能的工艺过程。化学热处理能最大限度地发挥渗层潜力，达到工件心部与表层在组织结构、性能等方面的最佳配合，主要是提高钢件表面的硬度、耐磨性、抗蚀性、抗疲劳强度和抗氧化性等。通常在进行化学热处理前后需配合其他合适的热处理工艺。常用的化学热处理有渗碳、渗氮、碳氮共渗和渗金属等。

4. 综合举例

许多工艺并不是单独使用的，一件产品的完成需要多种工艺的配合。如车床的轴，多用45钢制成，通常需要经过以下工艺过程：

下料→粗加工→调质→精加工→局部表面淬火→回火→磨削→成品。

5. 热处理质量检测

热处理产品质量常用硬度值衡量，其主要质量检测手段是硬度测试。金属的硬度是指金属材料对压痕等局部塑性变形的抵抗能力，是表示金属材料表面抵抗硬物压入能力的指标，是金属材料最常用的性能指标之一。相同的材料，经不同的热处理工艺处理后，其内部的显微组织不同，硬度也不同。常用的硬度有布氏硬度（HB）、维氏硬度（HV）和洛氏硬度（HR），分别用相应的硬度计来测量。相对而言，应用较为广泛的是洛氏硬度。

上述三种硬度计多固定在台面上，不便移动，适合小件及试块的测量。肖氏硬度计、里氏硬度计等是便携式硬度计，适合大型工件的现场测量。

三、手工自由锻

锻造是将金属材料加热到一定温度，使用一定设备或工具使其发生塑性变形，以获得一定形状和尺寸的毛坯或零件的成形方法。按成型方式的不同，锻造分为自由锻造和模型锻造两类。自由锻按设备和操作方式又可分为手工自由锻和机器自由锻。手工自由锻操作灵活，工具和锻件形状较简单，锻件精度、材料利用率和生产效率较低，只能生产小型锻件。在现代工业生产中，手工自由锻已逐渐被机器自由锻所取代。

锻件在切削加工前，一般要进行热处理。锻造及后续的热处理能消除锻造残余应力，使锻件的内部组织进一步细化和均匀，改善锻件力学性能，降低锻件硬度，便于切削加工。常用的锻后热处理方法有正火、退火和球化退火等。

四、实训热处理设备

1. 箱式炉

12 kW 中温箱式实验电阻炉（型号 SX2-12-10）和 15 kW 中温箱式电阻炉（型号 RX3-15-9），通常简称为箱式炉，是利用电阻丝为加热元件，利用空气传导热量来加热工件。温度测控通过热电偶和温度控制系统来实现。箱式炉的特点是加热时间长、易氧化脱碳，适合大件、批量产品。其外观及结构分别如图 1-3-5、图 1-3-6 和图 1-3-7 所示。

图 1-3-5　15 kW 中温箱式电阻炉　　　　图 1-3-6　12 kW 中温箱式实验电阻炉

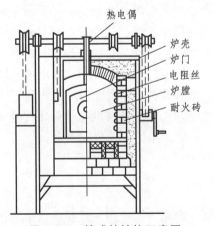

图 1-3-7　箱式炉结构示意图

12 kW 中温箱式实验电阻炉是实训操作时用于加热工件的设备，15 kW 中温箱式电阻炉，属于工业用炉，是学生观察及拓展的学习内容，目的是使学生了解工业生产上热处理加热设备的结构和特点，与实验电炉比较二者的异同点，将学生视野从实训延伸到工业生产上。

2. 感应加热设备

20 kW 全固态感应加热设备（型号 HPP-20C）见图 1-3-8，是热处理实训用于工件表面淬火加热的设备。它是利用电磁感应原理，通过线圈实现对工件的快速加热。

调节/显示面板

感应线圈

图 1-3-8　全固态感应加热设备

3. HR-150A 型洛氏硬度计

HR-150A 型洛氏硬度计如图 1-3-9 所示，是实训操作用于测试工件硬度的仪器，有三种载荷，分别对应不同的洛氏硬度标尺，见表 1-3-1。这是一种纯机械结构、手动操作的硬度测试仪器，它稳定、可靠、耐用、数据准确、测试效率高，可由表盘直接读出 HRA、HRB、HRC 标尺，可测定黑色金属、有色金属等的洛氏硬度。该仪器是洛氏硬度计中最常用的机型之一。

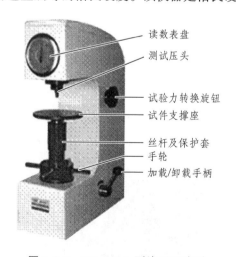

读数表盘

测试压头

试验力转换旋钮

试件支撑座

丝杆及保护套

手轮

加载/卸载手柄

图 1-3-9　HR-150A 型洛氏硬度计

实训操作时测试的是 150kg 载荷的 HRC，测试压头为 金刚石圆锥压头，如图 1-3-10 所示。

表 1-3-1　HR-150A 洛氏硬度计试验力与标尺的对应关系

标尺	HRA	HRB	HRC
试验力/N（kgf）	588（60）	980（100）	1471（150）

图 1-3-10　金刚石圆锥压头

4. TIME5306 型里氏硬度计

里氏硬度计是便携式硬度计，它携带方便、检测灵活、功能强大，适用于大件及重型件的硬度测量。TIME5306 里氏硬度计如图 1-3-11 所示，特点是具有多达 5 种的自定义材料功能，通过硬度对比试验形成自己专属的硬度转换关系；配备集成热敏式打印机和 OLED 显示屏；通过 USB 接口可配备上位机软件，测量数据能以 Word 或 Excel 形式传输到上位机；可同时显示里氏硬度及所需转换的硬度；可切换到出口版的硬度转换表。

图 1-3-11　TIME5306 型里氏硬度计

5. 手工自由锻操作台

手工自由锻是利用手锤将加热后的材料在砧铁上进行锻打，其操作台及工具如图 1-3-12 所示。

图 1-3-12　手工自由锻操作台及工具

【实训内容】

（1）学习实训基础知识。

（2）学习实训设备操作。

（3）操作箱式炉退火、正火和淬火工艺。

（4）45 圆钢利用高频感应加热后执行正火或淬火工艺。

（5）用洛氏硬度计分别测试正火和淬火状态的工件硬度（HRC），并进行比较。

（6）操作手工自由锻，体验趁热打铁的过程。

（7）TIME5306 型里氏硬度计讲解与演示。

（8）观察及拓展学习 15 kW 中温箱式电阻炉结构特点。

【安全操作规程及注意事项】

热处理是高温操作，操作现场特别要注意烫伤！

（1）实训中不要随意打开控制柜柜门，不要触摸里面的电线及电气元件，以免触电。

（2）要依次操作，给操作者一个独立的操作空间。

（3）箱式电阻炉加热过程中未经允许不要随意打开炉门；开启炉门时炉门内侧要朝向里面，禁止朝向外面，防止烫伤。

（4）工件出炉冷却前，应先检查冷却时行走的通道上是否有杂物，如有，须清理干净。操作时学生不能站在冷却行走通道上。

（5）用钳子夹取工件冷却时要夹牢，并提醒其他同学注意烫伤。

（6）抓取热处理后的工件时要戴手套，防止余热烫伤。

（7）操作硬度计前应检查加载手柄的位置，禁止在加载状态下操作硬度计。

（8）操作硬度计时不能戴手套。

（9）手工锻时应先轻敲掉工件表面的氧化皮，然后再进行正常的锻打。

【预习要求及思考题】

一、课前预习要求

（1）了解钢材和热处理的关系以及钢材编号方法。

（2）了解热处理的目的及热处理常见基本工艺。

（3）了解热处理硬度测试。

（4）了解手工自由锻的基本知识。

（5）完成实训报告中的第一、二、三题。

二、课后思考题

（1）解释为什么要"趁热打铁"。

（2）分析适合弹簧的硬度区间。

实训四 机械测量技术

【实训目的】

（1）了解机械测量技术的基本知识和常用测量仪器的使用方法。

（2）了解三坐标测量仪的基本原理和使用方法。

（3）掌握游标卡尺、外径千分尺、内径百分表的使用方法、操作规范和相关标准。

（4）掌握简单零件的测绘方法。

【实训设备及工具】

序号	名称	型号规格	备注
1	游标卡尺	0~150 mm	常规尺寸测量
2	外径千分尺	0~50 mm	外尺寸精确测量
3	内径百分表	0~5 mm	内尺寸精确测量
4	三坐标测量仪	海克斯康	接触式测量

【实训基础知识】

机械测量技术是利用各种不同精密度的量具和仪器，检验各种不同工件的几何外形或几何公差，它是评判零件是否合格的重要技术手段，也是工科基础内容。通过常规量具和现代测量仪器的学习，掌握机械测量的基本规范和原则，能独立完成简单的测绘任务。

一、机械测量的基本概念

（1）机械测量：利用不同精密度的量具和仪器，检验不同工件的几何外形或几何公差的程序，以确定量值为目的的一组操作。任何一个测量过程必须有被测对象和所采用的计量单位。

（2）长度单位：米（m）、分米（dm）、厘米（cm）、毫米（mm）、微米（μm）、纳米（nm）、皮米（pm）。

（3）测量误差：测量结果和被测量的真值的差值。

（4）表面粗糙度：指加工表面具有的较小间距和微小峰谷的不平度，其两波峰或两波谷之间的距离很小，它属于微观几何形状误差，表面粗糙度越小，则表面越光滑。表面粗糙度与表面特征和加工方法的对比见表 1-4-1。

表 1-4-1　表面粗糙度

表面特征	表面粗糙度（Ra）数值/μm	加工方法
微见刀痕	12.5、6.3、3.2	精车、精刨、精铣、粗铰、粗磨
看不见加工痕迹，微辨加工方向	1.6、0.8	精车、精磨、精铰、研磨

二、测量误差的来源

1. 标准件误差

对于长度测量器具来说，校准用的量块等器具即为标准件，其误差将影响被校准量具的准确度。

2. 测量方法误差

由于测量方法和被测工件安装方式不同引起的误差，或由量具或被测工件位置不正确产生的误差。在测量中，应通过遵守基准面统一的原则，减小因定位造成的测量方法误差。

3. 计量器具误差

影响计量器具误差的因素很多，主要有计量器具的工作原理、结构、制造和调整的水平，以及测量时操作人员的调整及操作水平等。在接触式测量时，测量力的大小会造成一定的误差。因此，在接触式测量时，在保持适当测量力的同时，要求测量力与事先对零位时所施加的测量力尽可能相同。

4. 环境条件引起的误差

测量时的环境条件，如环境温度、湿度、大气压力、空气的清洁度、振动等因素引起的测量误差。一般情况下，温度变化引起的误差是主要的。

5. 测量人员引起的误差

测量人员引起的误差主要来自责任心和技术水平、熟练程度，其次是操作人员的眼睛调节能力、分辨能力以及操作习惯等。

三、量具的选择原则

1. 被测对象的外形

根据被测工件要测量的项目，如外长度尺寸、内长度尺寸、角度、锥度、圆弧等选择量具。

2. 被测对象的批量

根据被测工件的批量选择量具。批量很小甚至只有一两件时应选用通用量具；批量较大时，应考虑使用专用量具，或高效机械化、自动化的专用量具。

3. 被测对象的特点

根据被测部位、材料、质量、刚性和表面粗糙度等选择量具，较软材料不能选用测量力较大的量具，粗糙表面不能选用测量面精度等级较高的量具。

四、量具的正确使用

1. 减少测量方法误差的影响

要正确地选择测量方法和被测工件的定位安装方式，熟悉被测工件的加工过程，正确选择测量基准面。

2. 减少量具误差的影响

所有量具都要坚持定期进行校核和检定，合格后才可继续使用；超差值在规定范围内的可给出修正值，并在使用时对实测的数值进行修正；不合格的量具坚决不能使用，并要进行报废处理。对某些量具，在使用之前要仔细地校对零位；量具测头应滑动自如，避免出现过松或过紧的现象。

3. 减少测量力引起的误差

在测量过程中，量具的测头（如卡尺的刀口）要轻轻地接触被测面，避免因用力过猛损伤量具或破坏工件被测面，同时造成测量数据失准。

4. 减少温度引起的误差

所有物体的尺寸和形状都会不同程度地受温度的影响，一般物体表现出"热胀冷缩"的特性。由于不同材料热膨胀系数不同，当所用量具和被测工件所用材料不同时，会造成测量值的误差，如两者温度也不同，造成的测量误差将会更大。因此，在测量时，应尽量使量具和被测工件温度相同；当测量精度要求较高时，应将工件和量具放在同一环境温度一段时间后再进行测量。

五、量具的维护和保养

（1）不使用的量具应妥善放置在专用的量具盒中，并加以固定。量具应放置在清洁、干燥、温度适宜、无有害气体、无振动的场合。另外，要注意远离较强的磁场（如磨床的磁性工作台、车床的磁性卡盘等），以避免其铁磁材料（铁、钴、镍及其合金等能被磁化的材料）做成的元件（如测量爪、测头等）被磁化，在测量时吸附铁屑，影响测量准确度和造成测量面的磨损。

（2）搬运量具时要轻拿轻放、要放置在平整的物面上，并防止受重压变形。

（3）不允许把量具和其他工具、刀具等放置在一起，以免受到损伤。

（4）不允许测量正在旋转的工件。

（5）在测量之前，要将被测工件的测量部位清理干净，不准附着油污、粉末等杂物。

（6）测量较粗糙的表面时，不应使用贵重和精密的量具。

（7）不要用手擦摸量具的测量面，以免手上的汗水、油污污染测量面，使之受到腐蚀生锈。

（8）量具使用完毕后，要及时用干净的布料、棉丝等擦拭干净，并放置在专用的量具盒内。较长时间不再使用时，对于无防锈功能的元件，要涂一层防锈油加以保护，两个测量面不要紧靠在一起。

（9）不允许把量具当作扳手、划针、锤子等工具使用。

六、常用量具及功能（见表1-4-2）

表1-4-2　常用量具及功能

序号	名　称	功　　能	图　片
1	刀口尺	测量面为标准直线，用于检验平面的直线度和平面度	
2	刀口形角尺	检验平面形工件的垂直度	
3	量块	测量面平行于另一个测量面，而且两个测量面间具有精确尺寸的矩形实体的长度测量工具	
4	内卡钳	测量内尺寸	
5	外卡钳	测量外尺寸	

序号	名　称	功　　能	图　片
6	塞尺	测量两个面之间缝隙的大小	
7	螺纹塞规	检查内螺纹	
8	螺纹环规	检查外螺纹	止端　　通端
9	螺纹样板	检查低精度螺纹工件的螺距、牙形角等	
10	杠杆百分表	测量工件的几何形状和位置误差以及长度。特别适宜测量受空间限制的工件内孔跳动、键槽、导轨的形状误差	
11	内径百分表	测量光滑孔的内径尺寸或尺寸误差，以及其他内尺寸	
12	半径样板	检查圆弧角半径尺寸	

序号	名　称	功　能	图　片
13	游标卡尺	测量外尺寸、内尺寸、深度尺寸和台阶尺寸	
14	游标深度尺	测量凹槽或孔的深度、梯形工件的梯层高度、长度等尺寸	
15	游标高度尺	测量工件的高度、钳工划线	
16	外径千分尺	测量外径和外尺寸	
17	内径千分尺	测量孔径、槽宽、两个内端面之间的距离等尺寸	
18	壁厚千分尺	测量筒状零件的壁厚	

序号	名　称	功　能	图　片
19	公法线千分尺	测量中等精度的外啮合直齿、斜齿或人字齿渐开线圆柱齿轮的公法线长度，也可测量渐开线圆锥齿轮大端边缘上的公法线长度，以及其他难以测量的狭窄空间的筋、键等	
20	螺纹千分尺	测量外螺纹的中径	

【实训内容】

一、游标卡尺

游标卡尺结构如图 1-4-1 所示。

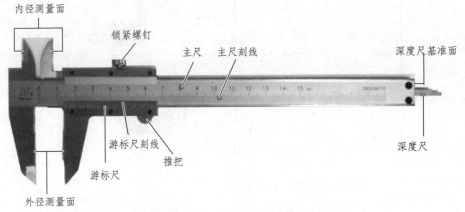

图 1-4-1　游标卡尺结构

1. 使用方法

通过往复移动游标尺，从主尺与游标尺刻度读取测量面之间的距离（可测外部尺寸、内部尺寸、深度尺寸、台阶尺寸）。

（1）使用前，检查卡尺是否清洁，测定面和刻度之间滑动是否顺畅。

（2）对齐尺身和游标零位，间隙应小于 0.006 mm。

（3）主尺和游标间配合紧密但卡尺仍能顺利滑动，各测定面完好无损。

2. 游标卡尺读数示例（见图 1-4-2）

（1）主尺读数：17 mm（读到游标尺零刻线的位置）。

（2）游标尺读数：0.4+1×0.02=0.42（mm）（游标尺与主尺某刻线对齐的位置）。

（3）最终读数：17+0.42=17.42（mm）。

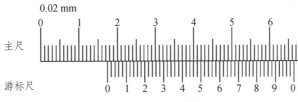

图 1-4-2　游标卡尺读数示例

二、外径千分尺

外径千分尺结构如图 1-4-3 所示。

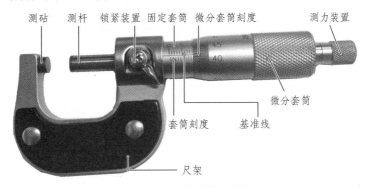

图 1-4-3　外径千分尺结构

1. 使用方法

（1）测量前，要擦干净千分尺的测量面和工件的被测表面，避免产生误差。

（2）测量时，当两个测量面将要接触被测表面时，就不要旋转微分筒，只旋转测力装置的转帽，等棘轮发出"咔咔"响声后，再进行读数。

（3）调节距离较大时，应该旋转微分筒，而不应旋转测力装置的转帽；只有当测量面快接触被测表面时才用测力装置。这样，既节约调节时间，又防止棘轮过早磨损。

（4）不允许猛力转动测力装置，否则测量面靠惯性冲向被测件，测力急剧增大，测量结果不会准确，而且测微螺杆也容易被咬住而损伤。

（5）退尺时，应旋转微分筒，不要旋转测力装置，以防拧松测力装置，影响零位。

2. 外径千分尺读数示例（见图 1-4-4）

（1）通过螺旋传动，将被测尺寸转换为丝杠的轴向位移和微分套筒的圆周位移，从固定套筒刻度和微分套筒刻度上读取测量头和测杆测量面间的距离。

（2）固定套筒最小刻度间隔：1 格= 0.5 mm。

（3）微分套筒最小刻度间隔：1 格= 0.01 mm。

（4）微分套筒旋转一周，测杆轴向位移为 0.5 mm，即固定套筒刻度 1 格。

最终读数：6+0.500=6.500（mm）。

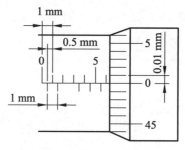

图 1-4-4　外径千分尺读数示例

3. 使用注意事项

（1）测量前。

① 擦干净两个测砧面，转动测力装置，使两测砧面接触，接触面上应没有间隙和漏光现象，保证微分套筒和固定套筒对准零位。

② 转动测力装置时，微分筒应能自由灵活地沿着固定套筒活动，无任何卡滞和不灵活的现象。

③ 擦干净零件被测量表面，以免影响测量精度。

（2）测量时。

① 用千分尺测量零件时，应当手握测力装置的转帽来转动测微螺杆，使测砧表面保持标准的测量压力，即听到"咔咔"的声音，即可开始读数。要避免因测量压力不等而产生测量误差。

② 绝对不允许用千分尺测量带有研磨剂和粗糙的零件表面，以免损伤量具测量面。

③ 绝对不允许用力旋转微分筒来增加测量压力，使测微螺杆过分压紧零件表面，这样会影响千分尺精度，造成质量事故。

三、内径百分表

内径百分表结构如图 1-4-5 所示。

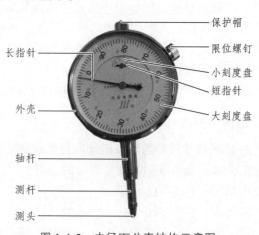

图 1-4-5　内径百分表结构示意图

1. 用　途

内径百分表用于测量圆柱形内孔尺寸和几何形状误差；使用要点：测量方法为比较测量法，须与内径块或外径千分尺配合使用；各种规格的内径百分表均有配套的可换测头。

2. 使用方法

（1）测量前校正零位（百分表调零）。

①用游标卡尺测量孔径（如 19.82 mm），将测量结果圆整到所测内径尺寸相近的整数值，并保留小数点后 3 位（名义值，如 19.900 mm），将外径千分尺调至名义值并锁紧，作为校零的基准。

②用游标卡尺粗测活动测头与固定测头之间的间距，通过调整固定测头上垫片的位置，使其比名义尺寸大 0.3 mm，如 20.20 mm。

③一手握内径百分表，一手握千分尺，将测头放在千分尺内（活动测头先进，固定测头后进）进行左右摆动校准，百分表测杆尽量垂直于千分尺。调整百分表大表盘，并将表针置零，拧紧限位螺钉。

（2）测量孔径。

①测量内孔的方法与使用环规调零方法一致。

②读数时，如果百分表正好指在零位，说明被测孔与名义孔径一致。

③若小于名义孔径，指针顺时针方向转动（从指针偏移量在刻度盘上读取测量值，将名义尺寸减去读数值所得结果即为测量值）；反之，逆时针方向转动，偏离值为两者之差，读数方法与百分表相同（将读取的数值加上名义孔径的尺寸即为测量值）。

四、三坐标测量仪

三坐标测量仪的结构如图 1-4-6 所示。

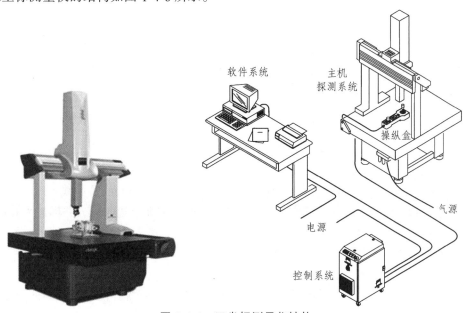

图 1-4-6　三坐标测量仪结构

1. 三坐标测量仪组成

三坐标测量仪的测量是基于空间点坐标的采集和计算。它由 4 部分组成：主机机械系统（X、Y、Z 三轴或其他）、测头系统、电气控制硬件系统、数据处理软件系统（测量软件）。

2. 三坐标测量仪应用

三坐标测量仪可以对工件进行形位公差的检验和测量，判断该工件的误差是不是在公差范围之内。

逆向工程设计，对一个物体的空间几何形状以及三维数据进行采集和测绘，提供点数据。再用软件进行三维模型构建的过程。

3. 三坐标检测产品的工作流程

（1）认真理解图纸，了解加工工艺。

（2）了解加工基准、设计基准、测量基准，明确各基准之间的关系。

（3）了解被测要素的类别，设计测量方案。

（4）测量方案实施（使用者、用哪台设备、怎样装夹、环境要求、方法、注意点）。

（5）测量结果处理，对有异议的结果需再次测量评定，出检测报告。

（6）清理工作台面。

五、简单零件测绘

1. 零件测绘的一般步骤

（1）绘制零件草图。

（2）测量零件尺寸，并将其标注在零件草图上。

（3）尺寸圆整与技术要求的注写。

（4）绘制工程图，标注尺寸和粗糙度等数据。

2. 零件测量的基本要点

（1）严谨、细致地测量每一组数据。

（2）正确使用量具，确保所测结果的准确性。

3. 工程图的基本要点

（1）对图纸的总体要求：投影正确，视图选择与配置恰当，图面洁净，字体工整，尺寸齐全，清晰，合理，表面粗糙度与公差配合选用恰当，标注正确，标题栏符合要求。

（2）视图关系正确，三个视图布局合理，区分粗细线型、中心线、虚线。

（3）对台阶孔进行局部剖视，准确表达出过渡斜面、剖面、边界线，并标注大孔的深度。

（4）正确测量上表面粗糙度。

（5）长度尺寸、台阶孔直径用游标卡尺测量，左右通孔直径用内径百分表测量，轴径用外径千分尺测量。

（6）1∶1 绘图，工程图线长精确到毫米，尺寸标注符合标准，测量结果与所用量具相互对应。

简单零件的测绘示例如图 1-4-7 所示。

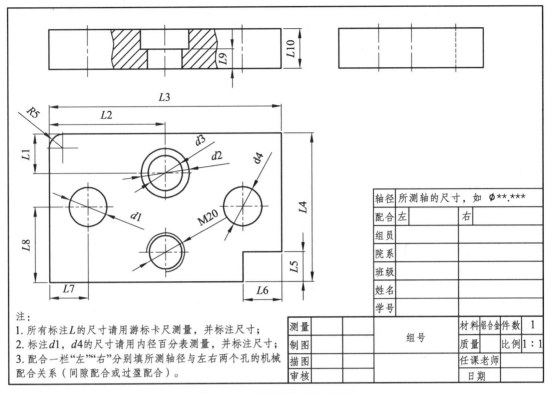

图 1-4-7　简单零件测绘图形

【安全操作规程及注意事项】

（1）标准块轻拿轻放，避免掉落伤人。
（2）量具使用结束后放回专用的盒子内保存。
（3）三坐标测量仪的导轨面和测量台面不允许有异物，不允许用手触摸。
（4）三坐标测量仪测量室内杜绝明火，未经培训及未取得操作资格的人员禁止使用。

【预习要求及思考题】

一、课前预习要求

（1）预习【实训基础知识】、【实训内容】的"常用量具的使用"和"三坐标测量仪"。
（2）完成实训报告中的填空题和简答题第 1 题。

二、思考题

（1）如何用三坐标测量仪测量一个圆球的直径？

实训五　车削加工

【实训目的】

（1）了解普通车床的种类、型号、工作原理、基本构造及安全操作规程。
（2）了解常用车刀的种类、结构及其装夹和使用方法。
（3）熟悉车削常用工夹量具的用途和使用方法。
（4）熟悉基本车削加工工艺和加工过程。

【实训设备及工具】

序号	名　称	规格型号	备　注
1	普通卧式车床	C6132 或 C616 （ϕ320×750）	由床身、变速箱、主轴箱、进给箱、光杠和丝杠、溜板箱、刀架、尾座等组成
2	三爪卡盘		可自动定心，适于快速夹持截面为圆形、正三边形、正六边形的工件
3	游标卡尺	0～150 mm	测量工件尺寸
4	45°外圆车刀	四方刀片	主要用于车外圆、端面和倒角等
	90°外圆车刀	三角刀片	主要用于车外圆、端面和台阶等
	切断刀	3 mm 或 4 mm	主要用于切槽或切断

【实训基础知识】

一、概　述

车削加工是在车床上利用工件的旋转运动和刀具的移动来完成对工件的切削加工。车削时，工件的旋转为主运动，刀具的移动为进给运动。车床上能加工各种回转体表面和部分端平面，其主要加工范围如图 1-5-1 所示。车削加工精度一般为 IT11～IT6，表面粗糙度 Ra12.5～Ra0.8。

1. 普通车床

车床的种类很多，主要有普通卧式车床、立式车床、转塔车床、自动及半自动车床、仪表车床、数控车床等，其中卧式车床应用最广。C6132 车床是最常用的普通卧式车床之一，其外形如图 1-5-2 所示，主要由以下几部分组成：

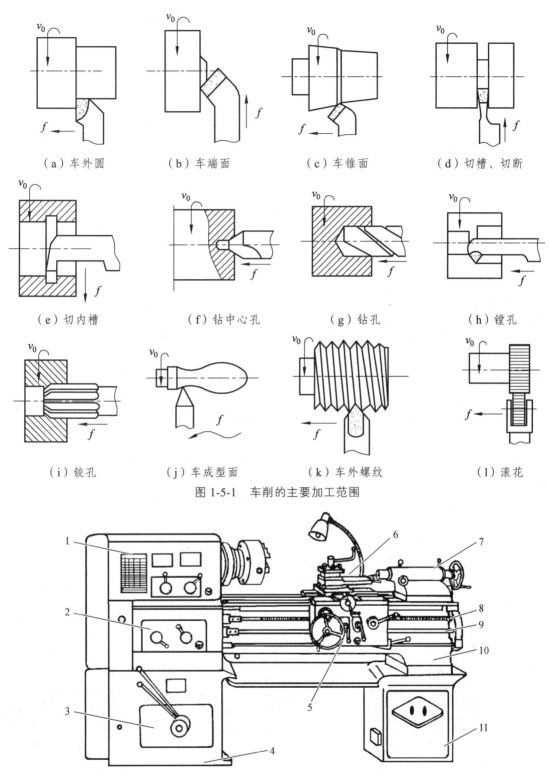

（a）车外圆　　（b）车端面　　（c）车锥面　　（d）切槽、切断

（e）切内槽　　（f）钻中心孔　　（g）钻孔　　（h）镗孔

（i）铰孔　　（j）车成型面　　（k）车外螺纹　　（l）滚花

图 1-5-1　车削的主要加工范围

1—床头箱；2—进给箱；3—变速箱；4—前床脚；5—溜板箱；6—刀架；
7—尾架；8—丝杠；9—光杠；10—床身；11—后床腿。

图 1-5-2　C6132 车床结构

（1）床身。用来支承和连接各主要部件，并保证车床各部件间有正确的相对位置。床身上的内外两组导轨用来引导大拖板和尾架在移动时的导向定位。

（2）变速箱。电机通过变速箱内的齿轮变速机构可传出 6 种不同的转速，并传递至主轴箱。

（3）主轴箱。又称床头箱，内装空心主轴（方便装夹长棒料）及主轴变速机构。主轴前端安装卡盘。变速机构使主轴获得不同转速。主轴通过传动齿轮带动挂轮旋转，将运动传给进给箱。

（4）进给箱。内装进给运动的变速机构，使光杠或丝杠获得不同的转速，从而取得不同的进给量或螺纹导程。

（5）光杠和丝杠。将进给箱的运动传给溜板箱。自动进给时用光杠，车削螺纹时用丝杠。

（6）溜板箱。与大拖板连在一起，通过齿轮齿条机构或丝杠螺母机构，将光杠或丝杠的旋转运动变成刀具的纵、横向移动。

（7）刀架。由大刀架（大拖板）、横刀架（中拖板）、转盘、小刀架（小托板）和方刀架组成。大刀架带动车刀沿床身导轨作纵向移动；横刀架带动车刀沿大刀架上的导轨做横向移动；转盘用螺钉固定在横刀架上，松开螺母，可使转盘在水平面内扳转任意角度；小刀架可沿转盘上的导轨做短距离移动；方刀架用于装夹车刀。

（8）尾架。安装在床身导轨上，可沿导轨纵向移动并固定在所需位置。用于配合主轴箱支撑工件或工具，由尾座体、底座、套筒等组成。在尾座套筒的锥孔里可装上顶尖，用来支顶较长的工件，装上钻头类的孔加工工具可进行各种孔的加工。

2. 车床附件及工件装夹

车床常用附件有三爪卡盘、四爪卡盘、顶尖、中心架、跟刀架、花盘、弯板和心轴等。

（1）三爪卡盘。

三爪卡盘是车床的常用夹具，它的结构如图 1-5-3 所示。当卡盘扳手插入三个小锥齿轮中的任一方孔中转动时，均能带动大锥齿轮旋转。大锥齿轮通过背面的平面螺纹带动与之啮合的三个卡爪同时做向心（夹紧）或离心（放松）移动，从而夹紧或松开工件。三个卡爪若换成反爪，可用来装夹直径较大的工件。

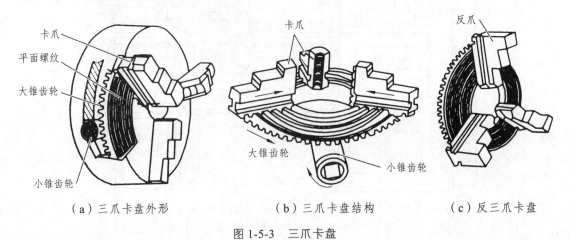

（a）三爪卡盘外形　　　　　（b）三爪卡盘结构　　　　　（c）反三爪卡盘

图 1-5-3　三爪卡盘

使用三爪卡盘装夹工件的方法如下：

① 将毛坯在 3 个卡爪间放正，轻轻夹紧，用手转动卡盘，检查并调整工件中心使之与主轴中心重合，再用力夹紧工件，并随即取下卡盘扳手，以免开车时飞出伤人。

② 使主轴低速回转，检查工件有无偏摆，若出现偏摆则立即停车，用小锤轻敲找正，然后再夹紧工件。

③ 在车削行程内，用手移动刀架和转动卡盘，检查刀架与卡盘或工件是否有干涉。

三爪卡盘能自动定心，装夹工件方便，定心精度 0.05 ~ 0.15 mm，适用装夹截面积为圆形、正三边形或正六边形的工件。但是，三爪卡盘不能获得高的定心精度，夹持力较小。

（2）四爪卡盘。

四爪卡盘（见图 1-5-4）的每一个卡爪后面均有一个丝杆螺母机构，可独立做向心或离心移动。因此，它不但可以装夹圆形工件，还可装夹各种矩形、椭圆形和其他不规则工件。把四个卡爪调头安装到卡盘体上，则起到"反爪"的作用，可装夹直径较大的工件。四爪卡盘装夹工件时常用划针盘或百分表找正。

图 1-5-4　四爪卡盘

（3）其他附件。

① 顶尖，有固定顶尖（死顶尖）和活动顶尖（活顶尖）两种。车削较长的或细长轴类零件时常采用双顶尖方式装夹工件。

② 中心架，用于切削细长轴时为了防止轴因切削力而发生弯曲变形，或又重又长的轴需车削端面或在端面钻孔、镗孔时支撑工件。使用时紧固在床身导轨上。

③ 跟刀架，用于车削刚度差的细长光轴。使用时紧固于大刀架上，随大刀架一起移动。

④ 心轴，对于盘套类零件，当外圆、孔、端面之间的位置精度要求较高又无法在一次装夹中全部加工完成时，可利用精加工过的孔把工件装在心轴上加工。

⑤ 花盘及弯板，主要用于加工大而扁或形状不规则的零件。

3. 车刀及其安装

（1）车刀的种类。

车刀的种类很多，按刀头材质可分为高速钢与硬质合金车刀。按结构形式可分为：整体式——刀头和刀体用相同材料做成整体，材料通常为高速钢；焊接式——将硬质合金刀片焊接在碳钢刀体上；机夹式——将刀片用机械夹固的方法紧固在刀体上，包括机夹重磨式和机夹可转位式。按用途可分为外圆车刀、端面车刀、内孔车刀、切断刀、切槽刀、螺纹刀、滚花刀、成型车刀等。钻头和铰刀也是车床上的常用刀具。

（2）车刀的组成。

车刀由刀头和刀杆组成。刀头是车刀的切削部分，刀杆用来将车刀固定在方刀架上。车刀的切削部分由三面两刃一尖构成，如图1-5-5所示。

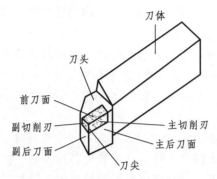

图1-5-5　车刀切削部分组成

① 前刀面：刀具上切屑流出时所经过的表面。

② 主后刀面：刀具上与工件切削表面相对的表面。

③ 副后刀面：刀具上与工件已加工表面相对的表面。

④ 主切削刃：前刀面与主后刀面的交线，它担负着主要的切削任务。

⑤ 副切削刃：前刀面和副后刀面的交线，它担负着少量切削任务，但不很明显。

⑥ 刀尖：主切削刃与副切削刃的交点，实际使用中常磨成一段过渡圆弧或直线。

（3）车刀的安装。

车刀必须通过刀架扳手正确牢固地安装在刀架上，安装时应注意以下几点：

① 车刀不宜伸出太长，否则切削时容易产生振动，影响工件加工精度和表面粗糙度。伸出长度一般不超过刀杆厚度的2倍。

② 刀杆下的垫片应平整稳定，并尽量用厚垫片，以减少垫片数目。

③ 车刀刀尖应与车床的主轴轴线等高，否则加工端面时中心会留下凸台，可根据尾架顶尖高度来调整。

④ 车刀刀杆应与主轴的轴线垂直，否则主偏角和副偏角将发生变化。

⑤ 车刀至少要用两个螺钉压紧在刀架上，并交替逐个拧紧。

⑥ 安装好车刀后，一定要用手动的方式对工件极限位置进行检查。

二、基本车削加工方法

为了提高生产效率和加工质量，常把车削过程分为粗车和精车，或者粗车、半精车和精车（精度要求高的工件），或者粗车和半精车（需磨削的工件）。

粗车的目的是要尽快切去大部分加工余量，并作为精加工的预加工。粗车一般首先选择较大的切削深度，其次选择较大的进给量，最后选择中等或偏低的切削速度。在粗车表面有硬皮的铸件或锻件时，第1次吃刀深度应尽可能大于硬皮厚度，使刀尖避开硬皮层。

精车的目的是要保证零件的精度和表面粗糙度，加工余量一般为0.5~1 mm。切削时一般选择较小的切削深度和进给量、较高或较低的切削速度（速度与工件和刀具的材料有关）。

由于刻度盘和丝杠都有间隙误差，对于精度要求高的工件，单单依靠刻度盘确定切深是不能满足精度要求的，为了防止进错刻度造成废品，一般要采用试切法。

1. 车外圆及台阶

车外圆是车削中最基本的加工方法。常见的方法有以下几种（见图1-5-6）：

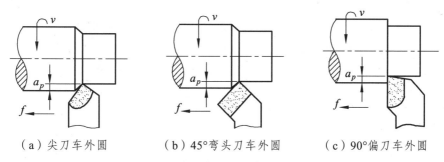

（a）尖刀车外圆　　　（b）45°弯头刀车外圆　　　（c）90°偏刀车外圆

图1-5-6　车削外圆的主要形式

（1）尖刀车外圆。尖刀用于精车外圆和车无台阶或台阶不大的外圆，也可用于倒角。

（2）45°弯头刀车外圆。不仅能车外圆，还能车端面、倒角和45°斜面的外圆。

（3）90°偏刀车外圆。常用于粗、精车有直角台阶的外圆和车细长轴。

车台阶同车外圆相似，主要区别是控制台阶的长度及直角。车台阶实际上是车外圆和车端面的组合加工，一般采用偏刀车削。车高度在5 mm以下的台阶，可在车外圆时同时车出；高度大于5 mm的台阶，要分层车削，装刀时应使主偏角大于90°。

2. 车端面

端面是长度方向测量、定位或装配的基准，车削时一般先车出。车端面一般用右偏刀、弯头刀和左偏刀。

右偏刀车端面有两种进刀方法：由外缘向中心进刀，若切削深度较大时会使车刀扎入工件之中，从而出现凹面；由中心向外走刀就克服了这一缺点，因而适于精车，如图1-5-7（a）所示。

左偏刀和弯头刀车端面如图1-5-7（b）所示。弯头刀刀尖强度高，适于车削较大的端面。

车端面时，应注意使工件端面离卡盘近些，车刀刀尖对准工件的回转中心，以免崩刀（刀尖高于回转中心）或在车出的端面中心留下凸台（刀尖低于回转中心）。

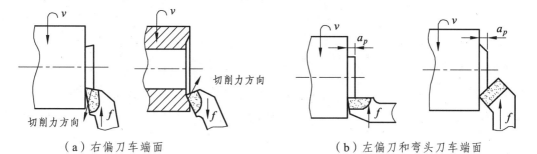

（a）右偏刀车端面　　　　　　（b）左偏刀和弯头刀车端面

图1-5-7　车端面

3. 切槽和切断

（1）切槽。

切槽按作用可分为退刀槽、端面槽和越程槽加工；按槽宽分为切窄槽和切宽槽两种。槽的形状有外槽、内槽和端面槽，如图 1-5-8 所示。

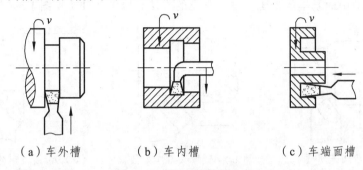

（a）车外槽　　　　（b）车内槽　　　　（c）车端面槽

图 1-5-8　常用的切槽方法

车削精度不高和宽度小于 5 mm 的矩形沟槽，可以用刀宽等于槽宽的切槽刀，采用直进法一次车出。精度要求较高的，一般分两次车成。车削较宽的沟槽，可用多次直进法切削，并在槽的两侧留一定的精车余量，然后根据槽深、槽宽精车至尺寸。

（2）切断。

切断要用切断刀。切断刀的形状与切槽刀相似，安装时，刀具轴线应垂直于工件的轴线，刀头从刀架伸出的长度不宜过长。切断部分尽可能靠近卡盘，以免产生振动。刀尖必须与主轴中心等高，否则切断处将剩有凸台，且刀头容易损坏。

切断时，进给量要均匀，不可过大。尤其在即将切断时进给速度要慢，以免刀头折断。切钢件时可加切削液散热。

4. 车锥面

车锥面的方法有 4 种：小刀架转位法、尾架偏移法、宽刀法和靠模法。其中宽刀法和靠模法主要用于批量生产，分别适于加工短锥面和长锥面。

（1）小刀架转位法。

将小刀架随转盘转过锥面锥角的一半，锁紧转盘，开动机床，利用小刀架手柄手动进给，从而加工出锥面，如图 1-5-9 所示。如果锥角不是整数，可在整数附近再估计一个值，试车后逐步找正。对于要求不高的圆锥一般用万能角度尺测量，要求较高的圆锥则需用圆锥量规测量。

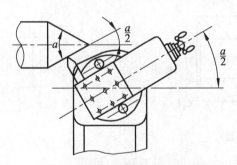

图 1-5-9　小刀架转位法车锥面

小刀架转位法车锥面操作简单，可以加工任意锥度的内外锥面，但加工锥面的长度受小刀架行程的制约，且不能自动进给。因此常用于单件小批量生产中加工较短、要求不太高的锥面。

（2）尾架偏移法。

尾架偏移法适合于车削锥度不大于16°且较长的外锥面。工件用双顶尖装夹，通过偏移尾架一个距离，使工件旋转轴线与车床主轴轴线的交角等于工件锥角的一半，车刀纵向进给就可车出所需圆锥面，如图1-5-10所示。尾座的偏向取决于工件大小头在两顶尖间的加工位置。当工件的小端靠近尾座处，尾座应向里移动；反之，尾座向外移动。

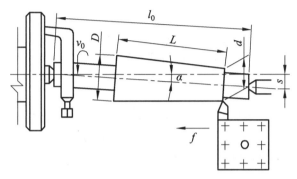

图1-5-10　尾架偏移法车锥面

尾座偏移法可自动走刀，可用于单件或批量生产。当锥角过大时，为了减少由于顶尖偏移带来的不利影响，常使用球头顶尖。

5. 钻孔、扩孔、铰孔和镗孔

在车床上可以用中心钻、麻花钻、扩孔钻、铰刀、镗刀进行钻孔、扩孔、铰孔和镗孔。

（1）钻中心孔。

需要用顶尖装夹的轴类零件，在车完端面后要钻中心孔。中心孔用钻夹头夹持中心钻（分A型、B型）装入车床尾架套筒加工而成，如图1-5-11所示。前面的小孔是为了保证顶尖与锥面能紧密地接触，也可存留少量润滑油。B型为双锥面，120°锥面又叫保护锥面，是防止60°锥面被碰坏，也便于在有顶尖时加工轴的后端面。

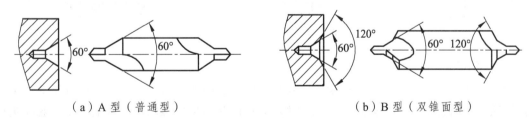

（a）A型（普通型）　　　　　　　　（b）B型（双锥面型）

图1-5-11　中心孔和中心钻

中心孔的加工，可选用较高的速度，手动送进要慢而均匀，加工钢件可加润滑油，钻到尺寸后，要略作停顿加以修光。

（2）钻孔。

对于轴类零件端面的孔常用麻花钻头在车床上加工。工件旋转为主运动，钻头纵向移动为进给运动，这与钻床钻孔不同，如图 1-5-12 所示。

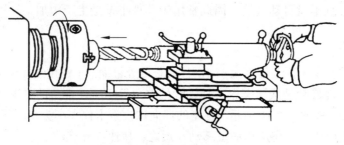

图 1-5-12　在车床上钻孔

钻孔前要先把工件端面车平，再将尾架固定在车床合适的位置，锥柄钻头直接装入尾架套筒内（钻头锥柄号数小可加过渡套筒），直柄钻头则用钻夹头夹持后，再将钻夹头装入尾架套筒。为防止钻头起钻时偏斜，可先用中心钻钻出中心孔作为导引，然后手摇尾架手柄带动钻头纵向移动钻孔。

钻孔时的进给速度不能太快，要经常退出钻头排屑冷却。钻钢件时要加切削液冷却，钻铸铁件时一般不加切削液。钻通孔时，在即将钻通时要减小进给量，以防折断钻头。孔被钻通后，先退钻头再停车。钻盲孔时，可以利用尾架刻度或做记号来控制孔的深度。

（3）扩孔和铰孔。

扩孔的刀具是扩孔钻或麻花钻，是对已有孔进行扩大加工。铰孔的刀具是铰刀，加工余量小，多为精加工。将扩孔钻或机用铰刀安装在尾架上即可进行扩孔和铰孔。

（4）镗孔。

镗孔（见图 1-5-13）是用镗孔刀对铸、锻或钻出的孔做进一步加工，以扩大孔径，提高精度，降低表面粗糙度，或纠正原孔轴线偏斜等。车床上镗孔依然以轴类零件的端面上的孔为主，可以镗通孔、盲孔、台阶孔以及内环形槽。

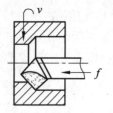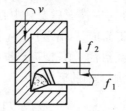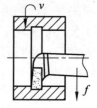

图 1-5-13　在车床上镗孔

6. 车成型面

由一条曲线（母线）绕一固定轴线回转形成的表面叫成型面。其加工方法有手动法（双手控制法）、样板刀法（成形刀法）、靠模法和数控法。靠模法多用于批量生产中，数控法只需编制相应的加工程序，便可由数控车床自动完成加工。

7. 车螺纹

螺纹有公制（米制）螺纹和英制螺纹之分；按牙型分有三角螺纹、梯形螺纹、方牙（矩形）螺纹、锯齿形螺纹和圆弧螺纹；按螺距分有粗牙和细牙螺纹；按旋向分有左旋和右旋螺纹；按头数分有单头和多头螺纹。其中单头、公制、右旋、三角螺纹应用最广。

决定螺纹的基本要素为牙形角（公制为 60°，英制为 55°）、螺距和螺纹中径。只有 3 个要素都符合要求，才是合格的螺纹。内、外螺纹均可在车床上加工。为了获得准确的螺距，必须用丝杠带动刀架进给，使工件每转一周，刀具移动的距离等于螺纹的导程。改变丝杠转速便可车出不同螺距的螺纹。螺纹一般用螺纹环规（外螺纹）或螺纹塞规（内螺纹）进行检查。

8．滚 花

滚花是用滚花刀对光滑的工件表面进行挤压，使其产生塑性变形而形成凹凸不平却均匀一致的花纹。滚花刀根据纹理分为直纹和网纹两种；按滚轮数量分为单轮、双轮和六轮滚花刀。滚花时工件的径向挤压力很大，应尽量使工件滚花部分靠近卡盘，同时转速要低，并充分冷却润滑，以免研坏滚花刀，防止细屑滞塞在滚花刀内而产生乱纹。

【实训内容】

一、基本知识的讲解

（1）介绍车床的结构、工作原理和应用。
（2）介绍常用车刀的种类、用途和装夹方法。
（3）介绍车削工件的装夹方法。
（4）介绍车床的安全操作规程和保养。
（5）介绍卧式车床的基本操作方法，以及外圆、端面、台阶的车削加工方法。

二、实践操作

（1）加工一个典型零件，熟悉外圆、端面、台阶的车削加工方法。
（2）* 个性化设计及制作：按给定材料，自行设计加工制作一个小作品或小型机电产品零件。

【安全操作规程及注意事项】

（1）两人共用一台车床时，只能一人操作并注意他人安全。
（2）卡盘扳手使用完毕后，必须及时取下，否则不能启动车床。
（3）开车前，检查各手柄的位置是否到位，确认正常后才准许开车。
（4）开车后，人不能靠近正在旋转的工件更不能用手触摸工件的表面，也不能用量具测量工件的尺寸，以防发生人身安全事故。
（5）严禁开车时变换车床主轴转速，以防损坏车床发生设备安全事故。
（6）车削时，方刀架应调整到合适位置，以防小拖板左端碰撞卡盘爪而发生人身、设备安全事故。
（7）机动纵向或横向进给时，严禁大拖板及中拖板超过极限位置，以防拖板脱落或碰撞卡盘而发生人身、设备安全事故。
（8）发生事故时，要立即关闭车床电源。

【 预习要求及思考题 】

一、课前预习要求

（1）了解 C6132 卧式车床的结构和加工原理。
（2）了解车床的主要附件及其作用。
（3）了解车削的加工范围和刀具。
（4）了解车削加工中工件的装夹方法及选用原则。
（5）了解基本的车削加工方法。
（6）完成实训报告中的判断题、填空题、选择题及简答题的第 1、4 题。

二、思考题

（1）什么是车削运动？车床的主运动和进给运动是什么？
（2）光杠和丝杠的作用是什么？
（3）车刀切削部分由哪几部分组成？
（4）粗车和精车时切削用量的选择有何不同？
（5）* 普通螺纹的参数有哪些？
（6）* 如何在车床上车削螺纹、滚花和镗孔？
（7）* 立式车床的结构如何？与卧式车床有何区别？

实训六　铣削加工

【实训目的】

（1）了解普通铣床的种类、型号、工作原理、基本构造及安全操作规程。

（2）了解常用铣刀的种类、结构及其装夹和使用方法。

（3）熟悉铣削常用工夹量具的用途和使用方法。

（4）熟悉基本铣削加工工艺和加工过程。

【实训设备及工具】

序号	设备名称	设备型号	备　注
1	立式铣床	X5025B	由床身、主轴、纵向工作台、横向工作台和升降台等组成
2	卧式铣床	XQ6125B	由床身、横梁、主轴、纵向工作台、转台、横向工作台和升降台等组成
3	平口钳	160 mm	有固定式和回转式两种，一般用于装夹中小型工件
4	压板、螺栓	无	用于将工件压装在工作台上
5	分度头	FH125、FH100A	是一种可在水平、垂直和倾斜位置进行分度的机构，可铣削各种齿轮、多边形、花键、螺旋槽等
6	游标卡尺	0～150 mm	测量工件尺寸
7	立铣刀	ϕ16	常用于加工沟槽、小平面和台阶面
8	键槽铣刀	ϕ10	多用于加工轴上的封闭式键槽
9	齿轮铣刀	模数 3/齿数 26/3 号刀	一种成型铣刀，用于铣削齿轮

【实训基础知识】

一、概　述

铣削加工是在铣床上用铣刀对工件进行的切削加工。主运动为刀具的回转运动，工件的纵、横向移动和升降运动为进给运动。铣削的加工范围很广，可加工平面、斜面、台阶、各种沟槽、成形面和齿轮等，也可用来切断工件，还可钻孔和镗孔，如图 1-6-1 所示。铣削加工精度一般可达 IT9～IT8，表面粗糙度 Ra 达 6.3～1.6 μm。

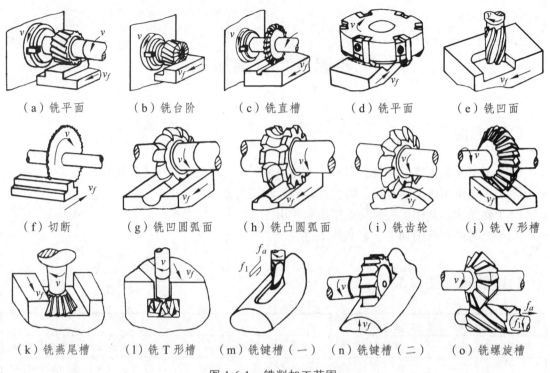

（a）铣平面　　　（b）铣台阶　　　（c）铣直槽　　　（d）铣平面　　　（e）铣凹面

（f）切断　　　（g）铣凹圆弧面　　　（h）铣凸圆弧面　　　（i）铣齿轮　　　（j）铣V形槽

（k）铣燕尾槽　　　（l）铣T形槽　　　（m）铣键槽（一）　　　（n）铣键槽（二）　　　（o）铣螺旋槽

图 1-6-1　铣削加工范围

1. 铣　床

铣床的种类很多，最常用的是卧式铣床（见图 1-6-2）和立式铣床（见图 1-6-3），它们的主要区别是主轴的空间位置不同。立式铣床的主轴根据加工需要可以偏转一定的角度，从而扩大了其加工范围，其组成如下：

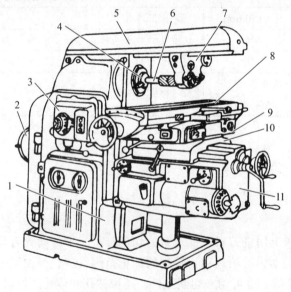

1—床身；2—电动机；3—主轴变速机构；4—主轴；5—横梁；6—刀杆；7—吊架；8—纵向工作台；
9—转台；10—横向工作台；11—升降台。

图 1-6-2　卧式铣床

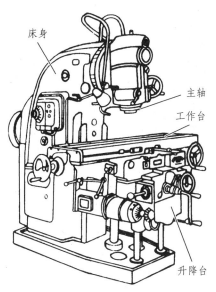

图 1-6-3　立式铣床

（1）床身，用来支撑和固定铣床的各部件。

（2）主轴，为空心轴，前端为锥孔，用来安装铣刀并带动铣刀旋转。

（3）工作台，由上、下两层组成。上层为纵向工作台，可沿导轨做纵向移动，带动工件作纵向进给。下层为横向工作台，可沿升降台导轨做横向移动，带动工件作横向进给。

（4）升降台，位于工作台下面，可带动整个工作台沿床身垂直导轨上下移动，以调整工作台面到铣刀的距离，并作垂直进给。

2. 铣床附件及工件装夹

铣床常用附件有平口钳、回转工作台、分度头和万能铣头等（见图 1-6-4）。平口钳有固定式和回转式两种，一般用于装夹中小型工件。回转工作台可以带动安装在其上的工件旋转，也可对较大工件进行分度，还可以加工圆弧形周边、圆弧槽、多边形以及有分度的槽或孔等。万能铣头是卧式铣床附件，利用它可以在卧式铣床上进行立铣工作，其主轴在空间可旋转任意角度和方向。分度头是一种可在水平、垂直和倾斜位置进行分度的机构，可用于铣削各种齿轮、多边形、花键、螺旋槽等，其装夹工件的方法如图 1-6-5 所示。

另外，铣削时还可以用压板螺栓直接将工件压装在工作台上。大批量生产时，可采用专用夹具或组合夹具装夹工件。

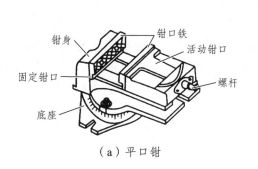

（a）平口钳

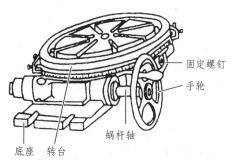

（b）回转工作台

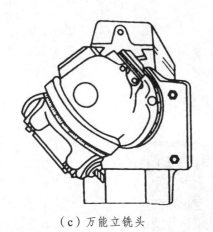

（c）万能立铣头

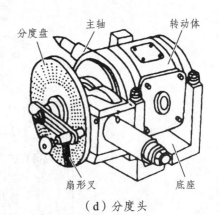

主轴　　　转动体
分度盘
扇形叉　　　底座

（d）分度头

图 1-6-4　铣床常用附件

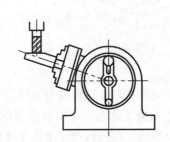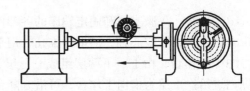

（a）垂直位置装卡工件　（b）倾斜位置装卡工件　（c）水平位置装卡工件

图 1-6-5　用分度头安装工件

（1）分度头的结构。

分度头主要由底座、转动体、主轴、分度盘和扇形夹等组成。在铣床上使用时，其底座用螺钉紧固在工作台上，并利用导向键与工作台上的一条 T 形槽配合，使分度头主轴方向与工作台纵向平行。分度头主轴前端可安装三爪卡盘或顶尖，用来装夹或支承工件。转动体可使主轴在垂直平面内转动一定的角度。分度头转动的位置和角度由侧面的分度盘控制。

（2）分度方法。

用分度头分度的方法有直接分度法、简单分度法、角度分度法和差动分度法等，下面介绍最常用的简单分度法。

分度头的主轴上固定有齿数为 40 的蜗轮，它与单头蜗杆配合。工作时，拔出定位销，转动手柄，通过一对传动比为 1∶1 的齿轮传动，带动蜗杆和蜗轮（主轴）转动进行分度。手柄每转一周，主轴转过 1/40 周，如果要将工件分成 z 等分，每一等分主轴需转 $1/z$ 周，分度手柄需转过的圈数 $n=40/z$。

分度手柄的准确转数由分度盘来确定。分度头通常配有 2 块分度盘，分度盘的两面各钻有许多圈孔，各圈孔数不等，但同一圈上孔距相同。如国产 FW250 型分度头两块分度盘的圈孔数为第一块正面：24、25、28、30、34、37；反面：38、39、41、42、43。第二块正面：46、47、49、51、53、54；反面：57、58、59、62、66。

如铣齿数 $z=36$ 的齿轮，每一次分齿时手柄转数为：

$$n = \frac{40}{z} = \frac{40}{36} = 1\frac{1}{9}（圈）$$

即分度时，先装上其上有孔数是 9 的倍数的分度盘（第二块），然后将手柄上的定位销调整到孔数是 9 的倍数的孔圈（54 孔）上，每分一齿，手柄转过 1 圈零 6 个孔距即可。为了保证每次的孔距数准确无误，可调整分度盘上的扇形夹夹角，使之正好等于孔距数。

3. 铣刀及其安装

（1）铣刀。

铣刀是一种多刃刀具，它的刀齿分布在圆柱面（圆柱铣刀）或端面（端铣刀）上，刀齿材料一般为高速钢和硬质合金钢。按铣刀结构可分为整体式、整体焊齿式、镶齿式和可转位式 4 种。按铣刀安装方法可分为带孔铣刀和带柄铣刀两大类，前者多用于卧式铣床，后者多用于立式铣床。带柄铣刀又分为直柄和锥柄两种。

常用的带孔铣刀（见图 1-6-6）有圆柱铣刀、三面刃铣刀、角度铣刀、成型铣刀、锯片铣刀等。圆柱铣刀有直齿和螺旋齿两种，常用于铣削中小平面。三面刃铣刀两侧面和圆周上均有刀刃，主要用于加工各种沟槽、小平面和台阶面。角度铣刀用于加工各种角度的沟槽和斜面，有单角和双角之分。成型铣刀切削刃呈凸圆弧、凹圆弧和齿槽形等，用于加工与刀刃形状相对应的成型面。锯片铣刀用于加工深槽和切断工件。

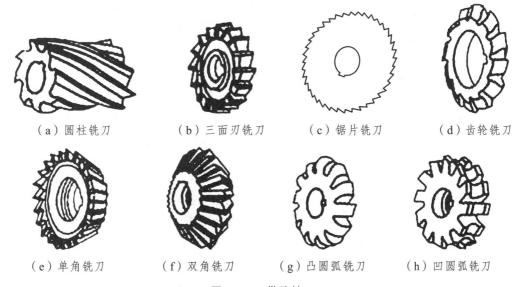

（a）圆柱铣刀　　　（b）三面刃铣刀　　　（c）锯片铣刀　　　（d）齿轮铣刀

（e）单角铣刀　　　（f）双角铣刀　　　（g）凸圆弧铣刀　　　（h）凹圆弧铣刀

图 1-6-6　带孔铣刀

常用带柄铣刀（图 1-6-7）有立铣刀、键槽铣刀、T 形槽铣刀和镶齿端铣刀等。立铣刀常用于加工沟槽、小平面和台阶面。键槽铣刀多用于加工轴上的封闭式键槽。T 形槽铣刀专门用于加工 T 形槽。镶齿端铣刀一般在钢料制造的刀盘上镶有多片硬质合金刀齿，用于加工较大平面，可进行高速切削，提高工作效率。

（2）铣刀的安装。

带孔铣刀一般安装在刀杆上。先将刀杆锥体一端插入主轴孔，用拉杆拉紧，通过定位套筒调整铣刀至合适位置，刀杆另一端安装在吊架孔中，并拧紧刀杆端部螺母，如图 1-6-8 所示。

铣刀安装时尽可能靠近主轴或吊架，以增加刚性。定位套筒的端面和铣刀的端面必须擦拭干净，以减少铣刀的端面跳动。

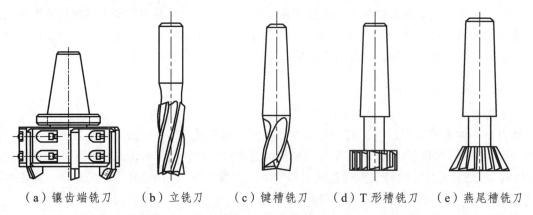

（a）镶齿端铣刀　（b）立铣刀　（c）键槽铣刀　（d）T形槽铣刀　（e）燕尾槽铣刀

图 1-6-7　带柄铣刀

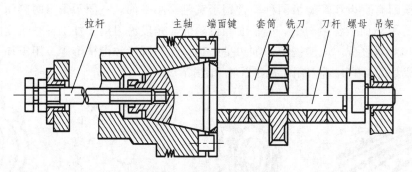

图 1-6-8　带孔铣刀的安装

直柄立铣刀多为小直径铣刀，一般不超过 $\phi20$，多用弹簧夹头进行安装。锥柄立铣刀安装时，根据锥柄的大小选择合适的过渡锥套，将配合端面擦干净，用拉杆把过渡套和铣刀一起拉紧在主轴端部的锥孔内（见图 1-6-9）。

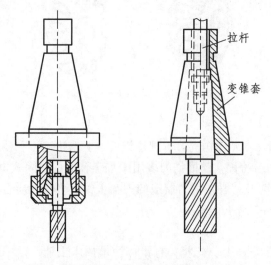

图 1-6-9　带柄铣刀的安装

二、基本铣削加工方法

1. 铣平面

铣平面可以在卧式或立式铣床上进行，工件可以用平口钳装夹或用螺栓压板直接压在工作台上。铣削方法主要有两种：端铣法和周铣法。

（1）用端铣刀铣平面——端铣法。

端铣法是指在铣床上用端铣刀的端面齿刃铣削平面的方法，如图 1-6-1（d）所示。适用于较大平面的加工。端铣平面时，刀具刚性好，参与切削的刀齿较多，切削厚度变化小，切削平稳。同时，端铣刀的副切削刃（端面刃）还有修光作用，因此加工表面质量较好。

（2）用圆柱形铣刀铣平面——周铣法。

在铣床上用铣刀（如圆柱铣刀和立铣刀）圆周面上的齿刃铣削平面的方法称为周铣法，如图 1-6-1（a）和（e）所示，适用于较小平面的加工。周铣法分为顺铣和逆铣，如图 1-6-10 所示。当铣刀旋转方向的切线方向与工件的进给方向相反时叫逆铣，相同时叫顺铣。逆铣过程平稳，但刀具磨损较快，工件表面粗糙；顺铣过程因易带动工件沿进给方向向前窜动造成打刃，因此一般只有在工件表面无硬皮，机床进给机构无间隙时，才选用顺铣。顺铣常用于精加工。

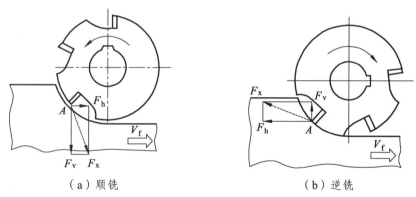

（a）顺铣　　　　　　　　　　　　（b）逆铣

图 1-6-10　逆铣和顺铣

圆柱铣刀有直齿和螺旋齿两种，用螺旋齿铣削时，刀齿是逐渐切入和切出的，切削比较平稳，因此比直齿铣刀加工的表面质量好。

2. 铣斜面

（1）倾斜垫铁铣斜面。在零件设计基准下面垫一块倾斜的垫铁，则铣出的平面就与设计基准成倾斜位置了，如图 1-6-11（a）所示。

（2）分度头铣斜面。在一些圆柱形零件上加工斜面时，可利用分度头将工件转到所需位置，铣出斜面。如图 1-6-5（b）所示。

（3）万能铣头铣斜面。万能铣头能方便地改变主轴的空间位置，因此可以转动铣头使刀具相对工件倾斜一个角度来铣斜面，如图 1-6-11（b）所示。

（4）角度铣刀铣斜面。较小的斜面可用角度铣刀在卧式铣床上加工，如图 1-6-11（c）所示。

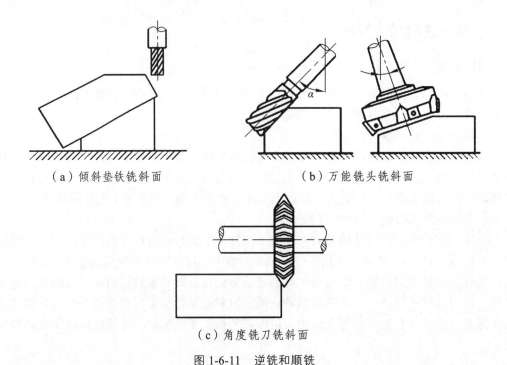

（a）倾斜垫铁铣斜面　　　　　（b）万能铣头铣斜面

（c）角度铣刀铣斜面

图 1-6-11　逆铣和顺铣

3. 铣台阶

铣台阶可用三面刃铣刀或立铣刀加工，成批生产中可采用组合铣刀同时铣出几个台阶面，如图 1-6-12 所示。

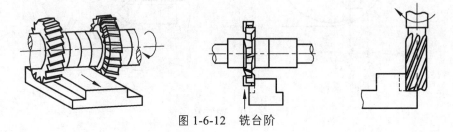

图 1-6-12　铣台阶

4. 铣沟槽

铣床上可加工直槽、角度槽、V 形槽、T 形槽、燕尾槽和键槽等。直槽可用立铣刀、锯片铣刀或三面刃铣刀加工。角度槽可用角度铣刀加工。V 形槽加工如图 1-6-1（j）所示。键槽分为封闭式和敞开式两种，前者一般用键槽铣刀加工，或者先用钻头在槽的一端钻一个下刀孔后用立铣刀加工（因立铣刀中央无切削刃不能向下进刀）；后者可用立铣刀、键槽铣刀或三面刃铣刀加工。T 形槽和燕尾槽的加工过程如图 1-6-13 和图 1-6-14 所示。

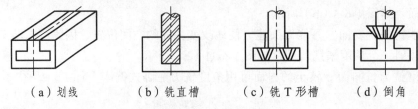

（a）划线　　　　（b）铣直槽　　　　（c）铣 T 形槽　　　　（d）倒角

图 1-6-13　铣 T 形槽

（a）划线　　　　（b）铣直槽　　　（c）铣左燕尾槽　　（d）铣右燕尾槽

图 1-6-14　铣燕尾槽

5．铣成型面

通常采用与成型面形状相吻合的成形铣刀完成，如图 1-6-1（g）至（i）所示。

6．齿轮及齿形曲面的加工方法

齿轮及齿形曲面的加工方法可分为成型法和展成法两种。

（1）成型法。

成型法是指用与被切齿轮齿槽法向截面形状完全相符的成型刀具加工齿形的方法。可采用铣削、拉削和成型法磨齿等。铣削时，工件用分度头卡盘和尾架顶尖装夹，用一定模数和齿数的盘状（或指状）铣刀进行加工，如图 1-6-15 所示。铣完一个齿后，利用分度头对工件进行分度，进行下一个齿的铣削。

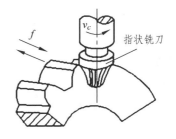

图 1-6-15　成型法加工齿轮

成型法铣削齿形曲面刀具成本低，不需专用设备，但生产效率较低。同时加工精度也低，一般为 IT11～IT9 级。原因是同一模数的铣刀只有 8 种型号，每种型号的铣刀可加工一定齿数范围的齿轮（见表 1-6-1），而其刀齿轮廓只与其铣齿范围内最少齿数齿槽的理论轮廓相一致，其他齿数的齿轮只能获得近似齿形。此外，分度误差也较大。因此，成形法铣齿一般多用于修配或加工转速低、精度要求不高的单件齿轮。

表 1-6-1　齿轮铣刀刀号和加工齿数范围

铣刀刀号	1	2	3	4	5	6	7	8
加工齿数范围	12～13	14～16	17～20	21～25	26～34	35～54	55～134	135 以上及齿条

（2）展成法。

展成法是利用齿轮刀具与被加工齿轮的相互啮合运动而切出齿形的方法，常用的方法有插齿和滚齿。插齿在插齿机上进行，是利用一对圆柱齿轮无侧隙啮合的原理进行加工的（见图 1-6-16）。滚齿则在滚齿机上进行，是利用一对螺旋齿轮相啮合的原理进行加工的（见图 1-6-17）。

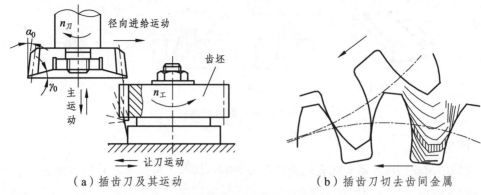

（a）插齿刀及其运动　　　　　　（b）插齿刀切去齿间金属

图 1-6-16　插齿工作原理

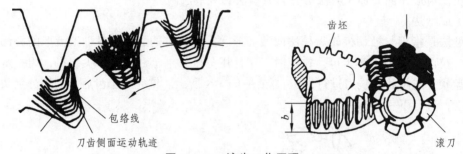

图 1-6-17　滚齿工作原理

【实训内容】

一、基本知识的讲解

（1）铣床的结构、工作原理和应用。

（2）常用铣刀的种类、用途和装夹方法。

（3）铣削工件的装夹方法。

（4）铣床的安全操作规程和保养。

（5）立式铣床的基本操作方法，以及平面、台阶、斜面的铣削方法。

（6）* 卧式铣床利用分度头铣削直齿圆柱齿轮的加工方法。

二、实践操作

（1）加工一个典型零件，熟悉平面、台阶、斜面的铣削方法。

（2）* 利用分度头铣削直齿圆柱齿轮。

（3）* 个性化设计及制作：按给定材料，自行设计加工制作一个小作品或小型机电产品零件。

【安全操作规程及注意事项】

（1）装夹工件必须牢固可靠，不得有松动现象。启动机床时，工作台不得放置工具或其他无关物件，应注意不要使刀具与工作台或工件发生碰撞。

（2）在机床上进行装卸工件和刀具，紧固、调整及测量工件，机床变速，清扫机床等工作时必须停车，移开刀具等刀具停稳后再进行。

（3）高速切削时必须装防护挡板，操作者要戴防护眼罩。

（4）切削过程中，头、手不得接近铣削面。

（5）严禁用手摸或用棉纱擦拭正在转动的刀具和机床的传动部位。清除铁屑时，只允许用毛刷或专用工具清除铁屑，禁止用嘴吹。

（6）拆装立铣刀时，台面须垫木板，禁止用手去托刀盘。

（7）对刀时必须慢速进刀，刀接近工件时，需用手摇进刀，不准快速进刀。

（8）切削刀具未离开工件不准停车。快速进刀时，注意防止手柄伤人。

（9）机床运行过程中，密切注意机床运转情况，润滑情况，如发现动作失灵、振动、发热、爬行、噪声、异味、碰伤等异常现象，应立即停车报告指导老师，检查排除故障后，方可继续操作机床。

（10）机床发生事故时应立即按总停按钮，保持事故现场，报告指导老师，由指导老师上报中心有关部门分析处理。

（11）吃刀量和进给速度不能过大，自动走刀必须脱开工作台上的手轮，同时应注意不要使工作台走到两极端，以免损坏丝杠或机床。

（12）变速时必须先停车，停车前先退刀。

（13）装卸大工件、大平口钳及分度头等较重物件需多人搬运时，动作要协调，应注意安全，以免发生事故。

（14）机床操作过程中不许离开岗位，如需离开时，无论时间长短都应停车，以免发生事故。

【预习要求及思考题】

一、课前预习要求

（1）了解 X5025B 立式铣床的结构和加工原理，以及和卧式铣床的区别。

（2）了解铣床的主要附件及其作用。

（3）了解铣削的加工范围和铣削刀具。

（4）了解铣削加工中工件的装夹方法及选用原则。

（5）*了解分度头的结构、分度原理和分度公式。

（6）完成实训报告中的判断题、填空题、选择题及简答题的第2、4题。

二、思考题

（1）铣床的主运动和进给运动是什么？

（2）为什么机床一定要停机后才能去调节主轴转速？

（3）为什么机床加工工件之前要手动对刀？为什么不能用自动对刀？

（4）*加工直齿圆柱齿轮齿形时，必须知道哪几个参数？

实训七　钳　工

【实训目的】

（1）了解钳工的基本知识。

（2）了解钳工常用设备的种类、结构及安全操作规程。

（3）熟悉钳工常用工卡量具的正确使用方法，了解钳工基本操作方法和加工工艺。

（4）* 了解机械产品装配的原理和过程，以及装配过程中的调试、检验方法等。

【实训设备及工具】

序号	名　称	型号规格	备　注
1	台式钻床	Z4116	由底座、立柱、主轴、工作台、电动机、带传动机构、进给机构等组成
2	工作台	1 600mm×1 500mm×800 mm	钳工操作台
3	台虎钳和平口钳	125 mm 和 160 mm	装夹工件
4	手锯、锉刀、样冲、划针、划规和手锤等其他钳工工具		可手持工具对工件进行锯削、锉削等加工
5	游标卡尺	0～150 mm	测量工件尺寸
6	钢板尺	0～300 mm	
7	麻花钻头	ϕ 8.5	用于加工孔
8	板牙及板牙架	M10	用于加工 M10 的外螺纹（套丝）
9	丝锥及铰杠	M10	用于加工 M10 的内螺纹（攻丝）

【实训基础知识】

一、概　述

钳工主要是指手持工具进行的修配、调试、维护和切削加工。其基本操作有划线、錾削、锯削、锉削、钻削、攻螺纹、套螺纹、刮研和装配等。利用钻床进行的钻削加工虽然为机械加工，却是由钳工来完成的。

钳工以手工操作为主，劳动强度大、效率低，对工人技术水平要求较高，但所用工具简单，操作灵活，适应性强，能完成机械加工中某些不便或难以完成的工作。

钳工分为普通钳工、机修钳工和工具钳工三大类。普通钳工主要从事机械或部件的装配、调试工作，以及零件的钳工加工；机修钳工主要从事各种机械设备的维护和修理工作；工具钳工主要从事工具、模具、刀具的制造和修理工作。

钳工操作主要在工作台和台虎钳（见图1-7-1）上完成的。工作台要求稳固，台面高度为800～900 mm。台虎钳一般固定在工作台上，用来夹持工件，有固定式和回转式两种，其规格用钳口的宽度来表示，常用的有100 mm、125 mm和150 mm三种。

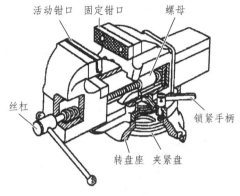

图 1-7-1　台虎钳

使用台虎钳时，工件应夹在钳口的中部，使钳口受力均匀；夹紧工件时，不要用锤敲击手柄或套上钢管加长力臂，以免损坏虎钳的丝杠和螺母；锤击工件应在砧面上进行；夹持工件的光洁表面时，应垫铜皮或铝皮加以保护。

二、划　线

划线是根据图样要求在毛坯或半成品上划出加工界线的一种操作，分为平面划线和立体划线。平面划线是在工件的一个平面上划线，立体划线是在工件的几个不同表面上划线。

划线的作用：① 作为安装、定位和加工的依据。② 检查毛坯或半成品工件的形状和尺寸。③ 合理分配加工余量，减少废品率。

1. 常用划线工具（见图1-7-2）

（1）基准工具：划线平板（台）。

（2）支承工具：① 千斤顶；② V形铁；③ 方箱；④ 弯板。

（3）直接划线工具：① 划针；② 划规；③ 划卡；④ 划针盘；⑤ 样冲。

（4）测量工具：① 钢板尺；② 直角尺；③ 普通高度尺及高度游标卡尺。

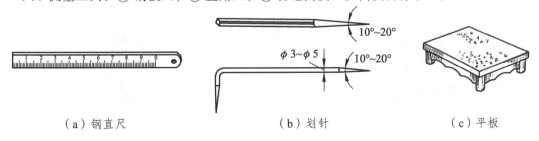

（a）钢直尺　　　　　　　　（b）划针　　　　　　　　（c）平板

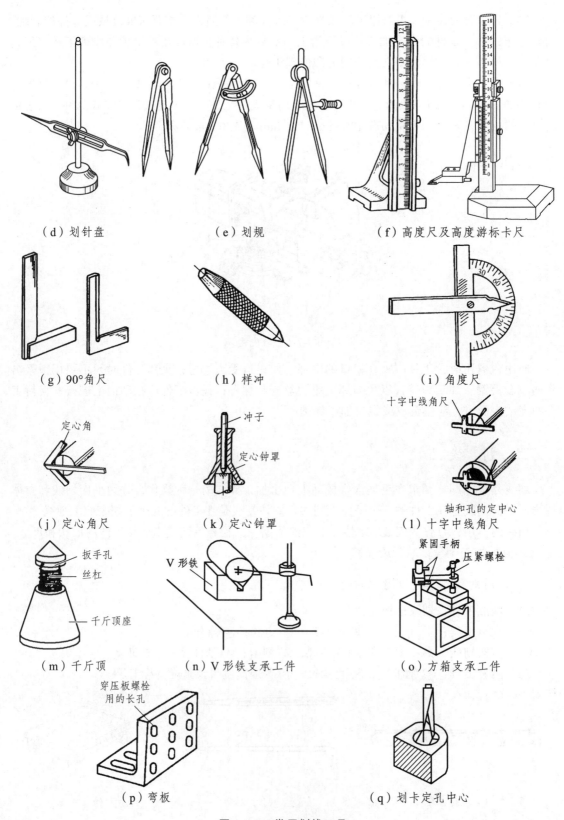

（d）划针盘　　　　　　（e）划规　　　　　（f）高度尺及高度游标卡尺

（g）90°角尺　　　　　　（h）样冲　　　　　　（i）角度尺

十字中线角尺

轴和孔的定中心

定心角

冲子

定心钟罩

（j）定心角尺　　　　　（k）定心钟罩　　　　（l）十字中线角尺

扳手孔

丝杠

千斤顶座

V形铁

紧固手柄

压紧螺栓

（m）千斤顶　　　　（n）V形铁支承工件　　　　（o）方箱支承工件

穿压板螺栓
用的长孔

（p）弯板　　　　　　　　　　　　（q）划卡定孔中心

图 1-7-2　常用划线工具

2. 划线基准

为了保证工件精度和合理分配加工余量，划线前，必须在工件上选择一个或几个点、线、面作为划线的基准，用它来确定工件的几何形状和各部分的相对位置。一般选择原则是常选重要孔的中心线为划线基准；若无重要孔，则选较平整的大平面为划线基准，或以零件图上的尺寸标注基准为划线基准；若工件上有已加工面，则以加工过的平面为划线基准。

3. 划线方法和步骤

划线时一般应先划水平线，再划垂直线、斜线，最后划圆、圆弧和曲线等。

划线的一般步骤：① 检查毛坯有无变形、裂纹、气孔等缺陷；② 研究图样，确定划线基准，准备划线所需工具、量具等；③ 清理毛坯表面，去掉氧化皮、毛刺和油污等，在划线的地方涂上白浆或粉笔，用木块、塑料块或铅块塞孔，以确定孔的中心位置；④ 支承并找正工件，先划基准线，再划其他水平线；⑤ 依次翻转工件并找正，然后划出其他线；⑥ 检查所划线是否正确，无误后打样冲眼。

三、钻削加工

零件上孔的加工，除去一部分由车、镗、铣等机床完成外，其主要加工方法为钻削。钻削加工主要是指在钻床上完成的切削加工过程，包括钻孔、扩孔、铰孔、锪孔、锪凸台和攻丝等。

1. 钻床的种类及用途

钻床的种类很多，常用的有台式钻床（见图 1-7-3）、立式钻床和摇臂钻床三种。台钻结构简单、小巧灵活、操作方便，主要用于加工小型零件上的各种小孔，多用于仪表制造、钳工和装配。立式钻床适于加工单件、小批量的中小型工件。摇臂钻床适于加工一些大型工件和多孔工件。

图 1-7-3　Z4116 型台式钻床

2. 钻床附件

钻床附件主要是一些装夹钻削刀具的工具，和安装工件的夹具，如台虎钳、钻夹头、压板螺钉等。钻削时，小型工件通常用台虎钳装夹，台虎钳装夹不了的工件可用压板螺栓直接压装在工作台上。对于圆柱形工件，可装夹在 V 形铁上，如图 1-7-2（n）所示。在成批生产中，常常使用钻模，以提高生产效率和钻孔精度。

钻削刀具通常有直柄和锥柄两种，直柄刀具通常用钻夹头（见图 1-7-4）装夹。锥柄刀具可直接装入钻床主轴的锥孔内。当刀具的锥柄小于钻床主轴锥孔时，需用过渡套筒安装。

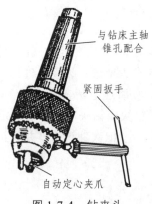

图 1-7-4　钻夹头

3. 主要钻削加工方法

（1）钻孔。

用钻头在实体材料上加工孔的操作叫钻孔。钻头有麻花钻、扁钻、中心钻、深孔钻等几种，其中麻花钻用得最多，它可以加工直径 0.1～80 mm 的孔。钻孔精度一般在 IT10 以下，表面粗糙度为 Ra12.5 左右。

① 麻花钻头。

麻花钻头（见图 1-7-5）是钻孔用的主要刀具，由柄部、颈部和工作部分（包括导向部分和切削部分）组成。其直径从切削部分向柄部每 100 mm 减小 0.05～0.1 mm，以减小切削时钻头与孔壁之间的摩擦。

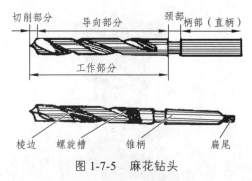

图 1-7-5　麻花钻头

柄部有锥柄和直柄之分。直柄用于直径小于 12 mm 的钻头；锥柄用于直径大于 12 mm 的钻头。锥柄的扁尾可避免钻头在主轴孔或钻套中转动。

导向部分有两条螺旋槽，用来输入切削液和排出切屑。螺旋槽的外缘为螺旋棱边，起导向作用，同时也减小钻头与孔壁之间的摩擦。在切削过程中，导向部分引导钻头保持正确的钻削方向，而且是钻头的备磨部分。

切削部分（见图 1-7-6）担负主要的切削工作，由两条对称的主切削刃、两条副切削刃、两个刀尖、两个前刀面、两个主后刀面、两个副后刀面组成。两条主切削刃之间的夹角称为顶角，其大小为 116°～118°，一般钻硬材料比钻软材料要取得大些。钻头顶部两主后刀面的交线叫横刃，它使钻削时的轴向力增加，因而大直径的钻头常采用修磨的方法缩短横刃，以降低轴向力。

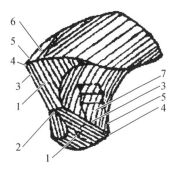

1—主后刀面；2—横刃；3—主切削刃；4—刀尖；5—副切削刃；6—副后刀面；7—前刀面。

图 1-7-6　麻花钻的切削部分

② 钻孔方法。

单件小批量生产时，通常采用划线钻孔的方法。先在工件上划出加工圆和检查圆，并打出样冲眼，再选用合适的钻头钻孔即可。大批生产时，为了提高生产效率，通常采用钻模夹具加工工件。

手动钻孔时，先用钻尖对准样冲眼锪一个小坑，检查小坑与所划孔的圆周线是否同心（称试钻）。钻孔时进给速度要均匀，快钻透时应减小进给量，以免钻头因受力不均而折断。钻较深的孔时，要经常退出钻头进行排屑和冷却，以防止钻头因过热和切屑阻塞而折断。钻韧性材料时，要加冷却润滑液，以提高钻头的耐用度。当孔径大于 30 mm 时，由于轴向抗力较大，应先用 0.5～0.7 倍孔径的钻头分两次或多次由小到大钻出，最后用所需孔径的扩孔钻将孔扩至需要的尺寸。当孔的直径大于 100 mm 时，多用镗孔。

钻孔属于粗加工，且生产率低。若要提高孔的加工精度，可采用扩孔和铰孔。

（2）扩孔。

扩孔是在已钻出、铸出、锻出或冲出的底孔上，利用扩孔钻对孔进行扩大加工的方法，如图 1-7-7 所示。其加工余量通常为 0.5～4 mm。扩孔钻形状与麻花钻相似。扩孔一般作为孔的半精加工或铰孔前的预加工，它可以校正孔的轴线偏差，并获得较好的尺寸精度（IT10～IT9）和表面粗糙度（Ra 为 6.3～3.2 μm）。

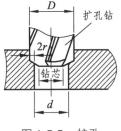

图 1-7-7　扩孔

（3）铰孔。

铰孔是用铰刀从工件孔壁上切除微量金属层，以提高其尺寸精度和降低其表面粗糙度的方法。它通常作为孔的精加工，尺寸精度能达到 IT8～IT6，表面粗糙度能达到 $Ra1.6～Ra0.8$。

铰刀有手铰刀和机铰刀两种。手铰刀为直柄，工作部分较长，锥角较小，直径为 1～50 mm。机铰刀多为锥柄，工作部分较短，可装在车床、钻床或镗床上铰孔，直径为 10～80 mm。

铰孔时铰刀在孔中不能倒转，否则铰刀与孔壁之间易挤住切屑而使孔壁划伤。机铰时要在铰刀退出孔后再停车，否则孔壁会被拉毛。铰通孔时铰刀修光部分不可全部露出孔外，否则会划坏出口处。

钻削加工使用定径刀具，因而适应性差。它只能保证孔的尺寸精度和表面粗糙度，却不能保证孔的位置精度，此时可利用夹具或镗削加工来保证。

四、螺纹加工

1. 攻螺纹

攻螺纹是用一定的扭矩将丝锥旋入钻出的底孔中加工出内螺纹的方法，又称攻丝。

（1）攻螺纹工具——丝锥和铰杠。

丝锥由柄部和工作部分构成。柄部上端呈方形，用来装铰杠，以传递攻丝时的扭矩。工作部分又分切削部分和校准部分，前者磨有切削锥，担任主要切削工作，后者起校正、修光螺纹和引导丝锥的作用。

丝锥有机用和手用两种。机用丝锥一般为一支，手用丝锥一般一套有 2 支或 3 支（螺距大于 2.5 mm），称为头锥、二锥和三锥。

铰杠是手工攻丝时转动丝锥的工具，有固定式和可调式两种，后者中部方孔大小可调。

（2）攻螺纹的方法。

① 钻底孔。攻丝前需钻螺纹底孔，底孔直径一般按下面的经验公式计算：

加工钢材及塑性金属时：$D = d - P$；

加工铸铁及脆性金属时：$D = d - 1.1P$；

式中：D——底孔直径（mm）；

d——螺纹外径（mm）；

P——螺距（mm）。

② 头锥攻螺纹。开始时必须将丝锥垂直地放入工件孔内（可用直角尺检查），然后用铰杠轻压旋入。当丝锥的切削部分已切入工件时，即可只转动丝锥，不必加压。每转一周应反转 1/4 周，以便断屑，如图 1-7-8 所示。攻钢料时，应用机油或植物油冷却润滑，攻铸铁件时可不用切削液，当螺纹表面光洁度要求较高时可加煤油。

③ 二锥和三锥的使用。头锥完成后，可攻二锥和三锥，先将丝锥旋入几扣后，再用铰杠转动，转动时不需加压。

2. 套螺纹

套螺纹是用板牙在圆杆上加工出外螺纹的方法，又称套扣或套丝。

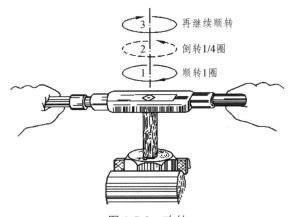

图 1-7-8　攻丝

（1）套螺纹工具——板牙和板牙架。

板牙是加工外螺纹的刀具，常用合金钢制成，外形像圆螺母，有固定式和开缝式（可调）两种。在靠近螺纹外径处，钻有 3～4 个排屑孔槽，并形成切削刃；两端面有 60° 的锥度，是板牙的切削部分。中间一段螺纹是板牙的定位和校正部分，并起修光和导向作用。图 1-7-9 所示为常用的开缝式圆板牙。

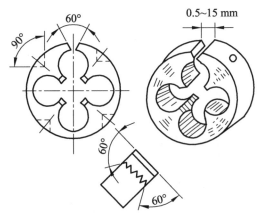

图 1-7-9　开缝式圆板牙

板牙架（见图 1-7-10）是用来夹持板牙并带动板牙旋转的工具，圆周上有固定和调整板牙用的螺钉。

图 1-7-10　板牙架

（2）套螺纹的方法。

套螺纹前应检查圆杆直径，一般应比螺纹外径小 0.13P（P 为螺距）。为了使板牙易于对准圆杆中心和切入，圆杆端部应倒大约 60° 的角。

套丝时，先夹紧工件，放入板牙，保持板牙端面与圆杆轴线垂直。开始切入时，压力要大，转动要慢；套入 3~4 扣后只转动不加压，以免损坏所套出的螺纹；为了断屑和排屑还需时常反转（见图 1-7-11）；钢件套螺纹时应加机油润滑。

板牙应与圈杆垂直

图 1-7-11　套螺纹

五、锯　削

用手锯切割工程材料或进行切槽的操作称为锯削。

1. 锯削工具——手锯

手锯由锯弓和锯条两部分组成。锯弓用来夹持和拉紧锯条，有固定式和可调式两种。锯条由碳素工具钢制成，锯齿有规律地向左右两面倾斜，形成交错式波形排列，以减少工件锯口两侧与锯条间的摩擦。其规格参数为两端安装孔的中心距长度，实训使用的锯条长度为300 mm。

锯条粗细是以每 25 mm 长度的齿数来表示的，分为粗齿（14、18 齿）、中齿（24 齿）和细齿（32 齿）三种。粗齿适于锯削软材料（如铜、铝合金等）或厚大工件，以免造成切屑堵塞齿间；细齿适于锯削硬度较大的金属、板材或薄管等；锯削普通碳钢、铸铁及中等厚度工件多用中齿锯条。

2. 锯削方法

（1）选择锯条。根据锯切材料的软硬和厚度选择合适的锯条。

（2）安装锯条。安装锯条时，锯齿要朝前，不能反装。锯条安装松紧要适当，否则锯条易折断，太松还容易使锯缝歪斜，一般以两手指的力旋紧螺母为宜。

（3）安装工件。工件一般应夹在台虎钳的左边，伸出要短，锯口应靠近钳口，以免工件在锯削时颤动。

（4）锯削工件（见图 1-7-12）。起锯方法分近起锯和远起锯。起锯时以左手拇指靠住锯条，右手往复稳推手柄，行程要短，压力要轻，起锯角度稍小于 15°，角度过大锯齿易崩落，过小则不易切入。锯出锯口后，逐渐将锯弓改至水平方向锯切，右手满握锯柄，左手轻扶锯弓前端，锯条与工件表面垂直，锯弓做往复直线运动，不可左右摆动；前推时加压，用力均匀；返回时轻轻滑过；尽量采用锯条全长工作，以免局部迅速磨损；锯钢料时应加机油冷却润滑；快锯断时，用力要轻，速度减慢，以免碰伤手臂及折断锯条。

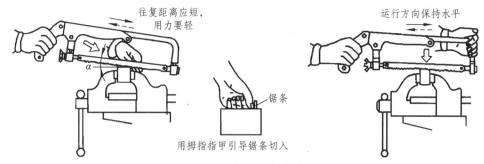

图 1-7-12　起锯和锯削方法

锯圆棒料时，为使截面平整，应从起锯开始沿一个方向锯断；锯矩形截面的材料时，应从宽面下锯，这样锯缝浅而长，且易整齐；锯圆管时，锯到管子的内壁处，应将管子向推锯方向转一定角度，再继续锯切，这样不断转动，直到锯断为止；锯深缝时，如果锯弓与工件相碰，可将锯条转 90°安装，锯弓放平即可。

六、锉　削

锉削是用锉刀对工件表面进行切削加工的方法，多用于零部件或机器装配时对工件进行修整。

1. 锉　刀

（1）锉刀的材料及构造。

锉刀一般由碳素工具钢制成，包括工作和锉柄两部分，其规格以工作部分的长度来表示，常用的有 100 mm、150 mm、200 mm、250 mm、300 mm、350 mm、400 mm 等几种。锉齿是用剁齿机剁出的。

（2）锉刀的种类及选择

① 按锉纹分为：单纹和双纹两种，但以双纹为多，以便锉削时省力，并易断屑和排屑。

② 按用途分为：普通锉（钳工锉）、特种锉和整形锉三种。普通锉（见图 1-7-13）根据其截面形状又分为平（板）锉、方锉、圆锉、半圆锉和三角锉等。整形锉又称什锦锉，5～12 件一组，适用于修整工件上的细小部位以及加工精密工件。特种锉用于加工或修整各种特殊表面，种类较多，如棱形锉。

③ 按锉齿粗细（每 10 mm 长锉面上的齿数）分为：粗齿（4～12 齿）、细齿（13～24 齿）和油光齿（30～40 齿）三种。粗齿锉刀适于加工余量大、加工精度低、表面粗糙度值高的表面或软金属（如铜、铝等）；反之则用细齿锉刀；油光锉仅用于工件表面的最后修光。

2. 锉刀的使用方法

锉削时，必须正确掌握握锉方法及施力的变化。通常是右手握锉柄，左手压锉（大小平锉）或捏锉（中锉刀），锉刀前推时加压，并保持水平，返回时不施压力，以减少齿面的磨损。什锦锉一般只用右手拿着使用。

锉屑堵塞锉刀后，应用钢丝刷顺着锉纹方向刷去锉屑；锉削时不要用手摸工件表面和锉刀刀面，更不可与润滑油类接触以免再锉时打滑，锉刀材料硬且脆，不可用它撬、敲打其他物品，以免折断。

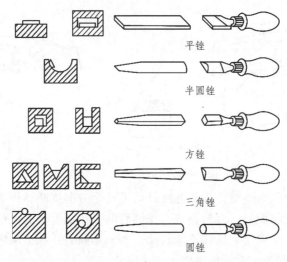

图 1-7-13　普通锉刀及其用途

3. 锉削的步骤与方法

（1）选择锉刀。根据工件材料、加工面的形状、加工余量的大小和工件的表面粗糙度要求等选择合适的锉刀。

（2）装夹工件。工件应牢固地夹在台虎钳钳口的中部，使待锉面略高于钳口，伸出不能太高，否则易振动。装夹已加工表面时，应在钳口与工件间垫以铜片或铝片。铸、锻件的外层氧化皮或黏砂等应在锉削前用砂轮磨去或錾掉，以免锉刀很快磨钝。

（3）锉削。锉削平面有交叉锉、顺锉和推锉三种方法（见图1-7-14）。交叉锉适于余量较大表面的粗加工；顺锉适于小平面和精锉；推锉一般用于提高表面光洁度和修正尺寸，常使用细齿锉刀或油光锉刀进行。锉外圆弧面可采用横锉法和滚锉法。锉内圆弧面，锉刀要完成三个运动：即锉刀的前推、左右移动和自身的转动。

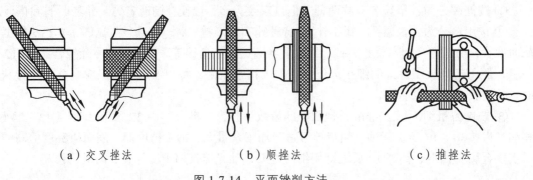

（a）交叉锉法　　　　　（b）顺锉法　　　　　（c）推锉法

图 1-7-14　平面锉削方法

（4）检验。锉削时，可用钢直尺或卡尺检查工件尺寸，工件的平直度及直角度可用直角尺是否能透光来检查，重要平面可用研点法来检查平面度。

七*、装　配

装配是指将若干合格零件按照图纸的技术要求经过组装、调试，使之成为合格的组件、部件或整机的工艺过程。装配是机械产品制造过程的最后一道工序，其质量的好坏对整个产品的质量和使用性能起着决定作用。

1. 装配过程

（1）装配前的准备。

① 研究和熟悉产品装配图中的技术条件，了解产品结构和工作原理、各零部件的相互连接关系及功用。

② 确定装配方法和顺序，准备所用工具和辅料。根据装配要求、产品结构、生产条件以及生产批量的大小等选用合适的装配方法。常用的装配方法有四种：完全互换法、分组互换法（选配法）、修配法和调整法。

③ 清洗零件（一般用柴油或煤油），去除毛刺及表面的锈蚀、油污及其他脏物，并涂防护润滑油。

（2）装配。

装配一般按组件装配、部件装配和总装配的顺序进行，并经调整、试验、检验、喷漆、防锈处理、包装等步骤，将合格产品入库或准备出厂。

① 组件装配：将若干个零件安装在一个基础件上成为组件的装配。

② 部件装配：将若干零件、组件安装在一个基础件上成为具有独立功能的部件的装配。

③ 总装配：将若干零件、组件、部件组装成一个完整机器产品的过程。

（3）装配工作的要求。

① 装配时，应检查零件上与装配有关的形状和尺寸精度是否合格，检查有无变形、损坏、腐蚀、划伤等。

② 检查配合件的间隙或过盈是否符合技术要求。

③ 各运动部件的接触面必须有足够的润滑，油路必须畅通无阻。

④ 各管道或密封部件，装配后不得有渗漏现象。

⑤ 高速运转部件的外表面，不得有凸出的螺钉头、销钉头等。

⑥ 试车前，应检查各部件连接的可靠性和运动的灵活性，电路是否畅通，手柄位置是否正确和灵活。试车时，从低速到高速逐步进行，最终达到正常的运行要求。

2. 典型零件的装配方法

（1）螺纹连接的装配。

在装配过程中，螺纹连接因装拆方便，应用十分广泛。常用的螺纹连接零件有螺钉、螺栓、螺母、平垫、弹垫及各种专用螺纹紧固件。装配时应注意：

① 螺纹连接件与零件的贴合面要平整光洁，使贴合面受力均匀，否则螺纹容易松动，必要时可加垫圈。

② 螺母端面应与螺栓轴线垂直，松紧适度。有时可使用润滑油，使装拆方便。

③ 成组螺纹连接时，应按一定顺序分两次或多次逐步旋紧，以保证零件贴合面受力均匀，不要一次完全旋紧。

④ 在交变载荷、振动和冲击条件下工作的螺纹连接，可用开口销、双螺母、弹簧垫圈、止动垫圈、镶片及串联钢丝等防松装置。

（2）键连接的装配。

在装配中，经常需要通过键将齿轮、皮带轮、联轴器等零件装在轴上。常用的键有平键、半圆键和楔键等。

装配时，先除去除键槽锐边毛刺，选取合适的键坯，按键槽的长度修配两端及侧面使之与键槽相配。将键配入键槽后试装轮毂，若轮毂槽与键配合太紧时，可修毂槽，但不许有松动。装配后，键底面应与键槽底部贴合，两侧面应有一定过盈量，键顶面与轮毂间应留有一定的间隙。

（3）滚动轴承的装配。

滚动轴承的内圈与轴、外圈与孔多为较小的过盈配合或过渡配合。装配时常通过垫套，用手锤击打或压力机压装。轴承压到轴上时，应施力于内圈端面，过盈量过大时可将轴承在热机油中加热后再套装在轴上。轴承压到孔中时，应施力于外圈端面；若同时压到轴上和孔中，则内、外圈端面应同时加压。

（4）齿轮的装配。

齿轮一般通过键装在轴上。为保证齿轮传递运动的准确性，齿轮装到轴上时应将齿圈的径向跳动和端面跳动控制在公差范围内，可用百分表检测。齿面接触情况可用涂色法检查，即先在齿面上涂色，然后根据齿轮啮合后齿面上的接触斑点沿齿厚方向是否均匀一致来判断。齿侧间隙可用塞尺或铅丝（大模数齿轮）来检查。

【实训内容】

一、基本知识的讲解

（1）介绍钳工的特点，以及在机械制造和维修中的作用。

（2）介绍钻床的结构以及安全操作方法。

（3）介绍钳工的基本操作及工具使用。

（4）* 介绍机械零件装配的基本知识。

二、实践操作

（1）加工一个典型零件，熟悉划线、钻孔、攻丝、套丝、锯、锉等基本操作方法。

（2）* 个性化设计及制作：按给定材料，自行设计制作一个小作品或小型机电产品零件。

【安全操作规程及注意事项】

（1）工作前应严格检查所使用工具是否符合安全要求，锉刀、刮刀、手锤应装有牢固的手柄，样冲、錾子（凿子）等工具的打击面不准有淬火裂纹、卷边、飞刺。

（2）钳工台应保持清洁，工具、量具及工件应摆放整齐合理、便于取用，保证操作过程中的方便和安全。

（3）握锤时不得戴手套，否则锤子容易飞出。锤头、锤柄、錾尖不得有油。挥锤前要环视四周，以防伤人。

（4）锯条不得装得太松或太紧，否则锯条容易折断伤人。

（5）清除锉屑、锯屑等切屑时要用刷子，不得直接用手清除或用嘴吹。

（6）工件装夹时要牢固，加工通孔时要把工件垫起或让刀具对准工作台上的槽孔。

（7）使用钻床时，不得戴手套，不得手拿棉纱操作或用手接触钻头和钻床主轴，严防衣袖、头发被卷到钻头上，长发需盘进工作帽。

（8）更换钻头等工具时应使用专用工具，不得用锤子击打钻夹头。

（9）钻床主轴完全停止之后才能卸工件和清扫工作台。

（10）禁止用工具、夹具、量具敲击工件和其他物体，以防损坏或降低其精度。

【预习要求及思考题】

一、课前预习要求

（1）了解钳工的作用、特点和加工范围。
（2）了解钳工的基本操作。
（3）了解钳工常用工具及设备。
（4）完成实训报告中的判断题、填空题、选择题及简答题的第1、3、4题。

二、思考题

（1）划线的作用是什么？如何选择划线基准？划线的工具有哪些？
（2）生活中有哪些攻丝的操作？
（3）锯削时如何选择锯条？怎样安装？
（4）常用的锉刀有哪几种？如何选择？
（5）锉平面的方法有哪几种？如何检查工件锉削后的平面度和垂直度？
（6）* 什么是装配？常用的装配方法有哪些？

第二章 先进制造技术

先进制造技术（Advanced Manufacturing Technology，AMT）就是指集机械工程技术、电子技术、自动化技术、信息技术等多种技术为一体所产生的技术、设备和系统的总称，主要包括计算机辅助设计、计算机辅助制造、集成制造系统等。先进制造有如下发展方向：

（1）数控技术（Numerical Control，NC），数控技术的核心是数字控制技术，用计算机来对输入的指令进行存储、译码、计算、逻辑运算，并将处理的信息转换为相应的控制信号，控制运动精度较高的驱动元件，使之按编程人员设定的运动轨迹来高效加工，从而彻底克服了传统机械加工的缺点。

（2）计算机辅助设计与制造是计算机辅助设计（Computer Aided Design，CAD）与计算机辅助制造（Computer Aided Manufacturing，CAM）结合而组成的系统，它依托强大的软件来完成产品设计中的建模、解算、分析、虚拟模拟、加工模拟、制图、数控编程、编制工艺文件等工作。

（3）特种加工技术，传统机械切削加工的本质为刀具材料比工件更硬，用机械能把工件上多余的材料切除，零件的形状由机床的成型运动产生。随着加工需求的改变，人们探索利用电、磁、声、光、化学等能量或将多种能量组合施加在工件的被加工部位，实现材料去除、变形、改变性能或被镀覆等非传统加工方法，这些方法统称为特种加工。

（4）虚拟制造（Virtual Manufacturing，VM），利用计算机技术、建模技术、信息处理技术、仿真技术对现实制造活动中的人、物、信息及制造过程进行全面的仿真模拟，以发现设计或制造中可能出现的问题，在产品实际生产前就改进完成，省略了产品的开发研制阶段，达到降低设计和生产成本，缩短产品开发周期，增强产品竞争力的目的。

（5）机器人技术，计算机控制的可再编程的多功能操作器，又称工业机器人。它能在三维空间内完成多种操作。机器人技术综合了计算机、控制论、机构学、信息、传感技术、人工智能和仿生学等多学科而形成的高新技术。

（6）柔性制造系统（Flexible Manufacturing System，FMS），是以计算机为控制中心实现自动完成工件的加工、装卸、运输、管理的系统。它具有在线编程、在线监测、修复、自动转换加工产品品种的功能。

（7）计算机集成制造系统（Computer Integrated Manufacturing System，CIMS）是在自动化技术、信息技术及制造技术的基础之上，通过计算机网络及数据库，将分散的自动化系统有机地集成起来，完成从原材料采购到产品销售的一系列生产过程的高效益、高柔性的先进制造系统。

实训一　数控车削

【实训目的】

（1）了解数控车床的一般结构和基本工作原理。

（2）掌握数控车床（CAK40100V）的功能及其操作使用方法。

（3）掌握常用功能代码的用法，学会典型零件的手工编程方法。

（4）掌握数控加工中的工件坐标系与机床坐标系之间的关系，学会使用仿真软件。

【实训设备及工具】

序号	名称	规格型号	备注
1	数控车床	CAK40100V	加工工件
2	数控加工仿真软件	—	模拟加工工件
3	装拆刀具专用扳手	—	装拆刀具
4	装拆工件专用扳手	—	装拆工件
5	垫片	—	调整刀具高度
6	外径千分尺	0～25 mm	测量工件
7	游标卡尺	0～150 mm	测量工件
8	钢直尺	300 mm	测量工件
9	外圆车刀	90°	车削工件外形
10	切槽刀	刀宽 3 mm	切槽、切断

【实训基础知识】

一、数控车床的组成

常见的数控机床主要由输入/输出装置、数控系统、伺服系统、辅助控制装置、反馈系统和机床组成。数控机床工作流程如图 2-1-1 所示。

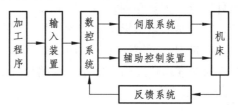

图 2-1-1　数控机床工作流程

二、工作原理

数控设备是按照事先编好的数控加工程序对零件进行加工的高效自动化设备。首先要将被加工零件的技术特征、几何形状、尺寸和工艺等加工要求进行系统的分析，确定合理正确的加工方案和加工路线，然后按照数控机床规定采用的代码和程序格式，根据加工要求编制出数控加工程序，然后将加工程序输入到数控装置，按照程序的要求，经过数控系统信息处理、分配，实现刀具与工件的相对运动，完成零件的加工。

【实训内容】

数控车削实训共分为 5 个步骤，实训流程如图 2-1-2 所示。

图 2-1-2　数控车削实训流程

一、设计零件图

自行设计零件图，尺寸规格 $\phi 25 \times 50$ mm，外形尽量包含台阶、锥面、外圆柱面、圆弧。

二、编写程序

编程就是根据加工零件的图纸和工艺要求，用数控语言描述出来，编制成零件的加工程序。主要分为手工编程和自动编程：手工编程适合外形比较简单，计算量比较小的零件；自动编程适合外形比较复杂，计算量比较大的零件。

下面以某公司所使用的 FANUC-0i 系统为例来进行编程介绍。

数控切削编程中的坐标可以使用绝对值编程，也可以使用增量值编程，还可以使用混合值坐标编程。

编程的三个步骤：先建坐标系，再找外形特征点，最后编程。

1. 机床坐标系和工件坐标系

数控机床加工零件过程是通过机床、刀具和工件三者的协调运动完成的。坐标系正是起这种协调作用的，它能保证各部分按照一定的顺序运动而不至互相干涉。

机床坐标系是以机床原点为基准而建立的坐标系，机床原点位置随机床生产厂家的不同而不同。一般位于每个移动轴的最大行程处。

机床坐标系规定：① 工件固定，刀具移动；

　　　　　　　　　② 满足右手笛卡尔坐标系，如图 2-1-3 所示；

　　　　　　　　　③ 正方向是刀具远离工件的方向，如图 2-1-4 所示。

工件坐标系是以工件原点为基准而建立的坐标系，由编程人员确定。一般建立在工件的右端面，便于对刀，如图 2-1-5 所示。

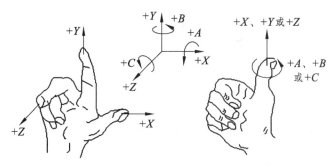

图 2-1-3　右手笛卡尔坐标系

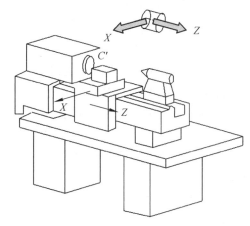

图 2-1-4　机床坐标系

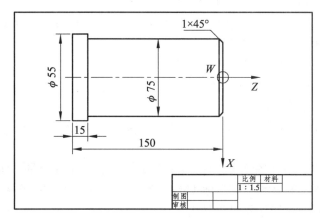

图 2-1-5　机床坐标系

2. 数控编程常用指令——G 代码、F、T、S、M 指令

（1）G 代码。

① G00 X Z——快速定位（不能加工工件，只能快速靠近或者离开工件，并且移动速度与机床的进给速度无关）。

② X、Z——到达的目标点的绝对坐标。

③ G01 X Z F——直线插补，移动速度取决于 F，常用于车端面、车外圆、车锥面、加工台阶面。

④ G02 X Z R F——顺时针圆弧插补。

⑤ G03 X Z R F——逆时针圆弧插补。

⑥ G71——轴向粗车复合循环。

$$G71U（\Delta d）R（e）;$$

$$G71P（ns）Q（nf）U（\Delta u）W（\Delta w）F（\Delta f）S（\Delta s）T（t）;$$

式中：Δd——背吃刀量（通常为半径值且不带符号）；

　　　e——退刀量；

　　　ns——精加工轮廓程序段中开始段的段号；

　　　nf——精加工轮廓程序段中结束段的段号；

　　　Δu——X轴方向精加工余量和方向（通常为直径值）；

　　　Δw——Z轴方向精加工余量和方向；

　　　Δf、Δs、t——粗加工时的进给量、主轴转速及所用刀具。

粗车转速不宜太快，吃刀量大，进给率快，以求在尽量短的时间内把工件余量车掉（初学者可选择较小切削用量）。粗车对切削表面没有严格要求，只需留一定的精车余量即可，加工中工件要夹牢靠。

精车是车削的末道工序，加工能使工件获得准确的尺寸和规定的表面粗糙度。此时，刀具应较锋利，切削速度较快。

G70：精加工复合循环　　　G70 P_Q_

⑦*G73——仿形粗车复合循环指令

$$G73U（\Delta i）R（d）;$$

$$G73P（ns）Q（nf）U（\Delta u）W（\Delta w）F（f）S（s）T（t）;$$

式中：Δi——X轴方向退刀量（半径值）；

　　　d——粗加工切削次数。

⑧*G75——外圆切槽切断循环指令

$$G75R（e）;$$

$$G75X（U）Z（W）P（\Delta i）Q（\Delta k）R（\Delta d）F（f）;$$

式中：e——回退量；

　　　X——最大切深点的X轴绝对坐标（U：最大切深点的X轴增量坐标）；

　　　Z——最大切深点的Z轴绝对坐标（W：最大切深点的z轴增量坐标）；

　　　Δi——X方向的进给量（不带符号）；

　　　Δk——Z方向的位移量（不带符号）；

　　　Δd——刀具在切削底部的退刀量，Δd符号总是正的；

　　　f——进给量。

（2）F功能。

代表进给速度，每转进给量（mm/r）。

（3）T功能。

代表选择刀具。如 T0101 前两位代表刀位号，后两位代表刀补（刀尖圆弧半径补偿和刀具长度补偿）。取消刀补，则最后两位为 00，如 T0100，取消一号刀刀补。

（4）S功能。

即主轴转速（r/min）。

M41 S——低挡位；

M42 S——中挡位；

M43 S——高挡位。

（5）M 辅助指令

M03——主轴正转；

M04——主轴反转；

M05——主轴停止；

M30——程序结束并返回到开始状态。

3. 编程实例

工件尺寸如图 2-1-6 所示，加工程序如下：

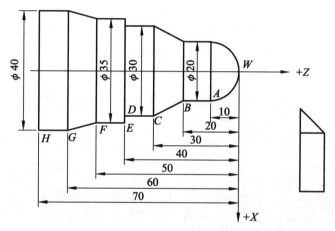

图 2-1-6　工件尺寸图

O1234；（程序名）

T0101；（选择一号刀，即外圆粗车刀）

M42 S600；（选择中速挡位）

M03；（主轴正转）

G00　X150．Z50．；（安全换刀点）

G00　X43．Z0．；

G01　X-0.1 Z0．F0.15；（车削端面）

G00　X43．Z5．；（粗加工循环点）

G71　U0.6 R0.2；（轴向粗车复合循环）

G71　P100 Q190 U0.25 W0.25 F0.15；

N100 G00 X0．；

G01　Z0．F0.1；（W 点）（F 进刀量不变就不再写）

G03　X20．Z-10．R10．；（A）

G01　Z-20．；（B）

X30．Z-30．；（C）

Z-40.;（D）

X35.;（E）

Z-50.;（F）

X40. Z-60.;（G）

N190 Z-70.;（H）

G70 P100 Q190;（精加工）

G00 X150. Z100.;（回到安全换刀点）

T0100;（取消一号刀刀补）

M05;（主轴停止）

M30;（程序结束并返回参考点）

三、模拟程序

运行模拟程序时，机床必须处于空运行、机床锁住状态。

目的：检查程序是否正确。熟悉操作面板的按钮，如图 2-1-7 所示，机床按钮功能见表 2-1-1。

图 2-1-7 机床操作面板

表 2-1-1 机床按钮功能

按钮名称	功能说明
PROG	程序
CAN	删除输入的前一个字符
DELETE	删除选中的代码
INSERT	插入
ALTER	替换
RESET	复位
EOB	分号
SHIFT	转换

程序输入步骤：编辑→PROG→程序名→INSERT→EOB→INSERT→N10 T0101 EOB→

INSERT→…→M30 EOB→INSERT→RESET→自动→循环启动。

程序启动后观看模拟图形和设计的是否一样，不对时需修改程序。

四、对 刀

目的：一方面完成所有刀具的长度补偿值的设定；另一方面在程序自动运行前把刀具移动到刀具的起始点。

操作步骤：

（1）打开计算机，双击桌面数控加工仿真软件，快速登录。

（2）选择机床系统，如图 2-1-8 所示。

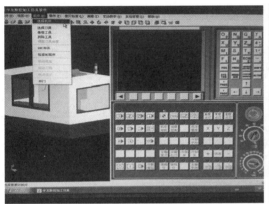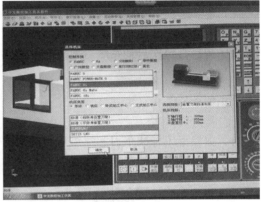

图 2-1-8　选择机床系统

（3）回机床原点，安装好工件、刀具。

（4）在"MDI"编辑模式下，按"PROG"键，输入"S600 M03 EOB"，然后按"INSERT"，最后循环启动，让主轴正转。

（5）试切法对刀，具体由老师现场演示。

五、加 工

程序和对刀都没问题，直接把程序名调用出来，然后自动、循环启动加工。

【安全操作规程及注意事项】

（1）不能戴手套操作机床。

（2）操作机床面板时，只允许单人操作，其他人不得触摸按键。

（3）在自动加工过程中，禁止打开机床防护门。

（4）刀架换刀时，必须先将刀架移至安全位置再换刀。

（5）机床开机回零点时，刀架一定要在机床中间位置再回零，避免过行程。

（6）装夹完工件时，卡盘扳手不能放在三爪卡盘上。

（7）机床主轴停止后才能测量工件。

（8）下课前要清除加工屑，擦净机床。

【预习要求及思考题】

一、课前预习要求

（1）预习【实训基础知识】、【实训内容】。
（2）完成实训报告册中的第一、二、三题。

二、思考题

（1）适合加工数控车床的零件有哪些？
（2）为什么每次启动系统后要进行"回零"操作？

【阅读资料】

（1）数控车床外圆车刀和螺纹车刀的对刀和加工参见二维码内容。
（2）不同型号数控车床（后置刀架）对零件的加工参见二维码内容。

外圆车刀和螺纹车刀的对刀和加工

数控车床加工零件

实训二　数控铣削

【实训目的】

（1）掌握数控铣削的安全操作规范。
（2）了解数控铣床的基础知识。
（3）了解数控铣床的加工实例。
（4）编制数控铣床加工程序。
（5）* 了解常规的材料成型和切削加工方法，以及常用的先进制造技术。
（6）* 了解机械制造基本生产过程。
（7）* 初步具备一定的工程实践能力。
（8）* 了解工程环境和工程文化，并逐步形成大机电、大制造、大工程的概念。

【实训设备及工具】

序号	名称	规格型号	备注
1	数控铣床	XKN713	金属和非金属零件加工
2	台虎钳		装夹工件
3	台式计算机	Windows 系统	处理图形和工艺
4	软件 1	CAXA 3D 实体设计	建模
5	软件 2	CAXA 制造工程师	自动编程

【实训基础知识】

一、数控技术及数控铣床概述

科学技术的发展以及世界先进制造技术的兴起和不断成熟，对数控加工技术提出了更高的要求，超高速切削、超精密加工等技术的应用，对数控机床的数控系统、伺服性能、主轴驱动、机床结构等提出了更高的性能指标。FMS 的迅速发展和 CIMS 的不断成熟，又对数控机床的可靠性、通信功能、人工智能和自适应控制等技术提出更高的要求。随着微电子和计算机技术的发展，数控系统的性能日臻完善，数控技术的应用领域日益扩大。

数控铣床是一种加工功能很强的数控机床，目前迅速发展起来的加工中心、柔性加工单元等都是在数控铣床、数控镗床的基础上产生的，两者都离不开铣削方式。由于数控铣削工艺最复杂，需要解决的技术问题也最多，因此人们在研究和开发数控系统及自动编程语言的软件时，也一直把铣削加工作为重点。

数控铣床是在一般铣床的基础上发展起来的一种自动加工设备，两者的加工工艺基本相同，结构也有些相似。数控铣床又分为不带刀库和带刀库两大类。其中带刀库的数控铣床又称为加工中心。数控铣床主要由数控系统、伺服系统和机床本体三个基本部分组成，加工流程如图 2-2-1 所示

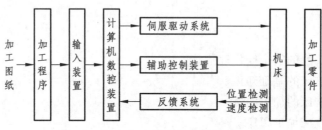

图 2-2-1　数控加工流程

二、数控铣削代码指令

（1）准备功能：使机床或控制系统建立加工功能方式，如刀具移动轨迹。

格式：准备功能地址符"G"+两位数字，简称 G 代码。

举例：G01、G90。

（2）辅助功能：辅助功能包括各种支持机床操作的功能，像主轴的启停、程序停止和切削液节门开关等。

格式：辅助操作地址符"M"+两位数字，简称 M 代码。

举例：M03、M04。

（3）进给功能 F：用 F 代码选定切削过程中刀具的进给速度，单位符号一般为"mm/min"或"mm/r"。

格式：进给地址符"F"+指定速度。

举例：F50、F500。

（4）主轴转速功能 S：用 S 代码指定主轴转速，单位符号为"r/min"。

格式：主轴地址符"S"+指定转速。

举例：S1500、S2000。

三、G 代码

常用 G 代码的功能见表 2-2-1。

表 2-2-1　G 代码的功能

代码	功能说明	代码	功能说明
G00	快速定位指令	G01	直线插补指令
G02	顺时针圆弧插补	G03	逆时针圆弧插补
G54	工件坐标系	G90	绝对值编程
G91	相对值编程		

1. 快速定位指令 G00

格式：G00 X_Y_Z_；

说明：

（1）"X""Y""Z"用于描述刀具运行的终点坐标值。

（2）该指令只是用于点定位，不能用于切削加工，比如用于快速接近工件和快速离开工件，提高加工效率。

（3）所有编程轴同时以预先设定的速度移动，各轴可联动，也可单独运动。可以三轴联动，但是为了避免干涉，一般先移动一个轴，再在其他两轴构成的面内联动。

2. 直线插补指令 G01

格式：G01 X__Y__Z__F__；

说明：

（1）"X""Y""Z"用于描述刀具运行的终点坐标值。

（2）用于切削状态，刀具以指定的进给速率进行直线插补运动。

3. 顺逆时针圆弧插补指令 G02/G03

格式：

G02/G03 X__ Y__ R__ F__；

G02/G03 X__ Y__ I__J__ F__；

说明：

（1）"X""Y"是刀具运行的终点坐标值；

（2）"R"为圆弧半径。

θ 表示圆弧的圆心角

当 $0° < \theta \leq 180°$ 时，为劣弧，"R"取正；

当 $180° < \theta < 360°$ 时，为优弧，"R"取负。

（3）"I""J"为圆心相对于圆弧起点坐标系的位置。

"I"=圆心坐标的"X"–起点坐标的"X"。

"J"=圆心坐标的"Y"–起点坐标的"Y"。

例1　如图 2-2-2 所示，两条圆弧均以 C 为起点 D 为终点，半径为 20 mm。

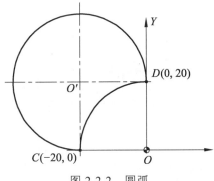

图 2-2-2　圆弧

劣弧程序：G02 X0 Y20. R20. F500；

优弧程序：G02 X0 Y20. R-20. F500；

例2 图 2-2-3 所示是以 *A* 为起点的整圆。

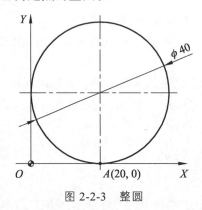

图 2-2-3　整圆

程序：G02/G03 X20. Y0. I0 .J20. F500；

4. 工件坐标系：G54～G59

工件坐标系是编程人员在编程时使用的，编程人员选择工件上的某一已知点为原点（也称程序原点），建立一个新的坐标系，称为工件坐标系。

5. 绝对坐标和相对坐标指令：G90、G91

（1）功能：设定编程时的坐标值为绝对值还是增量值。

（2）说明：

① G90 绝对值编程，终点坐标"X""Y""Z"是相对于工件坐标系而言。

② G91 相对值编程，终点坐标"X""Y""Z"是相对于前一个位置而言，该值等于沿轴移动的距离。

例3 假定刀具已经在起点 *A* 点，编制使刀具从 *A* 点铣到 *B* 点的轨迹的程序段，如图 2-2-4 所示。

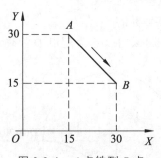

图 2-2-4　*A* 点铣到 *B* 点

绝对坐标编程：

G90 G01 X30. Y15. F500；

相对坐标编程：

G91 G01 X15. Y-15. F500；

四、M 代码

常用 M 代码的功能见表 2-2-2。

表 2-2-2　M 代码的功能

代码	功能说明	代码	功能说明
M03	主轴正转	M04	主轴反转（主要用于攻螺纹）
M05	主轴停止转动	M30	程序结束并返回程序起点
M08	冷却液打开	M09	冷却液关闭

【实训内容】

一、数控铣削编程

每次在编程之前首先要确定一个工件坐标系（见图 2-2-5）选择零件上的某一已知点为原点，建立一个坐标系，方便描述图纸上的各种点和零件尺寸。

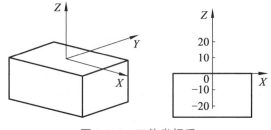

图 2-2-5　工件坐标系

工件坐标系必须符合右手笛卡尔坐标系，它的原点选择要尽量满足使编程简单，尺寸换算少，引起的加工误差小等条件。

对图 2-2-6 所示零件编制的数控程序如下：

O0001；（1 号程序）

N10 G54G90；（采用绝对值编程方式）

N20 M03S2500；（主轴正转,转速定为 2 500 r/min）

N30 G00Z50.；（快速移动到 Z50.的安全高度）

N31 X70.Y20.；（快速移动到下刀点（X70.,Y20.））

N40 Z5.；（快速接近工件至 Z5.点）

N50 G01Z-0.2F50M08；（以 50 mm/min 的速度下刀至 Z-0.2 点,并打开切削液）

N60 G01Y-20.F500；（以 500 mm/min 的速度,直线铣到 A 点）

N70 G02X40.Y-50.R30.；（顺时针铣出圆弧 AB）

N80 G01X-45.；（直线铣到 C 点）

N90 G03X-70.Y-25.R25.；（逆时针铣出圆弧 CD）

N100 G01Y30.；（直线铣到 E 点）

N110 X-50.Y50.；（直线到 F 点）

N120 X40.；（直线到 G 点）

N130 G03X70.Y20.R30.；（逆时针铣出圆弧 GH ）

N140 G00Z5.；（快速把铣刀提到 Z5.点）

N150 X30.Y0；（快速移到下刀点 P（X30.,Y0））

N160 G01Z-0.2F50；（以 50 mm/min 的速度下刀至 Z-0.2 点）

N170 G02I-30.J0F500；（以 500 mm/min 的速度铣出整圆）

N180 G00Z50.；（快速把铣刀提到安全高度 Z50.）

N190 M09；（关闭切削液）

N200 M05；（主轴停止转动）

N210 M30；（程序结束并返回至程序头）

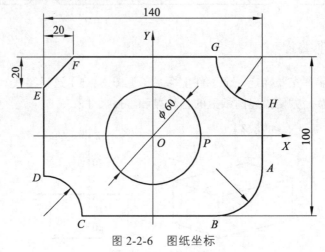

图 2-2-6　图纸坐标

二、开　机

（1）将机床背面右侧红色旋钮顺时针旋转 90°“OFF”→“ON”。

（2）按下红色按钮下方方形按键“POWER ON”。

（3）解开红色急停按钮（顺时针旋转同时向外拉打开）。

三、输入程序

1. 选择编辑模式

将“MODE”旋钮调至编辑模式，即第一个挡位，如图 2-2-7 所示。

图 2-2-7　"MODE" 旋钮

2. 程序列表/新建程序

按"PROG"按钮调出程序列表,如图 2-2-8 所示。

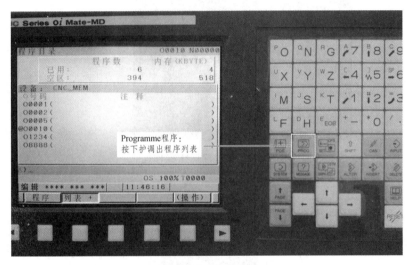

图 2-2-8　程序列表

3. 输入界面介绍

FANUC-o*i* 的输入方法和计算器非常类似,按键功能如图 2-2-9 所示。

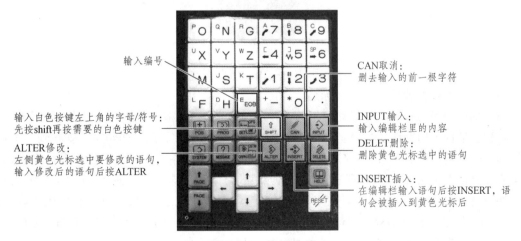

图 2-2-9　按键功能

四、对 刀

对刀的目的是确定程序原点在机床坐标系中的位置。

（1）将工件卡在平口钳间，拧紧后敲击工件的中心，保证其与下面的垫铁紧密贴合。

（2）对刀开始，旋转"MODE"旋钮至第三格（即"JOG"挡位），点击"CW"，使刀具旋转起来。取下机身上的手轮，按亮"MPG"按钮，打开手轮开关"MPG"手柄可以操控铣刀移动，如图2-2-10和图2-2-11所示。

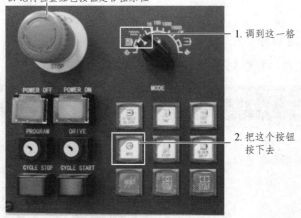

图2-2-10　数控铣床操作面板

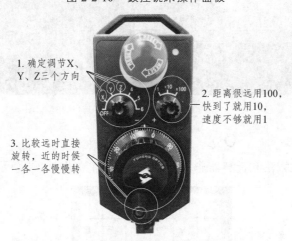

图2-2-11　手轮

（3）根据工件位置调出相对坐标系。

用手柄操控铣刀移动，刚好切出铝屑时停下，按图2-2-12和图2-2-13所示流程图对刀。

找到左端面，即到图2-2-12第3步时，输入X→点击归零，第8步结束，就找到了中点，再把相对坐标的 X 归零一次。接着点击设置"SET"→坐标系，找到G54，把黄色光标移到G54的X空格，输入X0→点击测量。X轴对刀结束（Y轴对刀与X轴同理），如图2-2-15所示。

如图2-2-13所示Z轴对刀时，刀具接触到毛坯上表面时即为 Z0 平面，接触到之后点击"SET"→坐标系，找到G54，把黄色光标移到G54的Z空格，输入Z0→点击测量，Z轴对刀结束，然后正方向提刀，如图2-2-14和图2-2-15所示。

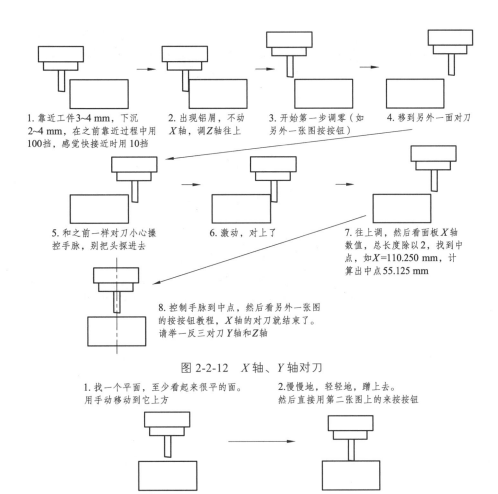

1. 靠近工件3~4 mm，下沉 2~4 mm，在之前靠近过程中用 100挡，感觉快接近时用10挡

2. 出现钼屑，不动 X轴，调Z轴往上

3. 开始第一步调零（如 另外一张图按按钮）

4. 移到另外一面对刀

5. 和之前一样对刀小心操 控手脉，别把头探进去

6. 激动，对上了

7. 往上调，然后看面板X轴 数值，总长度除以2，找到中 点，如X=110.250 mm，计 算出中点55.125 mm

8. 控制手脉到中点，然后看另外一张图 的按按钮教程，X轴的对刀就结束了。 请举一反三对刀Y轴和Z轴

图 2-2-12　X轴、Y轴对刀

1. 找一个平面，至少看起来很平的面。 用手动移动到它上方

2. 慢慢地，轻轻地，蹭上去。 然后直接用第二张图上的来按按钮

图 2-2-13　Z轴对刀

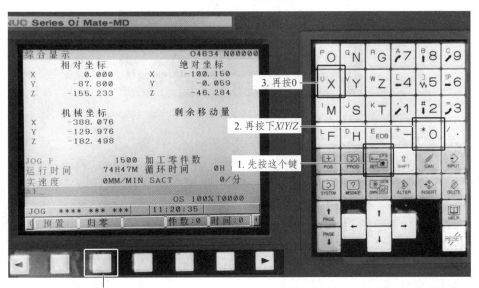

3. 再按0

2. 再按下X/Y/Z

1. 先按这个键

4. 最后按这个键，X轴的对刀结束。 Y轴同X轴一样操作

图 2-2-14　相对坐标归零

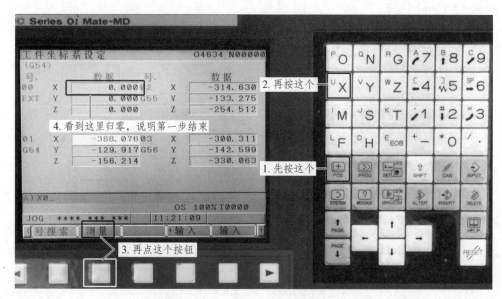

图 2-2-15　设定工件坐标系 G54

五、运行程序

先进行模拟运行，即让铣刀在工件上方工作，铣刀不接触工件，通过观察图像来检查程序运行。

（1）调到编辑程序的挡位，点击"PROG"键，输入程序名，然后点向下的箭头"↓"，即可找到自己的程序。如果修改了程序，则需要单击"RESET"复位键，使黄色光标回到程序头，如图 2-2-16 所示。

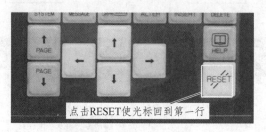

图 2-2-16　"RESET"键

（2）点击"SET"键（见图 2-2-17）→点击坐标系键→在左上方"EXT"（extra 额外）坐标系中，选择 Z 轴，输入 20，点击"INPUT"（可将工件坐标系 Z 轴高度调高 20 mm，使铣刀在工件上方工作，达到模拟的效果）。

（3）旋转"MODE"至倒数第二格（"MEM"挡位）。

（4）如图 2-2-18 所示，"SPINDLE OVERRIDE"调至 100 即可（一般都在 100 上）（"SPINDLE OVERRIDE"代表主轴转速 S 的倍率）。

（5）如图 2-2-18 所示，"FEEDRATE OVERRIDE"调至 0（"FEEDRATE OVERRIDE"代表进给速度 F 的倍率）。

（6）关闭机床防护门。

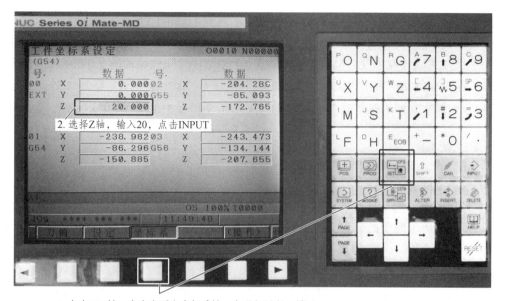

1. 点击SET键，点击左下方坐标系键，出现如图所示界面

图 2-2-17　EXT 坐标系

图 2-2-18　倍率

（7）点击"CYCLE START"键（见图 2-2-19），刀具开始高速旋转，旋转"FEEDRATE OVERRIDE"旋钮，从 0 慢慢调至 100（小于 100 也可以，值越小速度越慢）。

图 2-2-19　"CYCLE START"键

（8）点击"GRPH"键→图片，出现程序模拟界面，点击操作→擦除，即可清除以前的图案。

可通过屏幕来观察图案，判断自己的程序是否有错[若程序运行中途机床报错，则点击

"RESET"，然后回到编辑状态修改程序，修改完了回到步骤（1）]。

（9）模拟程序结束后想要修改程序，可以回到编辑模式修改后，再次模拟。

（10）模拟完成且程序没有报错，将步骤（2）中"EXT"坐标轴的 Z 轴中的 20 调为 0。

（11）程序准备完毕后正式运行，除"EXT"坐标系"X""Y""Z"都为 0 外，实际铣削与模拟运行的操作相同（实际铣削中进给速度 F 的倍率最好不要超过 50%）。

六、完成加工

（1）取下工件。

（2）打扫卫生，取下挂在铣床右侧的气枪，吹掉平口虎钳和工作台上的铝屑和冷却液，然后用扫帚将铣床下两侧的铝屑扫进槽内。

七*、CAD/CAM

一个产品的诞生一般会经过市场需求分析→产品设计→加工制造这几个步骤。产品的设计过程主要包括 CAD、CAE、CAPP、CAM 等环节。

1. CAD（Computer Aided Design）：计算机辅助设计

工程技术人员以计算机为辅助工具，来完成产品设计过程中的各项工作（如结构设计、草图绘制、零件设计、装配设计、动态模拟和工程分析），并达到提高产品设计质量、缩短产品开发周期、降低产品成本的目的。

2. CAE（Computer Aided Engineering）：计算机辅助工程

对工程或产品未来的结构和运行状态进行各种模拟分析，及早地发现设计缺陷，并证实未来工程或产品功能和性能的可用性和可靠性，使产品的大多数问题在设计阶段就可通过仿真得到解决，同时支持工程或产品的协同、优化设计，使产品轻量化、性能最优化和设计高效化成为可能。

3. CAPP（Computer Aided Process Planning）：计算机辅助工艺设计

工艺人员借助计算机，根据产品设计阶段给出的信息和产品制造工艺要求，交互或自动地确定产品加工方法和方案，如加工方法选择、工艺路线确定、工序设计等。

4. CAM（computer Aided Manufacturing）：计算机辅助制造

广义 CAM：工程技术人员以计算机为辅助工具，完成产品从准备到制造整个过程的各项活动，包括工艺过程设计（CAPP）、工装设计、NCP、生产作业计划、生产控制、质量控制等、存储、输送等。

狭义 CAM：NC 程序编制，包括刀具路径规划、刀位文件生成、刀具轨迹仿真、NC 代码生成等。

5. CAD/CAM：集成化的 CAD、CAPP、CAM

CAD/CAM 是一个统一的软件系统，通过这个软件系统产生一个公用的数据库，用于设计和制造全过程，它们包括制定产品规格、方案设计、最后设计、绘图、制造和检验。在该过程的每一个阶段，数据都可以进行增加、修改、调用并分布于计算机和终端的网络中。这就减少了单独数据库提供的人为误差，大大缩短了从产品基本设想形成到最后实际产品制造所需的时间。

典型的 CAD/CAM 的应用软件有 Pro/E、NX、CAXA、Solidworks 和 Catia。

6. NC 程序编制

数控机床是按照事先编制好的零件加工程序，自动地对工件进行加工的高效自动化设备。它所使用的程序是按照一定的格式并以代码的形式呈现的，这种程序一般称为"加工程序"。

目前零件的加工程序编写方法主要有以下两种：

（1）手工编程。

利用一般的计算工具，通过各种数学方法，人工进行刀具轨迹的运算，并编写程序语句。这种方式比较简单，很容易掌握，适应性较广，主要适用于中等复杂的零件程序、计算量不大的零件编程，机床操作人员必须掌握。

（2）自动编程。

只需利用专用的编程软件，确定加工对象和加工条件即可自动生成加工程序。对形状简单（轮廓由基本的直线和圆弧组成）的零件，手工编程尚且可以满足要求，然而面对不规则曲线轮廓、三维曲面等复杂型面，一般采用计算机自动编程。这种编程方式编写的程序具有效率高、可靠性好的优势。

7. CAD/CAM 软件：CAXA

CAXA 软件是北京数码大方科技股份有限公司研制和开发的，【实训内容】部分主要介绍CAXA 3D 实体设计和 CAXA 制造工程师的使用。

（1）认识 CAXA 3D 实体设计。

CAXA 3D 实体设计（见图 2-2-20）是一种可视化的三维软件，可以实现二维工程图、零件实体设计、曲面造型及处理、钣金零件设计、参数化变形设计、动画仿真等功能。此软件有 4 个特色工具，分别是：三维球工具、拖放式操作及智能手柄、标准件图库及系列件变形设计机制和知识重用库机制。

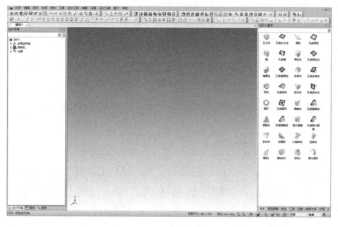

图 2-2-20　CAXA 3D 实体设计软件操作界面

① 三维球工具。

独特的、"万能"的三维球工具，为各种三维对象的复杂变换提供了灵活、便捷的操作。设计中 70%以上的操作都可以借助三维球工具来实现，彻底改变了基于 2D 草图传统的三维设计操作麻烦、修改困难的状况，使设计工作更加轻松高效，如图 2-2-21 所示。

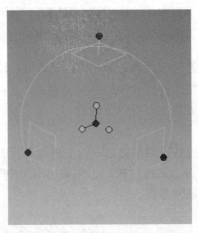

图 2-2-21　三维球

三维球是一个非常方便和直观的三维图素操作工具。它可以通过平移、旋转和其他复杂的三维空间变换精确定位任何一个三维物体；同时，还可以完成对智能图素、零件或组合件生成拷贝、直线阵列、矩形阵列和圆形阵列的操作功能。

② 拖放式操作及智能手柄。

简单、直接、快速的设计方式，提供了像 Windows 一样直接用鼠标拖曳各种设计元素进行设计的操作，可实现对棱边、面、顶点、孔和中心点等特征的智能捕捉；屏幕上的可见驱动手柄可实现对特征尺寸、轮廓形状和独立表面位置的动态、直观操作。

③ 标准件图库及系列件。

实体设计不仅具有完全可满足基本设计需要的大量三维标准件，还包括数以万计的符合新国标的 2D 零件库和构件库，用户只需用鼠标拖放即可快速得到紧固件、轴承、齿轮、弹簧等标准件。通过国标零件库，可方便使用螺钉、螺栓、螺母、垫圈等紧固件及型钢等。除此之外，用户还可利用参数化与系列件变形设计的机制，轻松地进行系列件参数化设计。

④ 知识重用库机制。

高效、智能的设计重用方式，利用成功的设计为新设计制订有说服力的参考方案。用户可自定义设计库，管理重复使用的零部件特征，当需要时，可在标准件库或自定义设计库中快速找到已经生成的零部件，然后只需将这些零部件拖放到新设计中即可。并且，支持在设计完成的零件及装配特征上设定除料特性加入库中，当从库中调用时，这个除料的特性将能够自动应用到零件及装配体上。

（2）认识 CAXA 制造工程师。

CAXA 制造工程师是 CAXA 系列软件中的一款 CAD/CAM 一体化的数控加工编程软件。该软件集成了数据接口、几何造型、加工轨迹生成、加工过程仿真检验、数控加工代码生成和加工工艺单生成等一整套面向复杂零件和模具的数控编程功能。

八*、CAXA 3D 实体设计与 CAXA 制造工程师的应用

本小节以一个心形零件（见图 2-2-22）为实例，讲解用 CAXA 3D 实体设计来建模并用 CAXA 制造工程师来自动编程。

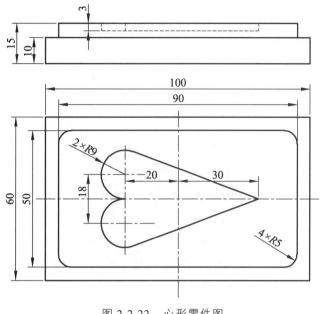

图 2-2-22　心形零件图

1. 使用 CAXA 3D 实体设计

改变模型视角的方式如下：滚动鼠标滚轮可以缩放零件模型；按住鼠标滚轮同时移动鼠标可以旋转零件模型；按住键盘上的"Shift"键和鼠标滚轮并移动鼠标就可以移动零件模型。

零件在设计过程中可以进入三种编辑状态，以提供不同层次的编辑和修改。零件没被选中的状态如图 2-2-23 所示。

图 2-2-23　零件没有被选中的模型状态

（1）零件状态：用鼠标左键单击一次零件，该零件的轮廓被青色加亮，会显示出锚点标记，如图 2-2-24 所示。

（2）智能图素状态：在同一个零件上双击，进入智能图素状态。在这一状态下，系统显示一个包围盒和 6 个方向的操作手柄，通过这些操作手柄可以改变零件的尺寸，如图 2-2-25 所示。

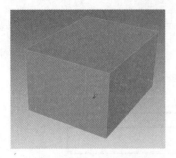

图 2-2-24　零件状态

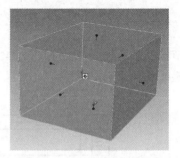

图 2-2-25　智能图素状态

（3）线、面状态：在零件的表面上单击三次，这时表面的轮廓显示为绿色，此时进行任何操作只会影响选中的面，对于线有同样的操作效果，如图 2-2-26 所示。

图 2-2-26　线、面状态

2. 建　模

第一步：打开软件，新建一个设计文件。

第二步：从【设计元素库】拖一个矩形到绘图区。

第三步：再用鼠标单击一下绘图区的矩形，零件呈现智能图素状态，把鼠标放在最上面的手柄上，右击一下即可显示图 2-2-27；点击【编辑包围盒】，根据零件图尺寸修改矩形的长度、宽度和高度分别为 100、60、10，如图 2-2-28 所示。

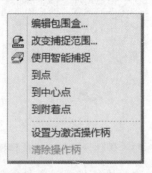

图 2-2-27　第三步附图

第四步：再从【设计元素库】拖曳一个矩形到绘图区矩形的上表面的中心。

拖曳新矩形至目标平面（此案例中以矩形上表面为目标平面）时，该目标平面呈绿色亮显，平面中心出现一个深绿色的圆点，拖曳新矩形至该绿点，当该点变为一个更大、更亮的绿点时，方可点击鼠标左键。这样就把新矩形放在了目标平面的正中心，如图 2-2-29 所示。

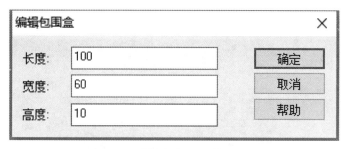

图 2-2-28 【编辑包围盒】修改尺寸

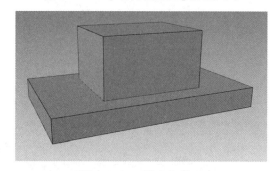

图 2-2-29 第四步附图

第五步：用第三步的方法修改新矩形的长度、宽度和高度分别为 90、50、5，如图 2-2-30 所示。

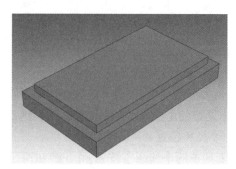

图 2-2-30 第五步附图

第六步：绘制心形草图。

（1）在菜单栏点击【生成】→【二维草图】，如图 2-2-31 所示。

图 2-2-31 点击【生成】

（2）点击图 2-2-32 中矩形中心的高亮绿点。

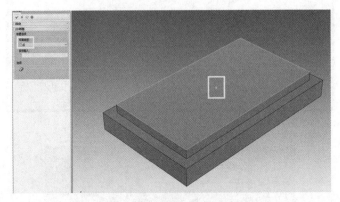

图 2-2-32　点击矩形中心的高亮绿点

（3）点击图 2-2-32 中左上角显示的绿色对钩，进入草图绘制界面，如图 2-2-33 所示。

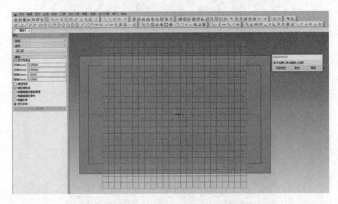

图 2-2-33　草图绘制界面

（4）点击【二维绘图】工具条的【圆心+半径】按钮 ⊘，然后绘制两个圆，再点击【智能标注】按钮 ✎ 约束两个圆的半径和位置。

（5）点击【二维绘图】工具条的【切线】按钮 ✐，绘制两条切线，然后再点击【智能标注】按钮 ✎ 约束两条线的尺寸和位置，如图 2-2-34 所示。

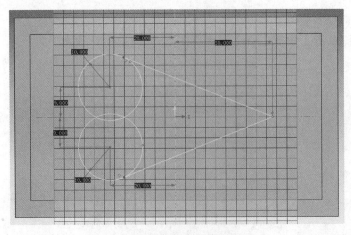

图 2-2-34　约束草图的位置和尺寸

（6）点击【二维编辑】工具条的【裁剪曲线】按钮 ✂，修剪相交的多余线条，如图 2-2-35 所示。

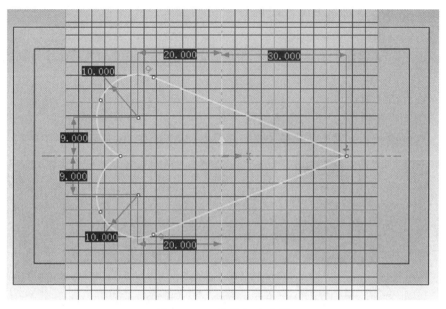

图 2-2-35　裁剪相交曲线

（7）点击【编辑草图截面】对话框的【完成特征】，退出草图编辑，如图 2-2-36 所示。

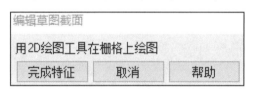

图 2-2-36　退出草图

第七步：创建心形凹槽特征。

（1）点击【特征生成】工具条的【拉伸】按钮 ⬚，然后在选项里选择第一种，接着鼠标点击一下绘图区的矩形零件。

（2）设置拉伸特征。

点击心形草图线条（注意：一定是选择草图线条！不要点击其他的面或线）。这时绘图区出现蓝色箭头 ⬆，我们需要根据所需拉伸效果判断草图的拉伸方向。此案例我们需要向下拉伸草图，所以点击【方向 1】下面的【切换方向】前面的框□，如图 2-2-37 所示。

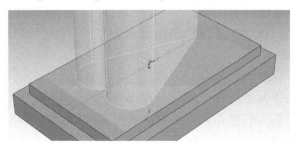

图 2-2-37　判断草图拉伸方向

修改【方向 1】下面的高度值为：3 mm。

选择【一般操作】下面的【除料】。

点击确定按钮 ✓，即可生成心形凹槽。

第八步：倒圆角

（1）点击【面/边编辑】工具条的【圆角过渡】按钮 ⬡，在【过渡特征】下面改圆角半径为 5 mm。

（2）鼠标点击 4 条棱边。

（3）点击确定按钮 ✓，即可生成圆角。

至此，已完成此心形零件的建模工作，最终效果如图 2-2-38 所示。

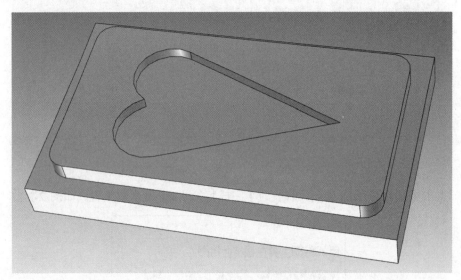

图 2-2-38　心形零件模型

第九步：保存零件。

注意：下面的保存方式是为了可以用 CAXA 制造工程师打开。

先单击零件，使模型呈现零件状态，接下来点击【文件】→【输出】→【输出零件】，接下来要注意文件的【保存类型】务必是 ".x_t"，比如我们可以选择【Parasolid 11.0（*.x_t）】（这是 CAXA 制造工程师可以识别的文件格式）。

3. 使用 CAXA 制造工程师

（1）改变模型视角的方式和 CAXA 3D 实体设计一样。使用 CAXA 制造工程师还需要我们熟练掌握以下这些功能键：

F2：草图器，用于 "草图绘制" 模式与 "非绘制草图" 模式的切换。

F3：显示全部图形。

F4：重画（刷新）图形。

F5：将当前平面切换为 XOY 面，选取 XOY 面为视图平面和作图平面。

F6：将当前平面切换为 YOZ 面，选取 YOZ 面为视图平面和作图平面。

F7：将当前平面切换为 XOZ 面，选取 XOZ 面为视图平面和作图平面。

F8：显示轴测图。

F9：切换作图平面，重复按 F9 键，可以在 3 个平面中相互转换。

空格键：捕捉特殊点，特殊点包括端点、中点、交点、圆心和切点等。

（2）【轨迹管理】工具条对使用此软件至关重要，不能关闭。若不慎关闭，可以在菜单栏空白部分右击鼠标，便可以看到软件所有的工具条选项，这时只需点击一下【轨迹管理】，便可以把它显示在软件主界面上。

4. 编　程

第一步：用 CAXA 制造工程师打开心形零件。

第二步：创建坐标系。

（1）需要创建一个坐标系，也就是工件坐标系。先作两条辅助线（代表 X 轴和 Y 轴），方法如下：点击【直线】按钮 /→在【命令行】中分别设置两点线、单个、正交、点方式→点击键盘上的【空格键】→选择【中点】→点击一条顶面矩形的棱 A→点击顶面矩形与棱 A 相对的棱，这就作好了第一条辅助线。用同样的方法，作出另外两条相对应的棱的中点连线，如图 2-2-39 所示。

图 2-2-39　两条辅助线

（2）开始创建坐标系。

点击菜单栏的【工具】→【坐标系】→【创建坐标系】→把【命令行】的【当前命令】改成：两相交直线→拾取第一条直线（X 轴）→拾取 X 轴方向→拾取第二条直线（Y 轴）→拾取 Y 轴方向（注意：工件坐标系符合右手笛卡尔法则，确定 Y 轴方向的时候要考虑到 Z 轴的方向，务必使 Z 轴的正方向垂直于零件上表面，且向上）→在弹出的框里填写坐标系名称（此例中设置的工件坐标系名称是：123）。这样便创建好了工件坐标系，此时最好删除两条辅助线。

现在绘图区显示有两个坐标系，也就是系统坐标系和工件坐标系。我们可以隐藏掉失活的系统坐标系，方法是：点击【轨迹管理】里【坐标系】前面的【+】号→选上并右击【.sys.（装卡）】→【隐藏】，如图 2-2-40 所示。

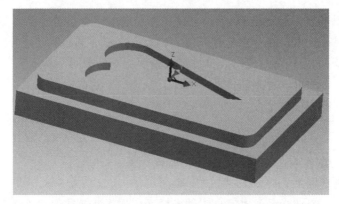

图 2-2-40　创建好工件坐标系

第三步：设置模型、毛坯、起始点和刀具库。

（1）双击【模型】→点击【确定】。

（2）双击【毛坯】→点击【参照模型】→点击【确定】。

（3）双击【起始点】→点击【确定】。

（4）双击【刀具库】→创建一支 $\phi 6$ 立铣刀和一支 $\phi 10$ 立铣刀（可通过双击刀具库里现有铣刀，进入【刀具定义】对话框来修改刀具直径）→点击【确定】。

第四步：粗加工心形凹槽，选用加工方式：【平面区域粗加工】。

CAXA 制造工程师为用户提供了很多加工方式，主要是以下这几类：

① 两种粗加工形式：平面区域粗加工、等高线粗加工。

② 15 种精加工形式：包括平面轮廓精加工、曲面区域精加工、等高线精加工等。

③ 还包括宏加工、多轴加工、孔加工、雕刻加工、知识加工。

（1）提取加工轮廓线。

单击【相关线】按钮 📎 →把【命令行】的【当前命令】改成：实体边界→单击选择心形顶层轮廓（注意：每条棱只能选一次！否则无法计算出刀具轨迹），如图 2-2-41 所示。

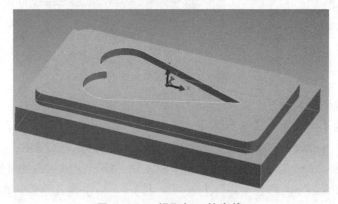

图 2-2-41　提取加工轮廓线

（2）左键单击【刀具轨迹】→右击一次→【加工】→【常用加工】→【平面区域粗加工】。

（3）开始设置参数（很多参数都不是绝对的，下面的参数设置仅仅是一种简单的举例），具体设置过程如图 2-2-42 所示（【清根参数】和【接近返回】在这个实例里先不设置）。

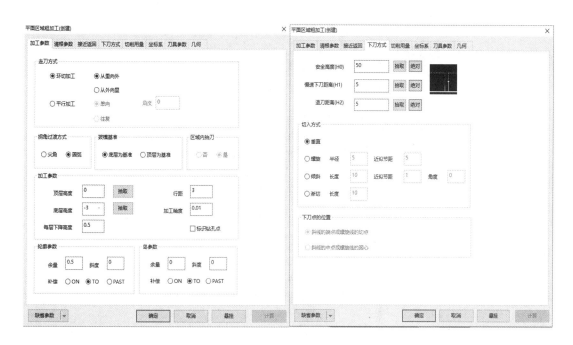

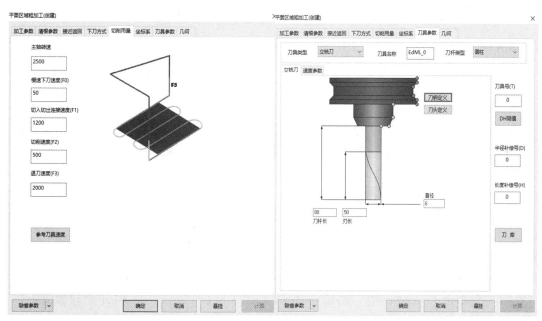

图 2-2-42　平面区域粗加工参数设置过程

接下来单击对话框的【几何】→【轮廓曲线】→点击前面提取的实体轮廓线→点击出现的一个箭头，从而确定刀具铣削方向→【确定】。

心形槽的粗加工刀具轨迹便做好了，如图 2-2-43 所示。

此时，若要修改参数可以双击【加工参数】进入【平面区域粗加工（创建）】对话框修改，如图 2-2-44 所示。

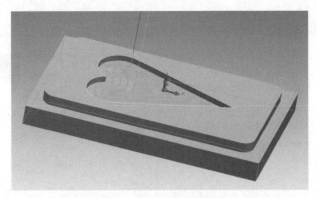

图 2-2-43 生成心形轮廓粗加工轨迹

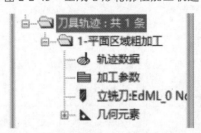

图 2-2-44 轨迹管理显示出创建好的刀具轨迹

第五步：实体仿真，检验加工轨迹是否合理。

单击设置好的【平面区域粗加工】（选上之后刀具轨迹会变红）→右击一次→【实体仿真】→点击【运行】按钮 ▷ →模拟结束后，点击【退出】按钮 。

第六步：后置设置。

点击菜单栏的【加工】→【后置处理】→【后置设置】→选择【FANUC】→【编辑】→【通常】→把【文件扩展名】改成"NC"→【多轴】→选择【三轴】→【保存】→【关闭】→【退出】。

第七步：生成 G 代码（即是生成数控程序）。

点击菜单栏的【加工】→【后置处理】→【生成 G 代码】→【代码文件】（确定 G 代码的程序名和存放位置）→【选择数控系统】为"FANUC"→【确定】→拾取刀具轨迹→右击一下即可看到导出的 G 代码。

第八步：精加工心形凹槽，选用加工方式：【平面轮廓精加工】。

（1）左键单击【刀具轨迹】→右击一次→【加工】→【常用加工】→【平面轮廓精加工】。

（2）开始设置参数，如图 2-2-45 所示。

要注意精加工的时候，【加工余量】应该设置成 0。后面五项参数设置过程没有展示，表示可以参考粗加工的设置。

接下来单击对话框的【几何】→【轮廓曲线】→点击前面提取的实体边界线→点击出现的一个箭头（要注意联系【加工参数】页面的【偏移方向】来选择加工方向）→右击一次→点击【确定】。

第九步：精加工的刀具轨迹实体仿真和程序的导出与粗加工介绍的方法一样，不过这时可以省掉后置设置。

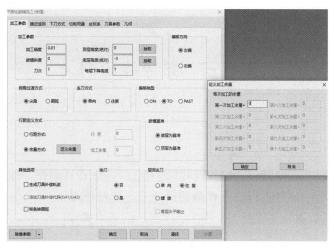

图 2-2-45　设置平面轮廓精加工的加工参数

第十步：零件台阶面的粗加工轨迹、精加工轨迹、实体仿真和导出 G 代码的方法和心形槽的处理方法相同，同学们可以课前试试能不能做出来（提示：台阶面的粗加工轨迹、精加工轨迹都采用【平面轮廓精加工】来设置）。

【安全操作规程及注意事项】

（1）加工零件时，必须关上防护门，不准把头、手伸入防护门内，加工过程中不允许打开防护门。

（2）禁止用手或其他任何方式接触正在旋转的主轴、工件或其他运动部件。

（3）设备开动后，操作人员不得擅自离开或托人代管。

（4）在加工过程中发现异常时，应立即拍下紧急停止按钮，然后找到问题所在，并及时排除故障。

（5）加工完毕要关闭机床电源，收拾工具并清洁机床和地面。

【预习要求及思考题】

一、课前预习要求

（1）了解编程方法，能独立编写简单程序。

（2）完成实训报告：

数铣一：判断题第 1、2 题；填空题第 1 至 3 题；选择题第 1 至 4 题；简答题第 1 题。

数铣二*：判断题第 3 题；填空题第 4 至 7 题；选择题第 5 题；简答题第 2、3 题。

二、思考题

数铣一：思考数控铣床与普通铣床的相同点和不同点。

数铣二：了解零件加工工艺过程。

实训三　数控线切割

【实训目的】

（1）了解数控线切割的特点及数控线切割的 CAD/CAM 设计制作一体化加工流程。

（2）掌握利用软件 CAD 进行二维作品的设计及走丝路径规划。

（3）掌握数控线切割控制软件 HF 进行二维加工的基本操作。

【实训设备及工具】

序号	名称	规格型号	备注
1	数控电火花线切割机床	DKM400CZ	加工幅面/mm　400×500×300
2	数控电火花线切割机床	DKM280-1	加工幅面/mm　280×360×400
3	数控电火花线切割机床	DKB350	加工幅面/mm　350×400×350
4	台式计算机		处理图形和工艺，Windows 操作系统

【实训基础知识】

数控线切割流程如图 2-3-1 所示。

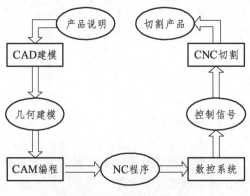

图 2-3-1　数控线切割流程

一、起源和设计初衷

线切割技术是由苏联发明的新工艺。随着社会的发展，工业生产中所使用的材料越来越难加工，如高强度合金钢、钛合金、硬质合金、陶瓷玻璃、人造金刚石等。零件形状也越来越复杂，对表面精度、粗糙度和某些特殊要求也越来越高，传统的机械加工已远远不能满足工业生产的需求。工业生产要求尖端科学技术产品向高精度、高速度、高温、高压、大功率、小型化等方向发展，人们开始探索研究新的加工方法。通过对各种物理现象（电、光、声、化学等）合理的利用，逐渐开创了一些新的特种加工方法，线切割就是其中的一种。

二、加工特点

电火花线切割机床利用放电产生的 8 000 ~ 12 000 ℃ 高温能加工各种高硬度、高强度、高韧性和高熔点的导电材料，如淬火钢、硬质合金等。加工时，钼丝与工件不接触，有 0.01 mm 左右的间隙，不存在切削力，有利于提高几何形状复杂的孔、槽及冲压模具的加工精度。可用于单件、小批量生产，可加工各种冷冲模、样板、外形复杂的精密零件及窄缝，尺寸精度可达 0.01 ~ 0.02 mm，表面粗糙度 Ra 值可达 1.6 μm。它是对难于机械加工的材料和零件进行加工的有力手段，通常用于加工各种封闭平面图形构成的柱状面，如果配以专用附件还可加工直纹的锥状面和直纹旋转曲面。

三、数控线切割技术的改进

将传统数控加工中的自动化技术与线切割技术有机地结合在一起，就形成了一种新的计算机数控线切割技术。CNC 数控线切割集计算机辅助设计技术（CAD 技术）、计算机辅助制造技术（CAM 技术）、数控技术（NC 技术）、精密制造技术于一体。

【实训内容】

按照数控线切割流程，实训的内容分为如图 2-3-2 所示的 5 个步骤。

图 2-3-2　数控线切割加工流程

一、绘　图

本实训自主绘图，作品最大不超过 30 mm×30 mm，可采用直接画图方式完成。

运用 CAD 绘图时，要完成相应的功能需点击状态工具栏的按钮进入选择工具状态，如图 2-3-3 所示。

常用图形的绘制及存储要求如图 2-3-4 至图 2-3-13 所示。

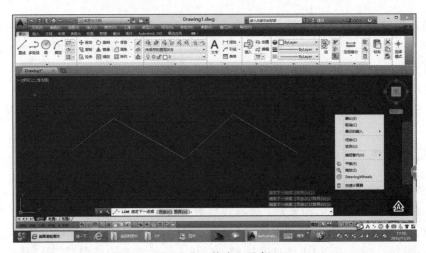

图 2-3-3　状态工具栏

注：只考虑二维图形的绘制。

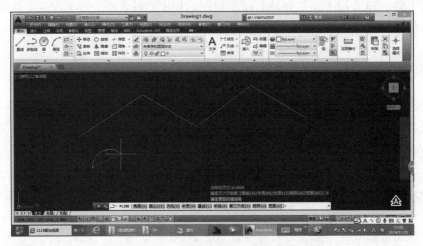

图 2-3-4　直线和多段线的绘制

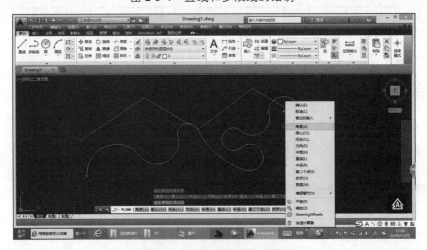

图 2-3-5　多段线变弧线的绘制

注："a"键是绘制弧线的快捷键。

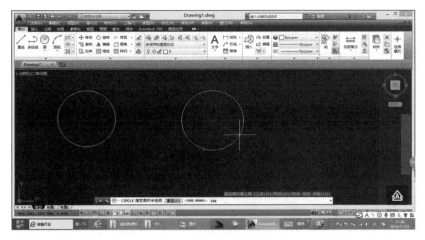

图 2-3-6 圆的绘制

注：直接输入需要的尺寸，回车即可。

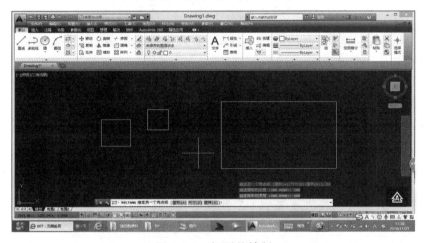

图 2-3-7 矩形的绘制

注：使用快捷键"ai"绘制一个 30 mm×30 mm 的正方形。

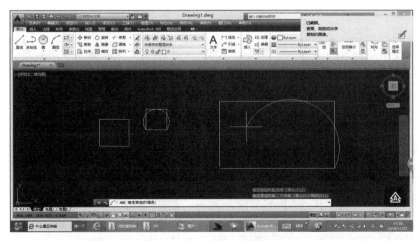

图 2-3-8 圆弧的绘制

注：圆弧是按逆时针方向绘制的。

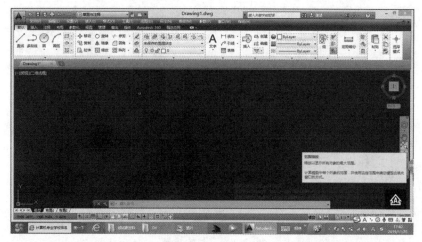

图 2-3-9　绘制一个 30 mm×30 mm 的矩形

注：点击屏幕右边的范围缩放按键以适应屏幕。

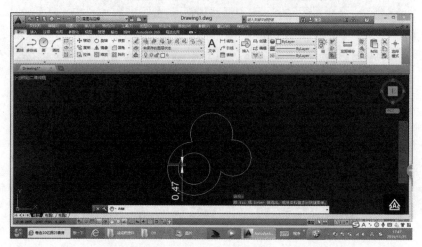

图 2-3-10　图形尺寸的标注

注：此 0.47 mm 尺寸可以小于 0.5 mm。

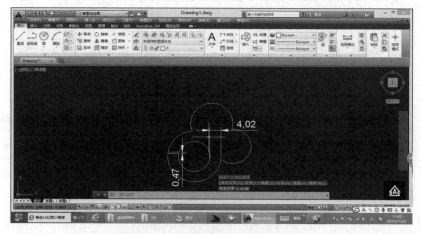

图 2-3-11　图形绘制的要求（一）

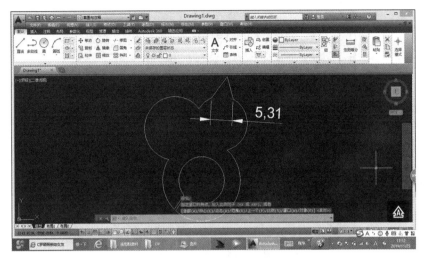

图 2-3-12　图形绘制的要求（二）

图 2-3-11 和图 2-3-12 中 4.02 mm、5.31 mm 两个尺寸最小应不小于 1.5 mm。

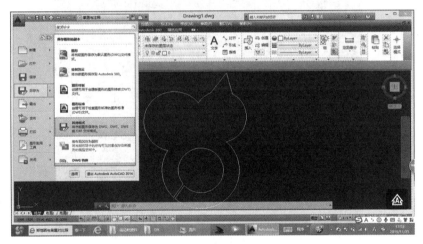

图 2-3-13　图形的存储格式

注：要求用"DXF"格式的文件存盘。

提示：

① 复制、粘贴、裁剪、镜像可加快绘图速度；

② 缩放可以改变零件实际大小；

③ 图形尺寸要求严格控制在 30 mm×30 mm 范围内。

二、生成走丝路径

生成走丝路径即通过 HF 软件的 CAM 编程功能生成控制走丝运动路径的代码。对于初学用户，通过菜单命令走丝路径/路径向导即可启动生成走丝路径。它允许用户简单方便地生成路径。

打开线切割自动编程控制系统 HF 软件，如图 2-3-14 所示。

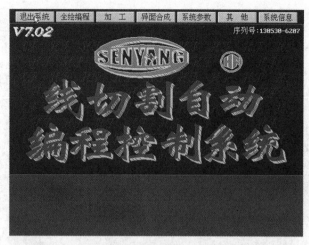

图 2-3-14　HF 软件界面

（1）将 U 盘插入机床接口，进入"全绘编程"，首先清屏如图 2-3-15 所示。

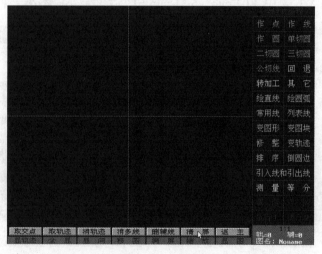

图 2-3-15　清屏

（2）调图→DXF 文件→回车→另选盘号→"F"→点文件名→"2"→"回车"→全屏，如图 2-3-16 所示。

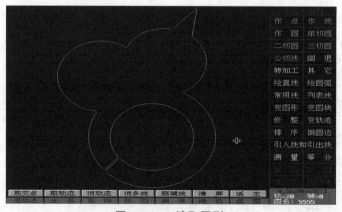

图 2-3-16　读取图形

（3）引入线和引出线→作引线端点法→作引线→回车→回车→退出→执行→回车→后置，如图 2-3-17 所示。

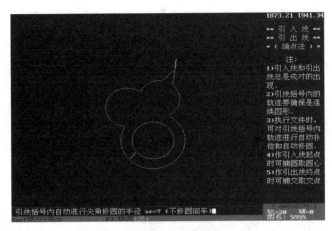

图 2-3-17　作引线

（4）生成 3B 代码→3B 存盘→输入文件名→回车→回车→返回→返主菜单，如图 2-3-18 和图 2-3-19 所示。

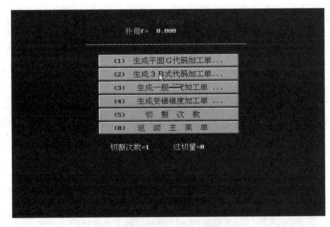

图 2-3-18　返回菜单

图 2-3-19　主菜单

（5）点击加工→读盘→读 3B 式程序→选文件名→点击文件名→显示图形，如图 2-3-20 和图 2-3-21 所示。

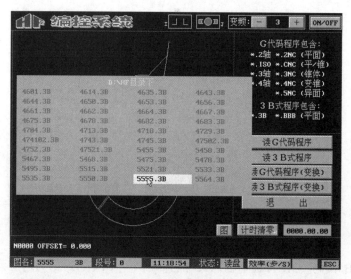

图 2-3-20　代码

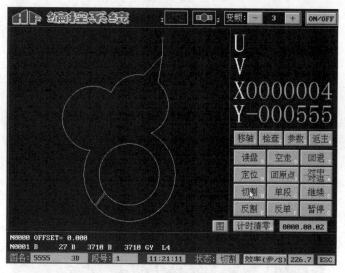

图 2-3-21　图形

提示：所切割的作品要遵循先内后外的原则。

三、加工过程模拟

（1）加工过程模拟，也叫加工仿真，是指用计算机以图像动画的方式模拟加工过程。通过加工仿真，用户可以查看切削是否正确，观看最后生成的模型大体上是否正确。有许多加工路径的错误是通过加工仿真发现的。加工模拟和校验在整个加工过程中非常重要，它可以帮助我们提前发现错误、纠正错误，避免在加工过程中造成不必要的损失。

（2）点击"空走"进行加工过程模拟，如图 2-3-21 所示。

提示：

① 如果模拟中断则表示路径不通，必须给予路径制定。

② 如果模拟中出现反复加工，则停止模拟，删除此段路径重新绘制。

四、输出走丝路径

（1）走丝路径给出了加工起点，此段路径与所加工图形不能互相冲突，必须高于所加工图形。

（2）HF 绘图界面编程后送至 HF 加工界面，如图 2-3-22 所示。

图 2-3-22　加工起点定位

（3）0.5 mm 钢板放置于工作台上两边压平，如图 2-3-23 所示。

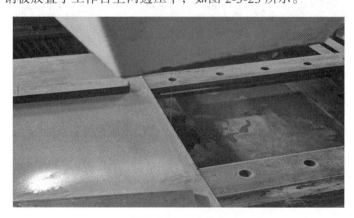

图 2-3-23　工作台

五、机床上加工作品

（1）确定工件原点手动将钼丝与工件接近至 2 mm，并用量具测出钼丝两边各 20 mm 加工余量，如图 2-3-24 所示。

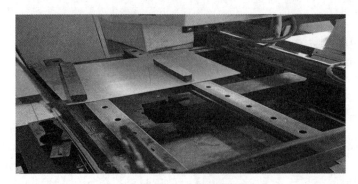

图 2-3-24　切割位置起点

注：逐一摇动 X/Y 轴手柄。

（2）加工控制。

设好加工参数后，启动机床，按下触摸键盘上的丝筒键，待丝筒启动，冷却液流下后，点击 FH 加工界面切割按钮。

启动加工后，原则上加工参数已设定好，不需要调整。加工结束后，会弹出结束提示对话框，同时蜂鸣器有声光提示。机床自动停止，下一个图形需回到软件初始界面，继续选择其他路径或打开新的文件加工。

提示：

① 加工速度与功率大小有关，需参考仪表。

② 0.5 mm 钢板加工速度已设定好。

出现紧急情况时，应及时按下急停键，如图 2-3-25 所示。

图 2-3-25　急停键

注：严禁在机床未停止的情况下进行更换材料、取件等的操作！

【安全操作规程及注意事项】

（1）设备运行时严禁近距离观察切割表面。

（2）机床运行时严禁用手触摸，避免意外伤害。设备运行时，严禁用手触摸切割表面，严禁擦拭工件表面。

（3）机床的横梁及挡板上严禁放任何物品，操作过程中严禁趴在机床上，更不允许坐或倚靠在机床上。

（4）加工完毕要关闭机床电源，收拾工、量具，清洁机床和地面。

【预习要求及思考题】

一、课前预习要求

（1）预习【实训基础知识】和【实训内容】。
（2）完成实训报告中的第一、二、三题。

二、思考题

为何数控线切割效率低还不被淘汰？

实训四　数控雕刻

【实训目的】

（1）了解数控雕刻的基本知识及数控雕刻的 CAD/CAM 设计制作一体化加工流程。

（2）掌握利用数控雕刻软件 JDPaint 进行平面雕刻作品的设计及刀具路径规划。

（3）掌握数控雕刻控制软件 En3d 进行平面雕刻的基本操作。

【实训设备及工具】

序号	名称	型号规格	备注
1	数控雕刻机	JDWMS 200M（骏雕）、JDPMS_V08_A（麒雕）	
2	雕刻软件	JDPaint 5.19、雕刻机控制软件 En3d 7.19	
3	台式计算机		安装 Windows7 或以上操作系统

【实训基础知识】

计算机数控雕刻技术（简称 CNC 雕刻技术）是传统雕刻技术和现代数控技术结合的产物，它秉承了传统雕刻精细轻巧、灵活自如的操作特点，同时利用了数控加工中的自动化技术，并将二者有机地结合在一起，成为一种新的雕刻技术。CNC 雕刻机集计算机辅助设计技术（CAD 技术）、计算机辅助制造技术（CAM 技术）、数控技术（NC 技术）、精密制造技术于一体。数控雕刻流程如图 2-4-1 所示。

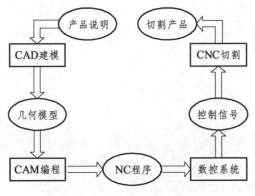

图 2-4-1　数控雕刻流程图

CNC 雕刻来源于传统手工雕刻和数控加工，它与二者存在着相同点，同时又存在着一些区别。同任何先进的生产技术一样，CNC 雕刻在弥补手工雕刻和数控加工的不足之处的同时，最大可能地吸取了二者的优点，将它们融会贯通，逐渐形成 CNC 雕刻的特点：加工对象尺寸小、形态复杂，采用高速铣削加工，采用小刀具，产品尺寸精度高。

实训中完成 CAD 建模和 CAM 编程等环节的软件是 JDPaint；在机床的控制台上所用的控制软件是 En3d。

平面雕刻的方法较多（见阅读资料二），实训中涉及的雕刻方法有单线切割、区域加工和轮廓切割如图 2-4-2 所示。

（a）单线切割：沿曲线进行雕　　（b）区域加工：用于除去平面　　（c）轮廓切割：

刻，也用于不封闭边界修边　　　凹槽内的材料　　　　　　切割封闭轮廓

图 2-4-2　实训中涉及的雕刻方法

平面雕刻常用的刀具很多（见阅读资料三），实训中涉及的刀具主要有平底刀和锥度平底刀（见图 2-4-3）。

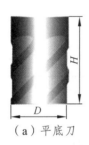 

（a）平底刀　　　　　　　　　（b）锥度平底刀

图 2-4-3　实训中涉及的雕刻刀具

【实训内容】

实训内容分为如下 6 个步骤：

建模→生成刀具路径→加工过程模拟→输出刀具路径→机床上加工作品。

一、建　模

运用 JDPaint 建模时，要完成相应的功能就要点击状态工具栏上相应的按钮，进行选择工具状态、节点编辑状态、文件编辑状态等状态的切换（见图 2-4-4）。

（1）本实训中可自主建立平面模型，要求作品中有图形，作品（包括边框）最大边不超过 90 mm。可采用直接画图或抄图（描图）方式绘制。

（2）如采用描图方式，则按如下步骤操作：

① 点击"文件/输入/所有格式"→点击"变换/图形聚中"→选中图片→点击"导航栏/加

锁/已选对象加锁"。

②用直线或多义线勾描图形轮廓→节点编修→图形修编→调整大小。

图形选择工具　　节点编修工具　　文字编辑工具　　艺术变形工具　　图像矢量化工具

图 2-4-4　状态工具栏

提示：

①复制、粘贴、裁剪、镜像、阵列等按钮或菜单项可加快建模速度。

②鼠标中轮滚动可快捷改变视图大小，Shift+中轮可平移视图。

③图形 ♂ ，线延伸 入 等工具可进行图形修编。

④进入节点编辑状态可灵活编辑图形。

⑤建模完成后，尽量消去不必要的节点。这样可提高加工速度。

⑥滚动鼠标中轮或点击视图按钮可以改变视图的大小，不能改变对象的大小。

（3）* 利用 JDPaint 软件绘制如图 2-4-5 所示的练习图例。

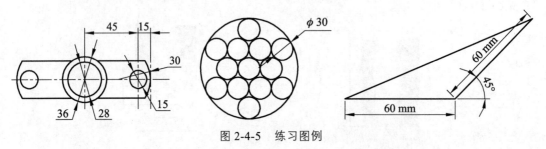

图 2-4-5　练习图例

（4）* 按图 2-4-6 所给的要求设计并加工铭牌（用自己的姓名和学号）。

图 2-4-6　铭牌要求

二、生成刀具路径

生成刀具路径即通过 JDPaint 软件的 CAM 编程功能生成控制刀具运动路径的代码，JDPaint 仅从加工工艺的需求出发生成路径。对于初学用户，通过菜单命令"刀具路径/路径向导"即可生成刀具路径。它允许用户仅输入几个关键数据或使用一些缺省值方便地生成路径。

提示：

因设备台套数有限，实训时间有限，无法提供换刀时间，为保证实训的完整性，故实训中雕刻方法只用单线切割，刀具用锥度平底刀 JD-30-0.3。

选择需要生成刀具路径的几何对象，包括点、曲线、文字等。分别对边框和中间部分的雕刻区域进行刀具路径的生成。

生成刀具路径步骤如图 2-4-7 所示。

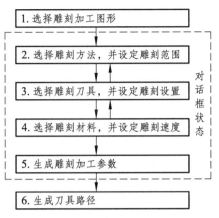

图 2-4-7　生成刀具路径步骤

1. 选择中间部分雕刻区域，启动雕刻方法

点击菜单"刀具路径/路径向导"（选择"单线切割"）→点击"半径补偿"（选择"关闭"）→表面高度（设为"0"）→加工深度（设为 0.1）→点击下一步，如图 2-4-8 所示。

图 2-4-8　选择加工方法

2. 选择雕刻刀具

选择锥度平底刀（JD-30-0.3），其余参数采用默认值，如图 2-4-9 所示。

3. 选择雕刻材料

选择"双色板"→主轴转速（设为"19000"）→进给速度（设定为"3"）→吃刀深度（设定为"0.1"）→其余参数设定为默认值→点击"下一步"→参数设定为默认值→点击完成，这样就生成了中间部分的刀具路径，如图 2-4-10 所示。

图 2-4-9　选择雕刻刀具

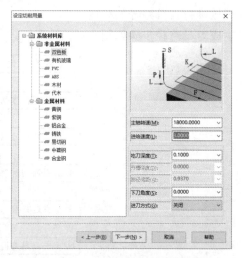

图 2-4-10　选择材料及其他参数

4. 选择边框

生成刀具路径方法与前面相同，只是边框加工深度设定为"1.0"，吃刀深度设定为"0.5"。

三、加工过程模拟

（1）点击菜单项"刀具路径/加工过程模拟"→点击导航栏按钮"开始"→进行加工过程模拟。

提示：

① 如果没有生成刀具路径或者刀具路径被全部隐藏了，系统提示"没有刀具路径，不能模拟!"，并自动退出加工模拟命令。

② 如果用户已经选择了刀具路径，系统提示"只模拟选择路径?"，如果选择"是"，加工模拟命令仅仅模拟选中的路径，否则模拟全部可见的路径。

（2）如果模拟中出现反复加工或者有路径错误的情况，可删除刀具路径，重新生成。

通过导航栏过滤器选择刀具路径并删除刀具路径的方法如图 2-4-11 所示。

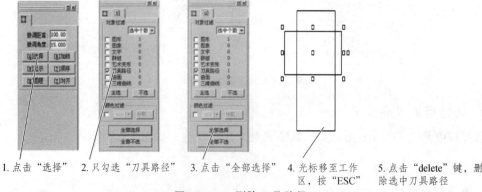

1.点击"选择"　2.只勾选"刀具路径"　3.点击"全部选择"　4.光标移至工作　5.点击"delete"键，删
　　　　　　　　　　　　　　　　　　　　　　　　　区，按"ESC"　　除选中刀具路径

图 2-4-11　删除刀具路径

提示：点击导航栏之前不要选择任何对象!

四、输出刀具路径

刀具路径是不能直接控制雕刻机进行加工的，它要经过输出转化为控制软件可识别的文件格式后，才能由控制计算机转化为控制信号，通过电器控制部分，驱动机床进行加工。精雕软件生成的刀具路径必须输出成 ENG 格式的文件后才可以被雕刻控制软件识别，从而驱动雕刻机完成雕刻加工运动。

（1）选择要输出的路径（全部选择）→点击刀具路径/输出刀具路径→在弹出的对话框中选择文件要保存的路径，为输出的文件取名（*.ENG），点击"完成"。

（2）在弹出的对话框中勾选"输出二维路径"→点击"特征点"（选择路径左下角）→点击"确定"，如图 2-4-12 所示。

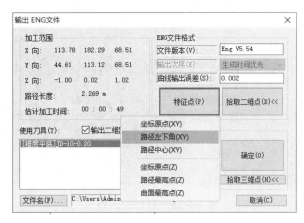

图 2-4-12　输出刀具路径

五、机床上加工作品

1. 固定加工材料双色板

贴单面胶：要逐条贴满玻璃板，不留间隙、不重叠（见图 2-4-13）。贴双面胶：间隔贴，间距为胶布宽度的一半，第一条和最后一条贴到双色板边缘（见图 2-4-14）。

贴双色板：将双色板弯曲，中间先稍微向下凸出贴到工作台上，再将两侧放下贴好，贴好后使劲拍紧，如图 2-4-15 所示。

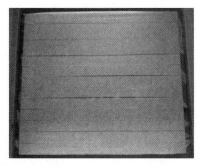  

图 2-4-13　工作台贴单面胶　　图 2-4-14　双色板贴双面胶　　图 2-4-15　贴双色板到工作台

2. 传输文件

准备好后，将输出的雕刻文件用 U 盘拷贝到雕刻机的控制电脑上，利用雕刻机加工控制软件"En3d"打开雕刻文件"*.ENG"。

3.进入加工界面

进入软件界面后，选中要加工的图形（先选择中间部分）→在菜单栏点击"加工"→点击"选择"，进入"雕刻加工"界面，如图 2-4-16 所示。

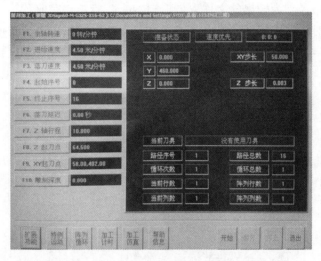

图 2-4-16　雕刻加工界面

4. 确定工件原点（俗称"起刀点"）

（1）使用键盘上的"上""下""左""右"键把刀具移动到要雕刻的 XY 向位置。

（2）通过"Alt"+"D"键把刀具逐步下降→当刀具下端快接触双色板表面时，通过"Ctrl"+"PageDown"把 Z 轴步长逐步减小→最后几步 0.1 mm→当刀具下端接触雕刻材料表面时会有碎屑飞起，这时表明刀具已接触材料表面，此时刀具应停止下降，不要再移动刀具。

（3）点击"工件原点"→"当前 XY"和"当前 Z"（获取 X、Y、Z 坐标值）→点"确认"（改变 X、Y、Z 任一个的值，必须点确定，否则不被记录）。

注：向下移动主轴时，应逐次操作，每操作一次要等主轴下移后再操作，严禁连续按键。

提示：

① 移动主轴。

"→""←""↑""↓"——水平移动主轴。

"Alt+D""Alt+U"——竖直移动主轴。

移动刀具先需要修改 X、Y 步长和 Z 步长，步长为手动一次 X、Y 或 Z 轴的移动距离。

② 修改步长。

Page UP——增大 XY 轴的手工步长，最大为 100 mm。

Page Down——减小 XY 轴的手工步长，最小为 0.003 mm。

Ctrl + Page UP——增大 Z 轴的手工步长，最大为 5 mm。

Ctrl + Page Down——减小 Z 轴的手工步长，最小为 0.003 mm。

5. 确定其他加工参数

点击"进给速度"（输入"3"）→点击"深度微调"（输入-0.1或-0.2）。

提示：

如果是骏雕机（1号机），"加工深度"则输入0.1或0.2；"定位高度"输入1。设置完参数后，在软件左上角区域查看、确认参数的设定情况（见图2-4-17）。

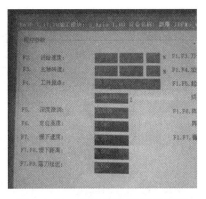

图2-4-17　加工参数区域示意图

6. 加工控制

设好加工参数后，点"开始/开始加工"启动加工。启动加工后，加工深度不合适的，点击"Esc"暂停加工→点击"深度微调"调整深度→点击"继续"重启加工。

加工结束后，会弹出结束提示对话框，同时蜂鸣器有声光提示。不需要继续加工则点击"结束加工"；如需重新再加工，则点击"重启加工"。加工完成后，点击软件右上角的"退出"退出加工界面，回到软件初始界面，继续选择其他路径或打开新的文件加工。

7. 选中边框，然后按步骤5进行设置。

提示：

① 选"继续"是从暂停时的位置开始加工；选"停止"+"开始"是重新从头加工。

② 每次微调深度按0.1 mm或0.2 mm的间隔增加，不宜过大。

③ 暂停加工，按控制台电脑的键盘上的"ESC"键。

注意：出现紧急情况时，及时按下如图2-4-18所示的急停键。

图2-4-18　急停键

8. 停主轴操作

更换材料、刀具或加工结束时，需要停主轴。先点击"主轴转速"将主轴转速设为"0"后点"确认"，或点击"停止"按钮将主轴停止，再调整步长 XY 到较大的值，将主轴快速移至工作台的左上角（换刀时，移至中间），如图2-4-19停机操作所示。这时就可以更换材料、取件了。

注意：严禁在主轴未停止的情况进行更换材料、取件等操作！

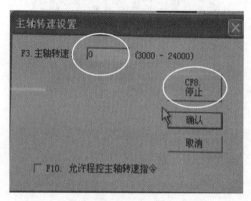

图 2-4-19　停机操作

9*. 加工金属

加工金属时，为保证加工质量，需打开冷却液。

【安全操作规程及注意事项】

（1）设备运动时严禁近距离观察切削表面，防止切削屑飞入眼睛。

（2）主轴旋转时严禁用手触摸，避免意外伤害。设备运动时，严禁用手触摸切削表面，严禁擦拭工件表面。

（3）机床的横梁及挡板上严禁放任何物品，操作工程中严禁趴在机床上，更不允许坐或倚靠在机床架上。

（4）加工完毕要关闭机床电源，收拾工、量具，清洁机床和地面。

【预习要求及思考题】

一、课前预习要求

（1）了解数控雕刻的特点和应用行业。

（2）完成实训报告中的简答题第1题和第2题。

二、思考题

实训中设计和加工环节与真实环境中的设计和加工环节有哪些不同？

【阅读资料】

一、建模软件 JDPaint 简介

设计中 JDPaint 软件是一个 CAD/CAM 软件，具有精确制图和艺术绘图的功能，实训中所用的软件版本是 JDPaint 5.21，软件的界面如图 2-4-20 所示。

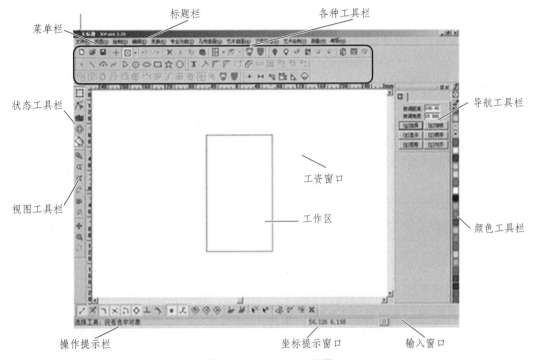

图 2-4-20　JDPaint 界面

（1）状态工具栏所含工具见表 2-4-1。

表 2-4-1　JDPaint 状态工具栏

图形选择工具	系统常规工作状态。在该状态下，可以进行常规的对象选取、绘图、编辑、变换、构造曲面、生成加工路径等操作
节点编修工具	系统特殊工作状态——图形节点编辑与曲线修边编辑状态。在该状态，可以观察到图形节点的基本构成，并能通过对图形节点、控制点及曲线的移动、拉伸、删除等操作，对常规图形以及由文字、艺术变形等对象转变成的图形进行局部编修或变形处理
文字编辑工具	在该状态下，可以进行文字的录入、编辑和排版
艺术变形工具	在该状态下，可以对图形、文字等对象进行封套、透视、推拉、拉链和扭转等艺术变形
图像矢量化工具	在该状态下，可以对图像对象按灰度阈值或者按指定颜色区域，提取轮廓曲线和中心线

（2）视图工具条如图 2-4-21 所示。

图 2-4-21　视图工具条

视图工具条可以调整视图的大小。其中全部观察（眼睛图标）可调整视图至满窗口。

（3）操作提示栏：提示操作和观察对象的大小。

（4）输入窗口：在英文状态下可输入长度、角度等数据进行精确建模。

二、平面雕刻方法

各种雕刻加工方法被分列在钻孔雕刻、轮廓雕刻、区域雕刻、曲面雕刻和投影雕刻等 5 个雕刻方法组中，不同的雕刻方法所需的雕刻图形和应用范围也不尽相同。实训项目是平面雕刻，平面雕刻包括钻孔雕刻、轮廓雕刻、区域雕刻，具体分类见表 2-4-2。

表 2-4-2　平面雕刻方法

组名称	雕刻方法	加工效果说明	图例	组名称	雕刻方法	加工效果说明	图例
钻孔雕刻组	钻孔雕刻	加工通孔、盲孔、定位孔、下刀孔等		区域雕刻组	区域粗雕刻	用于去除平面凹槽内的材料	
	扩孔雕刻	扩孔加工，也用于高速加工大直径通孔			残料补加工	用较小直径刀具修补上道工序雕刻残留的区域	
轮廓雕刻组	单线雕刻	沿曲线进行雕刻，也用于不封闭边界修边		区域雕刻组	区域修边	精修区域侧壁，提高边界的尺寸精度	
	轮廓切割	切割封闭轮廓			三维清角	利用锥刀的特点最大限度地清除尖角部分的材料	

· 142 ·

三、雕刻常用的刀具及其主要用途

1. 平底刀

平底刀又叫柱刀，主要依靠侧刃进行雕刻，底刃主要用于平面修光。柱刀的刀头端面较大，雕刻效率高，主要用于轮廓切割、铣平面、区域粗雕刻、曲面粗雕刻等。

2. 球头刀

球头刀的切削刃呈圆弧状，在雕刻过程中形成一个半球体，雕刻过程受力均匀，切削平稳，所以特别适合曲面雕刻，常用于曲面半精雕刻和曲面精雕刻。球头刀不适合于铣平面。

3. 牛鼻刀

牛鼻刀是柱刀和球刀的混合体，它一方面具有球刀的特点可以雕刻曲面，另一方面具有柱刀的特点可以用于铣平面。

4. 锥度平底刀

锥度平底刀在整个雕刻行业的应用范围最广。锥度平底刀的底刃，俗称刀尖，类似于柱刀，可以用于小平面的精修。锥度平底刀的侧刃倾斜一定的角度，在雕刻过程中形成倾斜的侧面。锥度平底刀在构造上的特点可以使得它能够实现雕刻行业特有的三维清角效果。锥度平底刀主要用于单线雕刻、区域粗雕刻、区域精雕刻、三维清角、投影雕刻、图像灰度雕刻等。

5. 锥度球头刀

锥度球头刀简称锥球刀，是锥刀和球刀的混合体，它一方面具有锥刀的特点，具有很小的刀尖，另一方面又有球刀的特点，可以雕刻比较精细的曲面。锥球刀常用于浮雕曲面雕刻、投影雕刻、图像浮雕雕刻等。

6. 锥度牛鼻刀

锥度牛鼻刀是锥刀和牛鼻刀的混合体，它一方面具有锥刀的特点，可以具有较小的刀尖，雕铣比较精细的曲面，另一方面又有牛鼻刀的特点，所以锥度牛鼻刀常用于浮雕曲面雕刻。

实训五　3D 打印

【实训目的】

（1）了解 3D 打印技术原理、发展趋势。
（2）掌握 3D 打印设备操作流程。
（3）掌握简单三维模型的设计和切片及加工。

【实训设备及工具】

序号	名称	型号规格	备注
1	3D 打印机	Weedo F150	200 mm×150 mm×150 mm；最高打印精度：0.1 mm；材料：PLA 1.75 mm；喷嘴直径：0.4 mm；3D 打印类型：FDM
2	切片软件		Cura-Weedo 定制版
3	计算机		内装 Windows7 以上系统

【实训基础知识】

熔融沉积成型（Fused Deposition Modeling，FDM）通俗来讲就是利用高温将材料熔化成液态，通过打印头挤出后固化，最后在立体空间上排列形成立体实物，其工艺原理如图 2-5-1 所示。

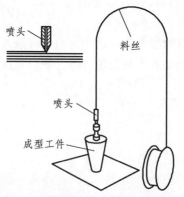

图 2-5-1　FDM 类型 3D 打印机工艺原理

Weedo F150 型 3D 打印机，属于 FDM 类型。机身全部封闭，顶部、前方、左右两侧设置可开启和关闭的盖子，共 4 个方向。

本实训使用的软件包括 3D 建模软件 123D Design 和切片软件 Cura-Weedo，主要用于模型建立和模型切片，切片后的模型输入 3D 打印机加工出作品。

【实训内容】

实训内容包括先通过 3D 建模,再将模型导入切片软件做进一步参数化设计,最后传输给 3D 打印机进行生产,完成实训作品。

实训步骤如图 2-5-2 所示。

三维建模 ——输出→ STL文件 ——输入→ 砌片设计 ——输出→ Gcode代码 ——输入→ 3D打印机(一般)

Gcode代码 ——转换↓→ x3g代码 ——输入→ 3D打印机(本品牌)

图 2-5-2　实训步骤

一、3D 建模软件 123D Design

123D Design 的基本界面(见图 2-5-3)有三部分:上面一行图标,右边一条图标,中间一个淡蓝色的坐标即工作台。建议充分利用工作台上的网格,有利于将物体与物体对齐,每一个网格的间距是 5 mm。

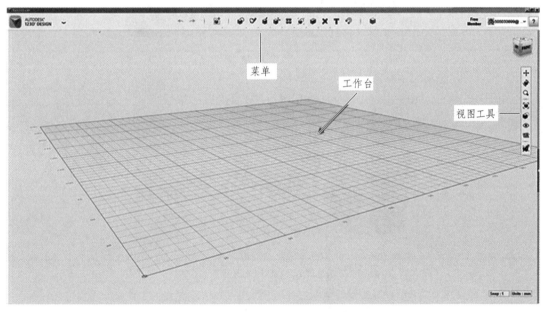

图 2-5-3　123D Design 基本操作界面

三维建模案例:水杯建模。

第一步:放个圆柱(杯体)。

第二步:再放个圆环(把手),如图 2-5-4 所示。

第三步:把圆环竖起来,拼在杯子上。点击圆环,下面出现快捷菜单,点击移动(见图 2-5-5)。

出现 X、Y、Z 三个方向移动箭头和三个旋转面,拖动 X 轴旋转面,转动 90°(或拖动后在旁边对话框中输入"90",见图 2-5-6 和 2-5-7)。

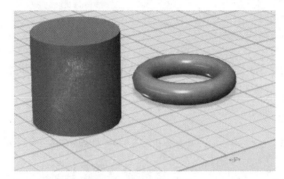

图 2-5-4　圆柱和圆环

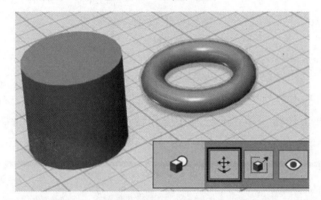

图 2-5-5　点击圆环

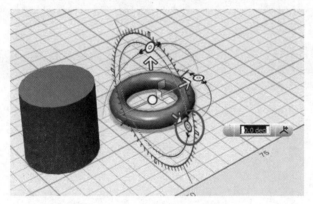

图 2-5-6　圆环转动设置

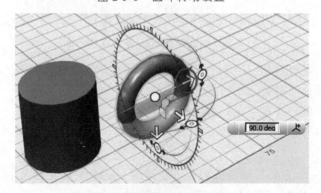

图 2-5-7　圆环转动成功

通过右键拖动，改变视图角度观察，拖动箭头或中间小圆点移动圆环，往杯子上靠并镶入杯子上。最后点击右上角视图立方体的 FRONT（前视图）、TOP（顶视图）观察并调整（见图 2-5-8 至图 2-5-10）。

图 2-5-8　点击视图立方体的前视图

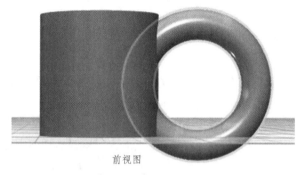

前视图

图 2-5-9　前视图观察和调整

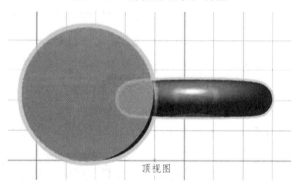

顶视图

图 2-5-10　顶视图观察和调整

把手太大，点击圆环，出现快捷菜单，点击缩放，如图 2-5-11 所示。

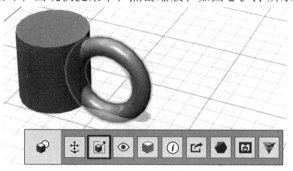

图 2-5-11　把手比例缩放

拖动白色箭头将把手缩小到合适大小。如果圆环离开了圆柱，请用移动工具拖回去，如图 2-5-12 所示。

图 2-5-12　把手比例合适

第四步：掏空。

要掏空圆柱，挖掉中间的部分，要用到 Combine（联合）菜单，如图 2-5-13 所示。

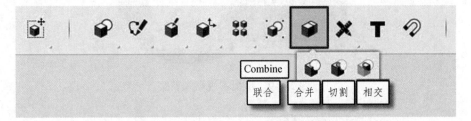

图 2-5-13　Combine（联合）菜单

点击按钮：Combine（联合），下面有三个子菜单：

Merge（合并）：两物体合并，相当于数学中的并集。

Subtract（去除）：切割（用一个物体切割另一个物体）。

Intersect（相交）：留下两个物体的公共部分，相当于数学中的交集。

被切割物体是指杯子的圆柱部分，要切去的部分，还没准备好。

点击杯子的圆柱体，"Ctrl" + "C"（复制），"Ctrl" + "V"（粘贴），复制了一个相同的圆柱体，两者重合在一起，如图 2-5-14 所示。

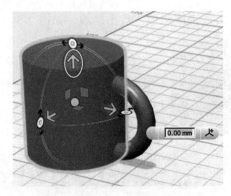

图 2-5-14　杯子圆柱体复制

拖动向上的箭头，把新的圆柱拉起一点，再选中新的圆柱，用缩放工具缩小一点，如图2-5-15所示。

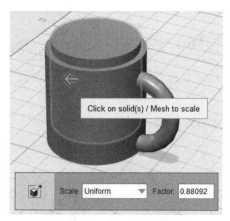

图 2-5-15　新圆柱调节

再点击菜单"Combine"（联合），"Subtract"（切割），如图2-5-16所示。

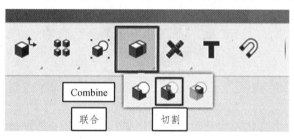

图 2-5-16　切割功能

出现两个箭头，如图2-5-17所示。

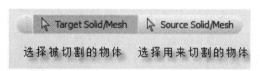

图 2-5-17　切割与被切割物体选择

先点击待切割的大柱体（杯体）（软件会自动跳到第二个箭头），再点击用来切割的小柱体（注意次序），再在空白处点击或回车，切割后的效果如图2-5-18所示。

图 2-5-18　切割后的效果

第五步：删除多余部分。

继续使用联合菜单。点菜单："Combine"（联合），选第一个"Merge"（合并），出现两个箭头，如图 2-5-19 所示。

图 2-5-19　合并物体选择

分别点中杯子和把手（这个没有次序），回车或在空白外点一下合并成功，如图 2-5-20 所示。

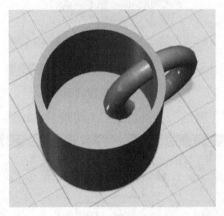

图 2-5-20　合并物体成功

合并后，表面看不出变化，但与合并前有区别，两个物体变为一个整体，不能单独移动了。并且，它还把圆环分为三个部分了：里面的，外面的，还有镶嵌在杯子上的。

在空白处点一下，再把光标移到杯子上点一下，然后移动光标到里面的圆环上，直到里面的圆环边缘变绿，选中，"Delete"杯子生成，如图 2-5-21 所示。

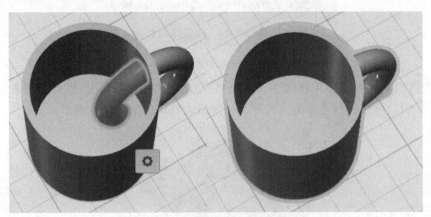

图 2-5-21　局部删除

第六步：修边。

点击菜单"Modify"（修改）→"Fillet"（倒圆角）。右边的"Chamfer"是倒直角，如图 2-5-22 所示。

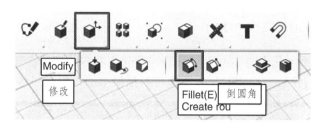

图 2-5-22 修改功能

选中要修的边，还可以接着点中要修的其他边，拖动白色箭头，也可以在下面对话框中输入圆角半径 0.5 mm，在空白处点击或回车，如图 2-5-23 所示。

模型完成，如图 2-5-24 所示。

图 2-5-23 倒圆角设置

图 2-5-24 完成后的效果图

完成三维建模后，要注意保存。有两种保存方式，如图 2-5-25 所示。

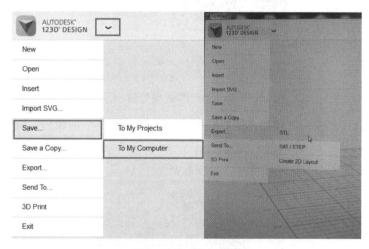

图 2-5-25 保存格式

把光标移到左上角，就会出现下拉菜单：

点"Save"（保存），选择"To My Computer"，这是一般保存格式，保存到我的电脑。

点"Export"（输出），选择"STL"，这是将模型用三角形网格文件格式"STL"保存，然后准备输出给切片软件。

二、切片软件 Cura-Weedo

Cura-Weedo 的界面（见图 2-5-26）打开后，首先把左方的切片参数在老师的指导下设置好，或者根据要求进行设置。在实际操作中也可根据模型结构需要而进行特殊设置。

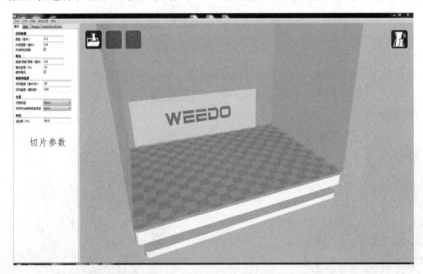

图 2-5-26　切片软件界面

接下来选择导入模型键"Load"，将之前保存好的三维建模 STL 文件导入，如图 2-5-27 所示。

图 2-5-27　导入模型键

导入模型后，可点击一下模型本身，然后弹出左下方的三个编辑键，如图 2-5-28 所示。

图 2-5-28　模型编辑键

选择编辑键中间的"Scale"（见图 2-5-29），可查看模型的尺寸以及调节比例大小。

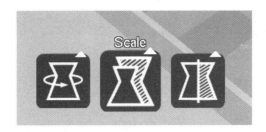

图 2-5-29　模型比例编辑键

对模型尺寸和比例缩放功能如图 2-5-30 所示。

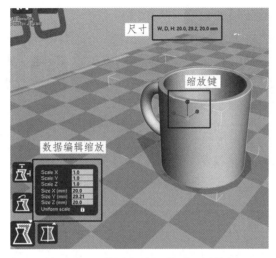

图 2-5-30　模型尺寸和模型比例编辑

注意严控打印时间（见图 2-5-31），要求在 30 min 左右，不得过长。除此之外还能看到材料线的消耗长度和模型的质量。

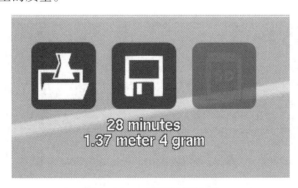

图 2-5-31　打印时间控制

完成切片设计后，要注意保存。首先将鼠标移到"Gcode"键上，生成 Gcode 格式文件，如图 2-5-32 所示。

接下来激活"X3G"键，再继续点击，生成 x3g 格式文件，如图 2-5-33 所示。

最后将 x3g 格式文件发送到 3D 打印机的 SD 内存卡中。

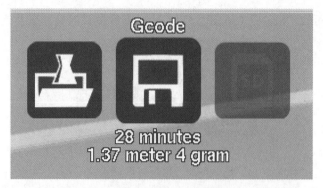

图 2-5-32　生成 G 代码键

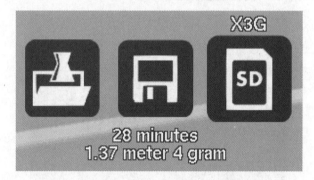

图 2-5-33　继续生成 x3g 格式键

三、3D 打印机的基本操作

3D 打印机的 SD 内存卡必须按照正确方式重新插入卡槽内，不得出现偏差，如图 2-5-34 所示。

插入的时候芯片朝上，请一定对准卡槽，一旦发现插入比较困难，必须取出，重新再来，不得强插！

图 2-5-34　正确插入 SD 卡

打开机舱门检查打印空间是否完好并合适打印，如图 2-5-35 所示。

然后点开开关，在液晶显示屏上显示有操作界面（见图 2-5-36），选择第一个"打印 SD 卡中文件"按"OK"，再继续选择要打印的文件，按"OK"即可。

打印过程中注意观察，若发现问题及时报告老师。

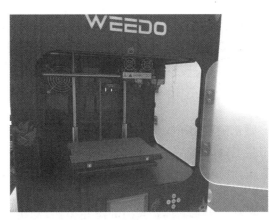

图 2-5-35　检查打印空间

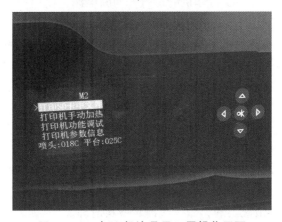

图 2-5-36　打印机液晶显示屏操作界面

【安全操作规程及注意事项】

（1）操作者应熟悉 3D 打印机以及相关工具和量具的使用，熟悉相关 3D 打印机的结构、性能及传动系统、加热部位、电气等基本知识、使用维护方法和 3D 打印机安全技术操作规程。

（2）使用前检查 3D 打印机开关和线路连接，检查 3D 打印机加热喷头及各个轴的电机是否有堵塞或者卡滞现象，如有以上现象必须进行处理。

（3）检查 3D 打印机相关工具和量具是否齐全，若不齐全应及时汇报老师。

（4）美纹纸应均匀粘贴在成型平台板上，不得出现气泡与褶皱。美纹纸之间不要出现重叠粘贴，不要贴到成型平台板底面，避免成型平台板表面出现不平衡。使用后若发现美纹纸出现破损，应及时更换。

（5）成型平台板两边应放置在打印平台的槽内，前部必须跟槽边壁接触，以保证在打印过程中顺利进行原点归位。

（6）检查 3D 打印机所用丝材状况，丝材不足应及时更换，丝材断裂应及时接上。

（7）打印之前利用打印机的液晶显示屏进行调试，对打印喷头与成型平台板面的高度进行调节。

（8）检查 3D 打印机的安全防护装置是否完好，缺少安全防护装置的 3D 打印机不准工作。

（9）3D 打印机运行过程中，应将打印机四面的门全部关上。禁止将手伸进打印空间，禁止用手触碰加热喷头，以免被烫伤。打印过程中应将教室的门窗打开进行通风，保持空气流通。

（10）不能用手去强行推动 3D 打印机的打印平台。

（11）打印过程中严禁用嘴吹和用手直接清理打印废料，必须在停机后用相关工具进行清理。

（12）在插拔过程中必须正确使用 SD 卡，避免其意外掉入 3D 打印机内部。若意外掉入 3D 打印机内部，应及时报告老师。

（13）打印中遇到紧急情况应立即停止打印，然后将打印平台下降至一定高度，取下成型平台板，用相关工具清理废料，打印喷头上残存的废料也应用工具一并清除。

（14）坚守岗位，认真操作，因事需要较长时间离开 3D 打印机时要停机，关闭电源。

（15）打印结束后，停止 3D 打印机的运行，切断电源，使用相关工具取下打印产品时，必须佩戴防护手套，避免伤手，也避免损坏打印产品。

（16）使用相关工具在成型平台板上清理废料时，必须佩戴防护手套，避免利器伤手，全过程必须在指导老师监督下进行。

（17）检查相关工具、量具是否完好无缺，将其整理好并放到指定位置。对桌面、打印空间、教学现场进行清扫，关闭计算机。

（18）发生事故时应保护事故现场，及时报告指导老师进行处理。

（19）3D 打印机出现故障必须找专人维修，不准擅自拆卸。

（20）设备无特殊情况每个月保养一次，清扫机身表面的灰尘，擦杠，轴承上油，清理送料齿轮残存料渣等。若打印比较频繁，需及时清理舱室废料，每星期进行擦杠，清理齿轮残料等工作。如有不出料的情况出现，做一次齿轮残料清理。

【预习要求及思考题】

一、课前预习要求

（1）预习【实训基础知识】和【实训内容】。

（2）完成实训报告中的简答题第 1 题和第 2 题。

二、思考题

切片软件在 3D 打印流程中的作用是什么？

【阅读资料】

3D 打印的定义：增材制造（Additive Manufacturing，AM），即任何在计算机的控制下，将 3D 模型或者其他电子数据源，通过各种以增料过程为主的方式，通过一层层地堆积材料来进行加工成型的方式，都称为 3D 打印或者增材制造。

3D 打印（3DP）是快速成型技术的一种，它是一种以数字模型文件为基础，运用粉末状金属或塑料等可黏合材料，通过逐层打印的方式来构造物体的技术。

3D 打印通常是采用数字技术材料打印机来实现的。常在模具制造、工业设计等领域被用于制造模型，后逐渐用于一些产品的直接制造，已经有使用这种技术打印而成的零部件。该技术在珠宝、鞋类、工业设计、建筑、工程和施工（AEC）、汽车，航空航天、牙科和医疗产业、教育、地理信息系统、土木工程、枪支以及其他领域都有所应用。

3D 打印的历史进程

1982 年，世界上第一台 3D 打印机在美国由 Chuck Hull（别名 Charles Hull，见图 2-5-37）制成。当时尚未出现 3D 打印这个名字和概念，后来此机器被归类到 3D 打印的一个类型中，累积技术叫作 Stereolithography（SLA），通用译名是"立体平板印刷"，是 3D 打印中历史最悠久的技术。

1986 年，美国人 Chuck Hull 发现商机后，创立了世界上第一家 3D 打印公司 3D System。但在当时依然没有出现 3D 打印这个名字和概念，被称为 3D 印刷机。

图 2-5-37　3D 打印机发明者 Chuck Hull

1988 年，美国 Stratasys 公司的 Scott Crump 发明了熔融沉积（Fused Deposition Modelling，FDM）技术，此种技术后来成为 3D 打印应用最为广泛的技术，也是最容易让大众所能接触到的。FDM 主要特点在于组装方便，价格相对于其他技术而言也是最便宜的。特别是后来经过多年的不断发展，还在 2007 年实现了 3D 打印机本身的自我复制，即 RepRap 项目。

1993 年，麻省理工学院获 3D 印刷技术专利。

1995 年，美国 Z Coproration（简称 ZCorp）公司从麻省理工学院获得唯一授权并开始开发 3D 打印机。这是历史上首次出现"3D 打印"的名字，后来经过多年的不断发展和完善，终于从 2010 年代开始，这个名字成为所有与之相关技术的统称。同时，3D 打印的概念也开始深入民间。

2003 年，德国 eos 公司开发出直接金属激光烧结（Direct metal laser sintering，DMLS）技术，后来也被归类到 3D 打印当中，成为世界上最早开发出 3D 打印金属的技术。

2005 年，市场上首个高清晰彩色 3D 打印机 Spectrum Z510 由美国 ZCorp 公司研制成功。

2007 年，第一款开源桌面级 3D 打印机 RepRap 项目在美国出现，RepRap 是世界上首个多功能、能自我复制的机器，也是一种能够打印塑料实物的 3D 打印机，属于 FDM 技术。这也是作为 FDM 技术发展成熟的标志。

2010 年 11 月，美国 Jim Kor 团队打造出世界上第一辆由 3D 打印机打印而成的汽车 Urbee

问世。

2011年6月6日，美国发布了全球第一款3D打印的比基尼。同年7月，英国研究人员开发出世界上第一台3D巧克力打印机。同年8月，南安普敦大学的工程师们开发出世界上第一架3D打印的飞机。

2012年11月，苏格兰科学家利用人体细胞首次用3D打印机打印出人造肝脏组织。

2013年10月，全球首次成功拍卖一款名为"ONO之神"的3D打印艺术品。同年11月，美国得克萨斯州奥斯汀的3D打印公司"固体概念"（SolidConcepts）设计制造出3D打印金属手枪。

2019年1月14日，美国加州大学圣迭戈分校在《自然·医学》杂志发表论文，首次利用快速3D打印技术，制造出模仿中枢神经系统结构的脊髓支架，在装载神经干细胞后被植入脊髓严重受损的大鼠脊柱内，成功帮助大鼠恢复了运动功能。该支架模仿中枢神经系统结构设计，呈圆形，厚度仅有2 mm，支架中间为H形结构，周围则是数十个直径200 μm左右的微小通道，用于引导植入的神经干细胞和轴突沿着脊髓损伤部位生长。

2019年4月15日，以色列特拉维夫大学研究人员以病人自身的组织为原材料，3D打印出全球首颗拥有细胞、血管、心室和心房的"完整"心脏，这在全球尚属首例（3D打印心脏）。

实训六　激光加工

【实训目的】

（1）了解激光加工的特点及激光加工的基本知识。
（2）掌握非金属切割和雕刻的加工工艺。
（3）掌握非金属切割和雕刻的基本操作。
（4）了解金属切割、激光焊接、激光内雕的工艺和加工过程。

【实训设备及工具】

序号	设备名称	规格型号	备注
1	桌面型激光雕刻机	S6040	非金属切割、雕刻；600 mm×400 mm
2	光纤激光切割机	SQ-1325-Q	金属薄板切割；1 500 mm×3 000 mm
3	绿光激光 3D 雕刻机	SD-323-DG	水晶内雕；300 mm×400 mm×150 mm
4	激光焊接机	ZT-HB-500	薄板焊接；300 mm×300 mm
5	非金属激光切割机	E1309M	非金属切割、雕刻；1 300 mm×900 mm
6	多功能激光雕刻机	D80M	平面图案雕刻；800 mm×600 mm
7	台式计算机		Windows 系统处理图形和工艺

【实训基础知识】

一、激光的产生

1. 受激辐射

工作物质中处于激发态的高能级 E_2 的粒子，会在外来光子（其频率恰好满足 $h_v = E_2 - E_1$）的诱发下向低能级 E_1 跃迁，并发出与外来光子一样特征的光子，这叫受激辐射，如图 2-6-1 所示。由受激辐射得到的放大了的光是相干光，称之为激光。

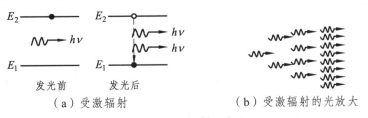

（a）受激辐射　　　　　　　　　（b）受激辐射的光放大

图 2-6-1　受激辐射示意图

2. 粒子反转

如果一个系统中处于高能态的粒子数多于处理低能态的粒子数，就出现了粒子数的反转状态，如图 2-6-2 所示。那么只要有一个光子引发，就会迫使一个高能态的粒子受激辐射出一个与之相同的光子，这两个光子又会引发其他粒子受激辐射，这样就实现了光的放大。如果再加上适当的谐振腔的反馈作用，便形成光振荡，从而发射出激光，这就是激光产生的原理，如图 2-6-3 所示。

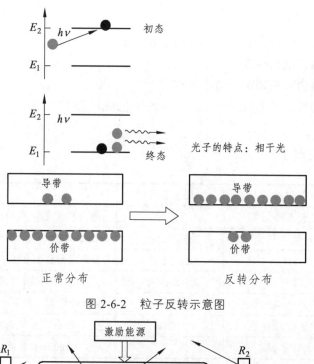

图 2-6-2　粒子反转示意图

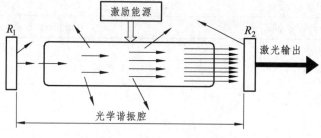

图 2-6-3　激光产生示意图

3. 激光产生的必要条件

要想产生出激光，必须同时具备三个条件：实现粒子反转、使粒子被激发、实现激光放大及激光特性。

4. 激光的特性

激光主要有四个显著的特性：单色性、方向性、相干性、高亮度。

激光的波长非常窄，所以激光的单色性远远超过任何一种单色光源。

由于谐振腔对光振荡方向的限制，激光只有沿着腔轴方向受激辐射才能振荡放大，所以光束具有很高的方向性。

振动频率相同，相差恒定的特性叫作光的相干性。光的单色性、方向性越好，它的相干性就越好。

简单讲亮度就是光源在单位面积内的发光强度，光向某一方向的单位立体角内发射的功率，称之为光源在该方向上的亮度，亮度越高能产生的热效应温度就越高。

二、激光器

1. 激光器的组成

激光器是激光设备中产生激光的部件，是整个激光设备最核心的部件。激光器由工作物质、激励源、谐振腔、电源、冷却系统、控制系统等组成。

激光工作物质：提供放大作用的增益，其激活粒子用于受激放大，具备亚稳态的多能级系统。

激励源：提供能量，将下能级的粒子抽运到上能级，使粒子数反转，最后转化成激光能量。

谐振腔：选模，限制波形和提供反馈、增益，提供稳定振荡，增长激活介质的工作长度，控制光束的传播方向，选择被放大的受激辐射光频率以提高单色性。

电源：为激励源提供能量。

冷却系统：冷却工作物质、谐振腔等。

控制系统：保证系统稳定可靠地工作。

2. 激光器特点比较

激光器特点比较见表 2-6-1。

表 2-6-1   常见激光器的特点

激光器类型	体积	电光转换率	稳定性	维护成本	激光质量	冷却方式	应用范围	功率
CO_2	小	8%~10%	好	极低	好	水冷、风冷	广泛	小
固体	大	1%~3%	差	高	好	水冷	广泛	小
半导体	小	20%~40%	好	低	好	风冷	较广	小
光纤	小	30%以上	好	低	好	风冷、水冷	广泛	大

三、激光的传导

1. 激光的传导方式

激光传导方式主要有光学折返传导、柔性光纤传导、机械导光臂传导几种，如图 2-6-4 所示。光学折返在激光系统中占有很重要的位置，激光光路的改变就是靠镜片的反射来实现的。

2. 激光的聚焦方式

通过聚焦镜把平行的激光光束聚到焦点（将能量汇集到高密度束腰位置），可以产生高能量、聚焦精确的单色光，具有一定的穿透性，如图 2-6-5 所示。

常见的聚焦方式有平场聚焦镜、激光随动聚焦头、动态聚焦扫描系统聚焦三种，如图 2-6-6 所示。

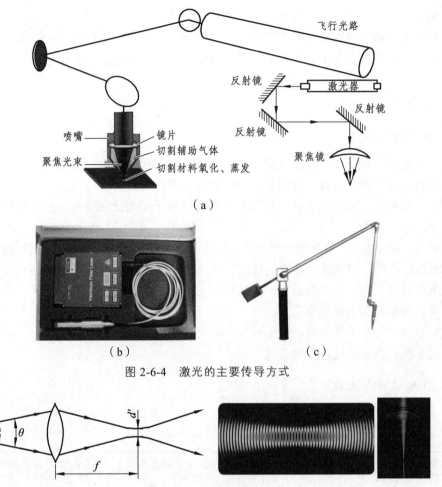

（a）

（b）   （c）

图 2-6-4　激光的主要传导方式

图 2-6-5　激光聚焦原理

　　平场聚焦镜，也称场镜、f-theat 聚焦镜，目的是将激光束在整个平面内形成均匀大小的聚焦光斑，简单地讲就是在一个一定幅面的平面内的任意一点都是其焦点的聚焦镜，而普通的聚焦镜的焦点只有在中心的一个点。

　　激光随动聚焦头是为了弥补手工调节和加工时高度控制不稳定的问题，配置了随动电容调高器，解决了加工材料存在的不平整等问题，保证了 Z 轴方向焦点始终在设定的相对加工高度。

　　动态聚焦扫描系统由箱体、动态轴与聚焦镜片组、XY 扫描振镜、XY 反射镜片及保护窗组成。通过 XY 扫描振镜，根据工件平面每一点到聚焦镜的距离，改变聚焦镜的焦距，从而使聚焦后的光点全部聚到工件所在的平面内，这是目前大幅面曲面高速扫描的最佳方案。

3. 激光的光路结构

　　一般情况下为了稳定输出我们会将激光器固定，相对来说激光的传输方向也是固定的。但是为了满足加工需求，人为地采取某些方式根据需要来改变激光的传输方向，使激光传输成为一个动态的传输。通常采取的措施是加入反射镜、光纤等，如图 2-6-7 所示。

　　光源不动，反射镜和聚焦镜运动，但输出光口总是保持稳定的功率输出，就是飞行光路。

振镜X
扫描镜X
激光器
扫描镜Y
振镜Y
场景
待打标工件Y
ZT

（a）平场聚焦镜聚焦

（b）激光随动聚焦头聚焦

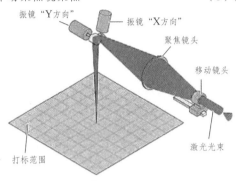

振镜"Y方向"
振镜"X方向"
聚焦镜头
移动镜头
激光光束
打标范围

（c）动态聚焦扫描系统聚焦

图 2-6-6　激光的主要聚焦方式

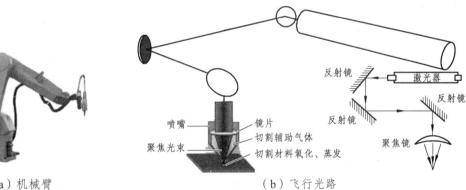

（a）机械臂

喷嘴
镜片
切割辅助气体
聚焦光束
切割材料氧化、蒸发

反射镜
激光器
反射镜
反射镜
聚焦镜

（b）飞行光路

激光器
反射镜
F-θ透镜
工件
移动平台

（c）运动台式

精密滚珠丝杠，Y轴伺服电机　Y轴伺服电机
导轨传动
X轴伺服电机
X轴伺服电机

（d）龙门结构

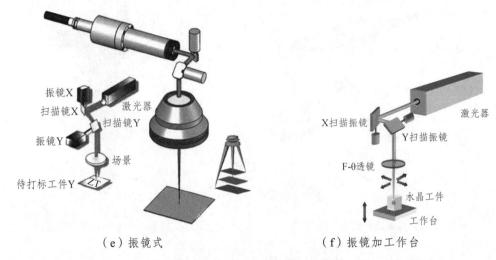

（e）振镜式　　　　　　　　　（f）振镜加工作台

图 2-6-7　激光的主要光路结构

振镜是一种优良的矢量扫描器件，也是一种特殊的摆动电机，简单地来讲振镜系统是一种由驱动板与高速摆动电机组成的一个高精度、高速度伺服控制系统。

龙门加工方式是指主轴轴线与工作台垂直设置的加工方式，龙门结构制作方便，承受负载大，结构稳定，可实现高精度运动和大幅面加工。

四、激光加工

1. 激光加工的特点

（1）非接触加工。加工不用刀具，无刀具磨损、拆装等问题；无机械应力，热变形小。

（2）加工材料的热影响区小。激光束照射到的物体表面是局部区域，虽然在加工部位的温度高，但加工移动速度快，其热影响区很小，对非照射区域几乎没有影响。

（3）加工的灵活性高。激光束易于聚焦、发散和导向，可以方便地得到不同的光斑尺寸和功率大小，以适应不同的加工要求。

（4）微区加工。激光束可以聚焦到波长级的光斑，使用这样小的高能量光斑可以进行微区加工。

（5）可以通过透明介质对密闭容器内的工件进行各种加工。

（6）加工材料范围广，适用于加工各种金属、非金属材料，特别适用于加工高熔点、高硬度、高脆性材料。

2. 激光加工的主要类型

从本质上讲，激光加工是激光束与材料相互作用而引起材料在形状或组织性能方面的改变过程，从这一角度可将激光加工分为激光材料去除加工、激光材料增材加工、激光材料改性、激光微细加工等。

在生产中常用的激光材料去除加工有激光打孔、激光切割、激光雕刻和激光刻蚀等技术。

激光材料增材加工主要包括激光焊接、激光烧结和激光快速成形技术。

激光材料改性主要有激光热处理，激光强化，激光涂覆，激光合金化和激光非晶化、微晶化等。

激光微细加工起源于半导体制造工艺，是指加工尺寸在微米级范围内的加工方式。目前，激光微细加工已成为研究热点和发展方向。

另外，激光也用于清洗、复合加工、抛光等。

五、激光的应用

激光应用的领域，主要有工业、医疗、商业、科研、信息和军事等，如图 2-6-8 所示。

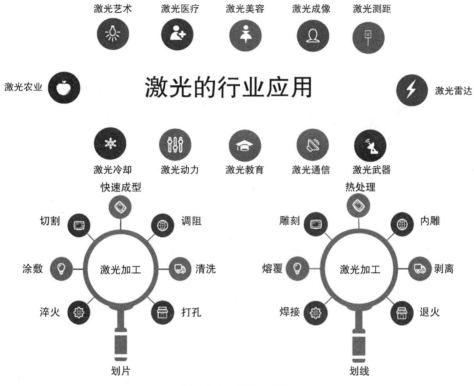

图 2-6-8　激光的应用

【实训内容】

了解桌面型激光雕刻机的组成；熟悉 RDWorks 软件并练习掌握基本操作；熟悉非金属切割和雕刻加工流程并练习掌握；理解加工工艺并应用于作品加工；了解金属切割、激光焊接、激光内雕的工艺和加工过程。

一、桌面型激光雕刻机的组成

实训加工作品使用的设备为桌面型激光雕刻机，型号 S6040，它主要由激光器、光路系统、控制系统、冷却系统与辅助设备等构成。其主要参数见表 2-6-2，各零部件名称及位置如图 2-6-9 所示，机床的操作控制面板如图 2-6-10 所示。

表 2-6-2　S6040 型桌面型激光雕刻机主要参数

激光器	CO_2 激光器　60 W	整机功率/W	800 W
光路结构	飞行光路	扫描速度/（mm/s）	0～800 可调
工作幅面/mm	600×400×130	外观尺寸/mm	1 070×790×540
主要功能	切割、平面雕刻、3D 雕刻、打孔、划线		
加工材料	橡胶、玻璃、亚克力、纸张、塑料、竹木、骨制品、PVC、双色板、胶合板、皮革、布料、烤过漆的金属、金属覆膜板、水晶、石英、大理石/石头、陶瓷等		
支持软件	CorelDraw、Photoshop、CAD、CAXA 等		

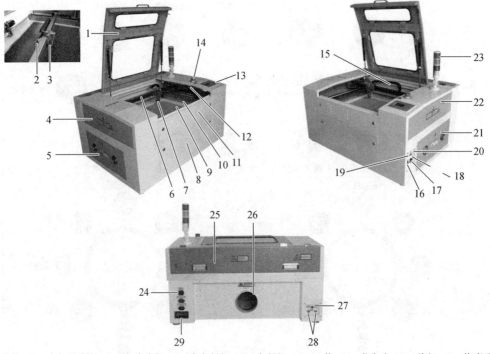

1—防护盖；2—吹气调节器；3—自动对焦；4—左上侧门；5—左侧门；6—X 轴；7—激光头；8—前门；9—蜂窝平台；
10—Y 轴；11—前上门；12—防护盖检测感应器；13—控制面板；14—紧急开关；15—LED 照明灯；
16—激光电源开关；17—主电源开关 18—网络端口；19—U 盘端口（USB）；20—PC 端口（USB）；
21—右侧门；22—右上侧门；23—指示灯；24—电源输入与输出插座；25—激光器后盖；
26—抽气管道接口；27—空压机入气接口；28—冷却水进出接口；29—厂家生产标签。

图 2-6-9　S6040 型桌面型激光雕刻机部件

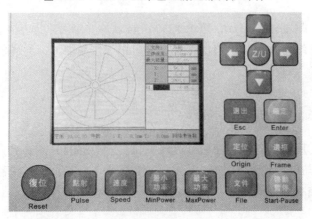

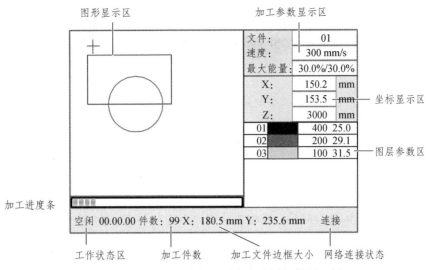

图 2-6-10　S6040 型桌面型激光雕刻机控制面板

二、RDWorks 软件

1. 软件介绍

S6040 型桌面型激光雕刻机通过计算机加载的 **RDWorks V8** 雕刻切割软件，实现对激光数控机床的有效控制，根据用户的不同要求完成加工任务。软件支持的矢量文件格式：dxf，ai，plt，dst，dsb 等；位图格式：bmp，jpg，gif，png，mng 等。软件主界面如图 2-6-11 所示。

图 2-6-11　RDWorks V8 主界面

2. 系统设置

在图形输出前，需检查系统设置是否正确。单击菜单命令【设置】/【系统设置】，在弹出的对话框中设置轴方向镜像和激光头的位置，如图 2-6-12 所示。

图 2-6-12　系统设置

（1）轴方向镜像。

轴的方向镜像一般情况下是根据机器的坐标原点实际位置来设置。

默认的坐标系为笛卡儿坐标系，按习惯认为原点在左下方，若实际的机器原点在左上方，则 X 轴不需要镜像，而 Y 轴需要镜像。若实际机器原点在右上方，则 X 和 Y 轴均需要镜像。

比较方便的方法是查看图形显示区的坐标系箭头所在位置是否与机器实际的原点位置一致，如图 2-6-13 所示。如果不一致，则修改相应方向的镜向。

注：实训使用的 S6040 型桌面型雕刻机的机器原点在左上角。

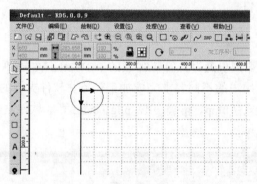

图 2-6-13　图形显示区的坐标系位置

（2）激光头位置。

激光头位置实际就是给加工图形建立的一个相对坐标系统的原点。系统提供了 9 个特征位置选项，如图 2-6-12 所示。可通过查看图形显示区的绿色方形点出现在图形的位置来确定，如图 2-6-14 所示。

图 2-6-14　图形相对坐标系统的原点位置

3. 图层工具栏的使用

同一图层只能设置一种工艺，不同加工需求要设置不同的图层来实现。对于扫描加工方式，多个处于同一图层的位图，将整体作为一幅图片输出，如果希望各个位图单独输出，则可将位图分别放置到不同图层即可。

图层工具栏的不同颜色代表不同图层。在画好的图中或导入的图中选择需要分层的对象后，点击图层工具栏的某个颜色按钮即可将选中的对象变为单独的一层，如图 2-6-15 所示。

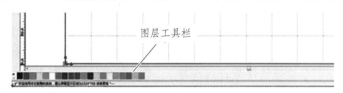

图 2-6-15　图层工具栏

4. 实训要求

熟悉软件，检查轴向镜像和激光头位置是否需要调整。

自行绘制一个包含一大一小的封闭轮廓的图（不超过 30 mm），并设成不同的图层。

三、非金属切割和雕刻加工流程

1. 加工操作基本流程

开机→建模或导入文件→设置工艺参数→下载加工数据文件至机床→在机床上打开文件→设置加工原点→调节焦点→启动加工。

2. 开机操作

开水箱电源→开启机床主电源→松开急停开关→拧钥匙开关至开启位→开激光电源。

注意：要先打开水箱开关和主电源开关，等 1 min 后再打开激光电源开关。开启机床的同时，与机床配套的计算机也应开机，并打开 RDWorks 软件。

计算机和机床都准备就绪后，要检查软件和机床之间的通信是否正常。各开关位置如图 2-6-16 所示。

（a）机床电源开关　　　（b）急停按钮　　　（c）钥匙开关　　　（d）激光电源开关

图 2-6-16　机床开机开关

3. 建模或导入加工文件

进行切割加工时，可通过 RDWorks 软件进行绘图，画出需要加工的图形。RDWorks 软件提供的绘图功能较弱，建议加工前在其他绘图软件中将加工图画好，保存为 DXF 格式文件后再导入软件中使用。

可通过 RDWorks 软件"文件"菜单下的"导入"命令导入需要加工零件的文件，或者通过快捷导入命令图标导入文件，如图 2-6-17 所示。

进行位图的雕刻扫描加工时，需要先导入图片。如果从加工预览中发现细节效果体现得不好，则单独选中图片后再单击菜单命令【处理】/【位图处理】，或者单击系统工具栏【位图处理】命令图标，对图片的亮度、对比度进行调整，以达到更好的雕刻效果，如图 2-6-18 所示。也可以通过其他图形处理软件处理后再导入，如 PS 软件。一般来说，原图较亮则将亮度向负的方向调，反之向正的方向调，对比度向正的方向调，每次调整最好控制在 5% 左右，根据预览效果逐次调整，如图 2-6-19 所示。

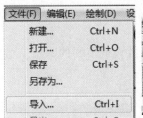
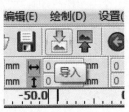

图 2-6-17　导入加工文件　　　　　　　　图 2-6-18　位图处理命令

图 2-6-19　位图处理对话框

4. 设置工艺参数

根据加工图形和材料等情况，设定工艺参数。每批次每个型号的材料在使用前最好先做工艺参数试验，确定最优的加工参数。

在软件控制面板右上角区域用鼠标左键双击需要设置工艺参数的图层，在弹出的对话框中设置所有加工工艺参数；也可用鼠标左键单击图层后，在下方设置对应的功率和速度参数，如图 2-6-20 所示。

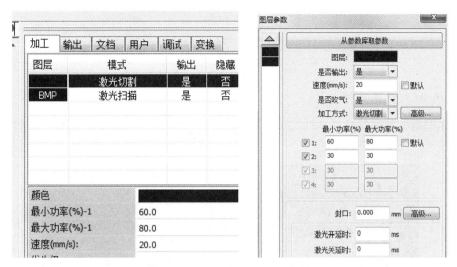

图 2-6-20　设定加工工艺参数

设定好加工工艺参数后，应进行一次加工过程预览（仿真）。软件支持对待加工文件的加工预览，通过加工预览可以得到一些加工的基本信息，如实际输出的加工的路径、大体的加工时间、加工距离，并可对加工过程进行模拟。单击菜单命令【编辑】/【加工预览】，或者单击系统工具栏 "加工预览" 图标可弹出加工预览窗口观察效果，如图 2-6-21 所示。

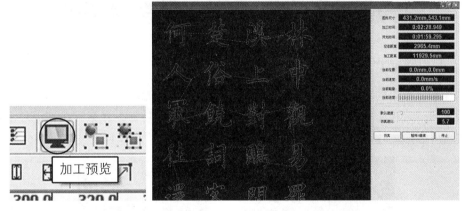

图 2-6-21　加工预览

5. 下载加工数据文件

在 RDWorks 软件右侧区域有加工的控制面板，可以直接控制加工。但操作者需要在计算机和设备之间来回移动，操作不方便，有一定的安全隐患。因此一般采取把加工数据文件传至机床，通过机床控制面板完成加工操作。

选中要加工的所有图层的内容，点击 "下载" 按钮，将加工数据文件传送至机床，如图2-6-22 所示，在弹出的对话框中给数据文件命名。

图 2-6-22　下载加工数据至机床

6. 打开加工数据文件

在机床控制面板上按压"文件"键，通过上下方向键选择需要加工的文件后按压"确定"键打开文件，如图 2-6-23 所示。

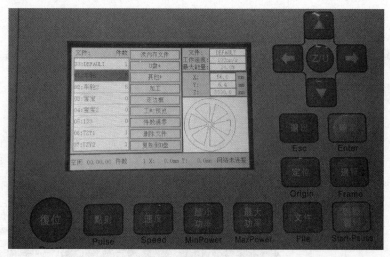

图 2-6-23　打开加工文件

7. 设定加工原点

通过操作面板上的前后左右按键移动激光头，根据红光光斑位置确定合适的加工原点后按压面板上的"定位"键记录加工原点坐标；再按压"边框"键，让激光头在毛坯上沿零件最大尺寸矩形边框运行一次，以确定零件在毛坯上的加工位置是否合适，如图 2-6-24 所示。

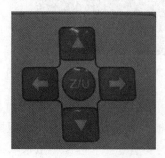

图 2-6-24　定加工原点

在确定加工原点时应注意与软件中加工图形原点的相对位置保持一致。如加工图形的原点设置在左上角，则加工时应将激光头移动至加工区域的左上角作为加工原点。

注意：在水平移动激光头的过程中，要确保激光头的移动路径上无毛坯材料、工装等阻碍；移动过程中应逐步操作，不要连续按压方向键。

8. 调节焦点

加工时，焦点应正好位于材料表面。通过标准的 6 mm 焦距块检查激光头距毛坯表面的高度是否合适。不合适则按压"Z/U"键后，通过左右方向键调整加工平台的高度，如图 2-6-25 所示。调整好后需要按压"退出"键，退出焦点调节操作。

注意：在升高工作台时，应将焦距块从激光头下取出，避免激光头撞上焦距块而损坏激光头。

9. 加　工

一切准备就绪后，合上机床防护盖，按压"启动"键启动加工，如图 2-6-26 所示。加工过程中操作人员不能离开，要随时注意加工情况和设备状况。

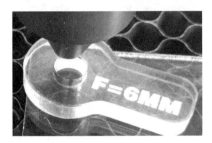
图 2-6-25　调节焦点

图 2-6-26　加工启动按钮

10. 实训要求

每台机床练习一次开机操作，打开计算机和机床。在 RDWorks 软件中画一个不超过 30 mm 的图形，根据发的材料和给定参数设置工艺参数后练习加工操作，每个同学要练习完成一次第 3～9 步的完整操作过程。

四、非金属材料加工工艺

1. 速　度

切割速度越大，效率越高，切割越浅；速度越小，效率越低，切割越深。如图 2-6-27 所示，通过设定恒定功率和不同速度对木板进行切割试验，可以验证速度对切割深度的影响。

（a）速度：500 mm/s　（b）速度：100 mm/s　（c）速度：20 mm/s　（d）速度：5 mm/s

图 2-6-27　不同加工速度下加工深度比较

速度越快，意味着加工效率越高，但是并不建议把切割速度仅仅设置为刚好切透材料的数值，因为材料本身的不平、弯曲等可能会导致激光无法切透材料。因此，把切割速度设置得慢一点有助于零件轮廓被完全切透。

2．功　率

切割功率越大，能量越高，切割就越深；功率越小，能量越低，切割就越浅。如图 2-6-28 所示，通过设定恒定的切割速度和不同的切割功率对木板进行切割试验，可以验证功率大小对切割深度的影响。但设置功率参数时并非越大越好，功率过大会出现切割边缘发黑，材料背面蜂窝板反射严重等问题。另外，加工过程中激光头的速度是变化的，如激光切割直线的速度比拐弯处的速度快。为了把材料切透且切割面质量总体一致，通常会设置最小功率和最大功率。

（a）功率：1%　　　（b）功率：10%　　　（c）功率：50%　　　（d）功率：70%

图 2-6-28　不同加工功率下加工深度比较

3．吹　气

一般来说，吹气越强切割效果越好。例如，设定固定的速度、功率和焦距后，采取强吹气、弱吹气和不吹气三种工艺对木板进行切割，对比图 2-6-29 可知，木板的切割在强吹气时效果最好。强吹气时切割边缘不仅没有被烟熏染，而且切割的过程也没有浓烟产生，加工过程更加环保、安全。弱吹气效果最差，边缘有明显的熏痕。不吹气的效果与强吹气差别不大，但不吹气在切割过程中会产生大量烟雾，而且没有强风阻燃，材料容易着火，危险性很大。

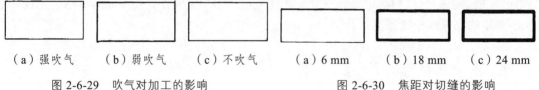

（a）强吹气　　（b）弱吹气　　（c）不吹气　　　（a）6 mm　　（b）18 mm　　（c）24 mm

图 2-6-29　吹气对加工的影响　　　　　　　图 2-6-30　焦距对切缝的影响

4．焦距位置

S6040 型桌面型雕刻机切割对象主要是几毫米的薄板，加工时材料表面处于聚焦镜焦距位置时，加工效果最好，加工力最强。因此，在启动加工前需要调整工作台高度，让材料表面处于焦距位置。激光头下缘距材料表面 6 mm 高度时，材料表面正好处于焦距位置，操作前需用厚度为 6 mm 的焦块测量。雕刻扫描加工时，也采用同样的方法。图 2-6-30 所示是固定切割功率、速度，采用不同的焦距切割的效果。

5．图层优先级

加工时，需要考虑不同部分的加工顺序。基本原则是先加工雕刻部分、再依次加工切割的小轮廓和大轮廓、最后切割外边框。可通过增加图层的方式来满足加工顺序需求，在软件中通过设置图层优先级来实现加工顺序的控制，优先级高的先加工。

6. 反色雕刻

雕刻扫描加工时，系统默认加工图形中黑色的区域。如果需要加工白色的区域，则需要在图层参数对话框中勾选"反色雕刻"选项，如图 2-6-31 所示。该操作不会改变加工区和非加工区的分界轮廓。

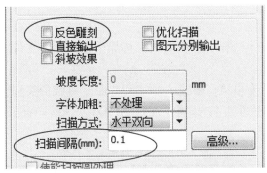

图 2-6-31　反色雕刻和扫描间隔参数设置

7. 扫描间隔

雕刻扫描加工时，是按从上往下逐行扫描、不连续出光的方式进行的，当扫描到需要加工的点时才出激光。相邻两行之间的距离由扫描间隔决定，即扫描精度。扫描间隔的大小和精度与加工时间成反比，即间隔越小、精度越高、加工时间越长。扫描间隔参数设置如图 2-6-31所示。

8. 常用材料工艺参数（见表 2-6-3）

表 2-6-3　常用材料工艺参数

材料	参数类别	切割							雕刻
		1 mm	2 mm	3 mm	4 mm	5 mm	6 mm	8 mm	
有机玻璃	速度/（mm·s⁻¹）	—	16	12	10	8	6	4	200-300
	功率/%	—	50～55	55～60	60～65	65～70	70～75	80～85	12～15
	是否吹气	是							是
木板	速度/（mm·s⁻¹）	35	25	10	8	6			200～300
	功率/%	50～55	55～60	60～65	65～70	70～75			12～15
	是否吹气	是							是
纸板	速度/（mm·s⁻¹）	40	30						200～300
	功率/%	50～55	60～65						12～15
	是否吹气	是							是

注：以上参数是在激光器功率 60 W 的桌面型雕刻机上试验出来的，切割加工留有适当能量余量。

五、金属切割、激光焊接、激光内雕的加工流程和工艺

1. 金属切割

金属切割加工操作基本流程：开机→导入文件与处理→设置切割引线→标定材料→设置

工艺参数→设置加原点→调整焦距→开气并调整气压→启动加工。

根据加工零件和材料种类及厚度等情况，设定切割工艺参数。如果有预先保存的工艺文档，也可以直接调用。每批次每个型号的材料使用前最好先做工艺参数实验，确定最优的切割参数。

2. 激光焊接

激光焊接加工操作基本流程：开机→放置待焊工件→导入文件或绘图→设置焊接工艺参数→调节焦距→启动焊接。

焊接的主要工艺参数有电流、脉宽、频率和焦距。对我们实训使用的机床，一般来说，电流不超过 130 A，脉宽不超过 4，频率不超过 20 Hz，焦距为 146 mm，使用平台焊接时具体的工艺参数见表 2-6-4。

表 2-6-4　平台焊接工艺参数

板厚	电流 I/A	脉宽 M	频率/Hz	焦距/mm
1	100	2 ~ 3	20	146
2	110	3	20	146

3. 激光内雕

激光内雕加工操作基本流程：开机→启动算点软件并导入文件→设置水晶尺寸并调整图像→设置参数并转化云点文件→打点软件中打开文件→设置参数→调整电压→机器复位后启动加工。

内雕的工艺包含以下几个方面：一是初始图像的质量要比较高，这是保证加工质量的基础；二是通过算点软件控制加工对象的加工点数，一般来说点数越多，加工质量越好，但同时加工效率就越低；三是合适的加工电压，电压过高或过低都不行。

操作时，先在算点软件中设置点距、层数、层距等参数，同时调整图片的亮度、对比度和锐度，然后计算出需要加工的点数；再将文件导入打点软件中，通过软件复位机床、设置电压、水晶尺寸及完成加工控制。操作界面及内容如图 2-6-32 所示。

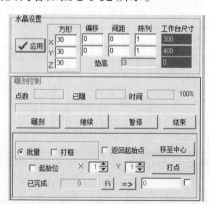

图 2-6-32　内雕工艺参数设置

4. 实训要求

了解金属切割、激光焊接、激光内雕的工艺和加工过程。

六、注意事项

切割加工主要涉及加工工艺的 1~5 项，雕刻扫描加工涉及 1~7 项。

加工前首先应确认设备状态是否良好，其次要准备好加工文件，再次要选取合适的工艺参数和设置正确的图层优先级。

进行位图的雕刻加工时，选图对最后的整体效果起到决定性的作用。一般以线条为主要构图元素的图片加工效果好，而以颜色接近的色块构图的图片效果差。另外，细节的体现效果可通过位图处理进行调图来改善。

【安全操作规程及注意事项】

（1）未弄清材料是否能用激光加工前，不要对其加工。

（2）在移动激光头前，务必确保行进路径上无障碍物。

（3）设备启动加工后，操作人员不得擅自离开或托人代管。

（4）在加工过程中发现异常时，应立即停机，及时排除故障。

（5）桌面型激光雕刻机放置材料前，应将激光头移至工作台左上角，避免与材料发生碰撞。

（6）桌面型激光雕刻机在关防护盖时，应托住防护盖，避免其直接自由下落。

（7）加工完毕要关闭机床电源，收拾工具与操作指南，并清洁机床和地面。

【预习要求及思考题】

一、课前预习要求

（1）预习【实训基础知识】，【实训内容】的（一）桌面型激光雕刻机的组成、（四）非金属材料加工工艺，【安全操作规程及注意事项】。

（2）完成实训报告中的简答题。

二、思考题

（1）如何实现在一个工件中既切割加工出通孔也雕刻出表面图案？

（2）当发现需要切穿的切割轮廓没有切穿时，如何处理才能在原加工位置完成切穿加工？

（3）如何实现在一块材料的两面进行加工且加工位置正确？

第三章　机电控制技术

机电控制技术即指将信息控制软件、电子器材与机械设备同时纳入一个系统中的技术，是工业自动化的实现的基础技术。本部分实训工种包括电气控制基础、电子制作、模块化机器人、开源硬件、PCB加工。

电气控制基础实训主要是介绍常见的低压电器的结构、原理、作用以及PLC的基本概念，掌握电动机典型电路的分析方法和简单梯形图程序的编制方法；电子制作主要是介绍电子元器件的认识和识别，掌握电子焊接的基本知识和焊接方法，并完成简单的电子小制作；模块化机器人实训工种让学生学习简单机器人的控制方法，掌握简单机器人编程的基本思路，并完成一些简单的实践项目；开源硬件是介绍开源硬件Arduino的基础用法，并完成一些简单的实践项目；PCB加工需要了解电路图设计软件的用法，掌握设计简单的电路图并用PCB加工设备将电路板加工出来的方法和技能。

实训一 电气控制基础

【实训目的】

（1）了解基本用电安全常识。

（2）熟悉电气控制中常用元件的工作原理及构造。

（3）掌握电气柜的使用方法，熟悉电气控制及采用线槽布线的布线技能。

（4）熟悉典型电路的基本原理和控制过程，掌握基本的接线技能。

（5）了解 PLC 的硬件电路，熟悉 PLC 编程的原理及方法。

（6）熟悉 STEP7-Micro/WIN 编程软件，掌握简单梯形图程序的编制方法。

【实训设备及工具】

序号	名称	规格型号
1	电气柜	BH-WDI
2	PLC	西门子 S7-200，CPU224XP
3	异步电动机	三相
4	交流接触器、热继电器	
5	按钮开关、熔断器、小型三相断路器	
6	十字螺丝刀、万用表	
7	编程软件	STEP7-Micro/WIN

【实训基础知识】

设备主体为 BH-WDI 电气柜（见图 3-1-1），面板上有仪表、电源开关、指示灯和按钮，柜体上可以安装各种元器件及设备，用来进行照明电路、仪表电路、继电接触控制电路、实用电子技术线路、可编程控制等内容的实训。本次实训以三相异步电动机自锁启停控制电路为主。

一、继电-接触控制

继电-接触控制在各类生产机械中获得了广泛的应用，凡是需要进行前后、上下、左右、进退等运动的生产机械，均采用传统的典型的正反转继电-接触控制。

交流电动机继电-接触控制电路的主要设备是交流接触器，其主要构造如下：

（1）电磁机构——通常采用电磁铁形式，由吸引线圈、铁心和衔铁等组成。

图 3-1-1　实训装置

（2）触头系统——主触头和辅助触头，还可根据吸引线圈得电前后触头的动作状态，分动合（常开）、动断（常闭）两类。

（3）灭弧系统——在切断大电流的触头上装有灭弧罩，以迅速切断电弧。

（4）反力装置——包括弹簧、传动机构、接线柱和外壳等。

（5）支架和底座——用于接触器的固定和安装。

二、主电路和控制电路

电路分为主电路和控制电路两部分，其核心元器件交流接触器主要使用线圈和触点系统。交流接触器利用主触点来控制主电路，用辅助触点来导通控制回路。

主触点用于通断主电路，允许通过较大电流，通常为常开点。它的作用为串联在主回路中（多为电机）接通或者断开电路，达到控制电路（电机运行）的目的。

辅助触点有常开和常闭两种，只能通过较小的电流，配合接触器线圈应用在控制回路中，间接通过控制接触器的线圈来控制电路的运行，小型接触器也经常作为中间继电器配合主电路使用。辅助触点一般有三个作用：

1. 形成自锁回路

交流接触器通过自身常开辅助触头使线圈总是处于得电状态的现象叫作自锁，这个常开辅助触头就叫作自锁触头。自锁一般是对自身回路的控制。

自锁回路是电力控制中必不可少也是应用最广泛的基本电路，如图 3-1-2 所示。当按下启动按钮 SB2，交流接触器 KM 线圈得电吸合，相应的主回路中交流接触器 KM 主触点闭合接通电路，常开辅助触点闭合，形成自锁，确保启动按钮 SB2 松开后，接触器也不会失电断开，电路仍然进行状态保持。

实际应用：自锁电路是将接触器的常开触点和启动按钮并联。

2. 形成互锁回路。

互锁：几个回路之间，当一个接触器得电动作，通过其辅助触点使另一个接触器不能得电动作，接触器之间的这种互相制约作用。互锁一般是对其他回路的控制。

接触器互锁电路也是应用相当广泛的基本电路，如图 3-1-3 所示。交流接触器 KM1 的常闭触点串联在交流接触器 KM2 线圈回路中；相应的，交流接触器 KM2 的常闭触点也串联在交流接触器 KM1 线圈回路中，这两个交流接触器不能同时工作。

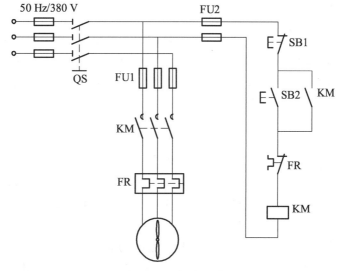

图 3-1-2　自锁电路

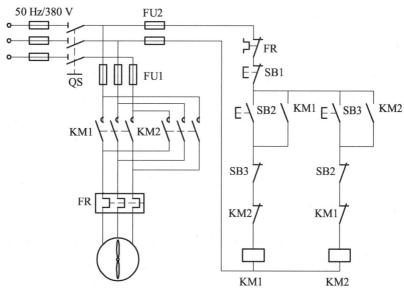

图 3-1-3　互锁电路

实际应用：接触器的互锁电路中，使用的是接触器的常闭点和互锁的接触器线圈串联。

3. 进行电路的信号传递

一般情况下可以通过接触器的辅助常开点或者常闭点进行开关量的信号传递，如接触器控制电动机运行，利用辅助触点控制电动机停止和运行信号的发送。

接触器的常开点控制电动机运行信号指示，常闭点控制电动机停止信号指示。正常情况下，电动机处于待机状态，接触器常闭点用来接通停止指示灯信号，告诉我们电机在停止位置。当电机运行时，接触器吸合，常开点闭合，常闭点断开，相应的"停止"指示回路断电，

"运行"指示回路导通，此时传递出的信号为停止指示灯灭，运行指示灯亮。

三、控制按钮

控制按钮通常用于短时通、断小电流的控制回路，以实现近、远距离控制电动机等执行部件的启停或正反转控制。按钮专供人工操作使用。对于复合按钮，其触点的动作规律是：当按下时，其动断触头先断，动合触头后合；当松开时，则动合触头先断，动断触头后合。

四、电动机故障保护

在电动机运行过程中，应对可能出现的故障进行保护。

采用熔断器作短路保护，当电动机或电器发生短路时，及时熔断熔体，达到保护线路、保护电源的目的。熔体熔断时间与流过的电流关系称为熔断器的保护特性，这是选择熔体的主要依据。

采用热继电器实现过载保护，使电动机免受过载的危害，其主要的技术指标是整定电流值，即电流超过此值的20%时，动断触头应能在一定的时间内断开，切断控制回路，动作后只能由人工进行复位。

五、接触器故障保护

在电气控制线路中，最常见的故障发生在接触器上。接触器线圈的电压等级通常有 220 V 和 380 V 等，使用时必须认清，切勿疏忽。否则，电压过高易烧坏线圈；电压过低，吸力不够，不易吸合或吸合频繁，这不但会产生很大的噪声，也因磁路气隙增大，导致电流过大，也易烧坏线圈。此外，在接触器铁心的部分端面上嵌有短路铜环，其作用是为了使铁心吸合牢靠，消除颤动与噪声，若短路环脱落或断裂，接触器将会产生很大的振动与噪声。

六、可编程序控制器

可编程控制器基本上按照继电-接触式系统的电气原理图进行编程，其编程的最终目的是控制输出对象，输出对象的问题解决了，基本的编程任务也就完成了。

【实训内容】

一、导线连接实现

（1）三相异步电动机自锁启停控制的主回路参考原理如图 3-1-4（a）所示。
（2）三相异步电动机自锁启停控制的控制回路参考原理如图 3-1-4（b）所示。

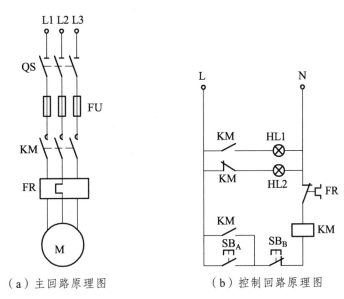

（a）主回路原理图 （b）控制回路原理图

图 3-1-4 三相异步电动机自锁控制电路参考原理图

二*、PLC 实现

（1）三相异步电动机启动控制动力主回路参考原理如图 3-1-5（a）所示。

（2）三相异步电动机启动 PLC 控制回路参考原理图如图 3-1-5（b）所示。

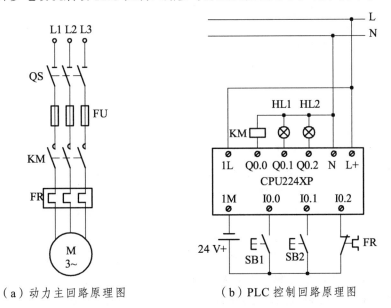

（a）动力主回路原理图 （b）PLC 控制回路原理图

图 3-1-5 PLC 控制三相异步电动机启动控制电路参考原理图

（3）理解实验的原理及控制要求，列出 PLC 资源配置表（见表 3-1-1）。

本实训主要是通过开启控制按钮 SB1 所给 PLC 开启信号，在未按下停止控制按钮 SB2 以及热继电器常闭触点 FR 未断开时，PLC 输出控制接触器 KM 线圈带电，其主触头吸合使电机启动。

表 3-1-1　PLC 资源配置

	序号	位号	符号	说明
输入点	1	I0.0	SB1	启动按钮信号
	2	I0.1	SB2	停止按钮信号
	3	I0.2	FR	热继电器辅助触点
输出点	1	Q0.0	KM	接触器
	2	Q0.1	HL1	启动指示灯
	3	Q0.2	HL2	停止指示灯

（4）在计算机上安装好 STEP7-Micro/WIN 编程软件，编制梯形图程序，并下载到 PLC。

三、实训步骤

（1）认识各电器的结构、图形符号、接线方法，理解其工作原理，能够正确分析原理图。

（2）抄录电动机及各电器铭牌数据。

（3）用万用表欧姆挡检查各电器线圈、触头是否完好。

（4）参考图 3-1-4 所示自锁电路进行接线。

三相鼠笼式异步电动机接成 Y 型接法；实验主回路电源接小型三相断路器输出端 L1、L2、L3，供电线电压为 380 V，二次控制回路电源接断路器 L、N 供电压为 220 V。

接线时，先接动力主回路，从 380 V 三相交流电源小型断路器 QS 的输出端 L1、L2、L3 开始，经熔断器、交流接触器 KM 的主触头，热继电器 FR 的热元件到电动机 M 的三个线端 U、V、W 的电路，用导线按顺序串联起来。

主电路连接完整无误后，再连接控制回路，连接时按先串后并的次序来接。

（5）接好线路经指导老师检查后，方可进行通电操作。

① 合上电源控制屏上的电源总开关，并按下电源启动按钮。

② 合上小型断路器 QS，启动主回路和控制回路的电源。

③ 按下启动按钮 SB1，松手后观察电动机 M 是否继续运转及指示灯工作情况。

④ 按下停止按钮 SB2，松手后观察电动机 M 是否停止运转及指示灯工作情况。

⑤ 按下控制屏停止按钮，切断实验线路三相电源，拆除控制回路中自锁触头 KM，再接通三相电源，启动电动机，观察电动机及接触器的运转情况。从而验证自锁触头的作用。

⑥ 实验完毕，按下电源停止按钮，切断实验线路的三相交流电源，拆除控制电路线路。

（6）* 参考图 3-1-5 所示线路进行 PLC 电路接线：主电路连接不变，PLC 控制回路从熔断器的输出端 L、N 供给 PLC 电源，供电电压为 220 V，同时 L 也作为 PLC 输出公共端。

常开按钮 SB1、SB2 以及热继电器的常闭触点均连至 PLC 的输入端。PLC 输出端直接和接触器线圈 KM、开启指示灯 HL1、停止指示灯 HL2 相连。

（7）* 接好线路，经指导教师检查后，方可进行通电操作。

① 开启控制屏电源总开关，合上小型断路器 QS，按柜体电源启动按钮，启动电源。

② 将编好的程序下载到 PLC 中。

③ 按启动按钮 SB1，对电动机 M 进行启动操作，比较按下 SB1 前后电动机和接触器的运

行情况及电动机、指示灯的工作情况。

④ 按停止按钮 SB2，对电动机 M 进行停止操作，比较按下 SB2 前后电动机和接触器的运行情况及电动机、指示灯的工作情况。

⑤ 实验完毕，按柜体电源停止按钮，切断实验线路三相交流电源，拆除线路。

【安全操作规程及注意事项】

（1）不随意操作课程要求以外的其他电器，如果发现安全隐患，需要及时向老师汇报。

（2）只有在断电的情况下，方可用万用电表欧姆挡来检查线路的接线正确与否。

（3）只有在断电状态下，才可以接线和拆线，严禁带电操作。

（4）通电检查在老师指导下进行，严禁私自通电。

（5）在主线路接线时一定要注意各相之间的连线不能弄混淆，不然会导致相间短路。

（6）操作时要胆大、心细、谨慎，尤其上电后禁止用手触及各电器元件的导电部分及电动机的转动部分，以免触电及意外损伤。

（7）接线时合理安排布线，保持走线美观，接线要求牢靠、整齐、清楚、安全可靠，尤其注意 PLC 及其输入输出端电源部分的接线。

【预习要求及思考题】

一、课前预习要求

（1）理解接触器的结构和工作原理。

（2）理解按钮的结构和工作原理。

（3）能够分析三相异步电动机自锁控制电路的电气原理图。

（4）* 了解 PLC 的基本知识，理解常用启保停电路的梯形图程序。

（5）阅读资料，完成实训报告中的判断题、选择题及简答题的第 1、2 题。

二、思考题

（1）如果没有自锁触点，电机的运行状态会有什么改变？试比较点动控制线路与长动控制线路结构和功能上的主要区别是什么？

（2）在控制线路中，短路、过载、失压保护、欠压保护等功能是如何实现的？在实际运行过程中，这几种保护有何意义？

（3）在电动机正反转控制线路中，为什么必须保证两个接触器不能同时工作？采用哪些措施可解决此问题？这些方法有何利弊？最佳方案是什么？

（4）* 请分析如果将电动机改成点动控制，那么 PLC 程序该如何调整？

（5）* 请分析如果接入 PLC 输入点的停止按钮换成常闭点，那么 PLC 程序该如何做？

【阅读资料】

工作于 50 Hz 或者 60 Hz、交流电压 1 200 V 或者直流电压 1 500 V 及以下电路中的电气设备被称为低压电器。它是一种能根据外界的信号和要求，手动或自动地接通、断开电路，以实现对电路或非电对象的切换、控制、保护、检测、变换和调节的元件或设备。低压电器可以分为配电电器和控制电器两大类，是成套电气设备的基本组成元件。在工业、农业、交通、国防以及人们用电部门中，大多数采用低压供电，电器元件的质量将直接影响到低压供电系统的可靠性。

低压电器一般都有两个基本部分：一个是感测部分，它感测外界的信号，做出有规律的反应，在自控电器中，感测部分大多由电磁机构组成，在受控电器中，感测部分通常为操作手柄等；另一个是执行部分，如触点是根据指令进行电路的接通或切断的。

低压电器的发展，取决于国民经济的发展和现代工业自动化发展的需要，以及新技术、新工艺、新材料研究与应用，它正朝着高性能、高可靠性、小型化、智能化、电子化、数模化、模块化、组合化和零部件通用化的方向发展。

常用的低压电器有刀开关、熔断器、断路器、按钮、接触器、热继电器、中间继电器、时间继电器、速度继电器等。

一、低压断路器（Low-voltage circuit breaker）

低压断路器（见图 3-1-6）又称自动空气开关或自动空气断路器，简称断路器。它是一种既有手动开关作用，又能自动进行失压、欠压、过载和短路保护的电器。它可用来分配电能，不频繁地启动异步电动机，对电源线路及电动机等实行保护，当它们发生严重的过载、短路或者欠压等故障时能自动切断电路，其功能相当于熔断器式开关与过欠热继电器等的组合，而且在分断故障电流后一般不需要变更零部件。低压断路器已获得了广泛的应用，是低压电网中的一种重要的保护电器。

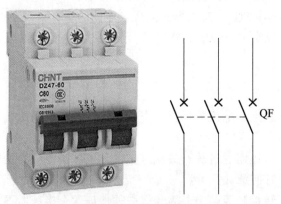

图 3-1-6　低压断路器

低压断路器由操作机构、触点、保护装置、灭弧系统等组成。

低压断路器的触点靠手动操作或电动操作来完成分闸或合闸。当主触点闭合后，自由脱扣机构将主触点锁在合闸的位置上。过流脱扣器的线圈和热脱扣器的热元件与主电路串联，欠压脱扣器的线圈和电压并联。

当电路发生短路或严重过载时，过流脱扣器的衔铁吸合，使自由脱扣器动作，带动主触点断开电源。

当电路发生严重的过载时，热脱扣器的发热元件使双金属片向上弯曲，推动自由脱扣器动作，从而带动主触点切断电源。

当电路欠压时，欠压脱扣器释放衔铁，同样使自由脱扣器动作，带动主触点切断电路。

分励脱扣器是供远程使用的，在正常工作时，其线圈是断电的，在需要远距离操控时，可按下分励按钮，分励线圈得电，于是吸引衔铁带动自由脱扣器动作，从而带动主触点切断电源。

二、熔断器（Fuse）

熔断器（见图 3-1-7）是将金属导体作为熔体串联于电路中，当电流通过熔体超过规定值一段时间后，自身发热产生的热量使熔体熔化断开电路的一种过电流保护器。熔断器结构简单、使用方便，广泛用于电力系统、各种电工设备和家用电器中，作为短路和过电流的保护器，是应用最普遍的保护器件之一。

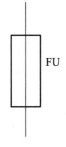

图 3-1-7　熔断器

熔断器由绝缘底座（或支持件）、熔管、熔体三部分组成，熔体是熔断器的主要工作部分，熔体相当于串联在电路中的一段特殊的导线，当电路发生短路或过载时，电流过大，熔体因过热而熔化，从而切断电路。熔体常做成丝状、栅状或片状。熔体材料具有相对熔点低、特性稳定、易于熔断的特点，一般采用铅锡合金、镀银铜片、锌、银等金属。在熔体熔断切断电路的过程中会产生电弧，为了安全有效地熄灭电弧，一般均将熔体安装在熔断器壳体内，采取措施，快速熄灭电弧。

熔体的材料、尺寸和形状决定了熔断特性。熔体材料分为低熔点和高熔点两类。低熔点材料如铅和铅合金，其熔点低容易熔断，由于其电阻率较大，故制成熔体的截面尺寸较大，熔断时产生的金属蒸气较多，只适用于低分断能力的熔断器。高熔点材料如铜、银，其熔点高，不容易熔断，但由于其电阻率较低，可制成比低熔点熔体较小的截面尺寸，熔断时产生的金属蒸气少，适用于高分断能力的熔断器。熔体的形状分为丝状和带状两种。改变截面的形状可显著改变熔断器的熔断特性。熔断器有各种不同的熔断特性曲线，可以适用于不同类型保护对象的需要。

熔体额定电流不等于熔断器额定电流，熔体额定电流按被保护设备的负荷电流选择，熔断器额定电流应大于熔体额定电流，与主电器配合确定。

三、按钮（Button）

按钮（见图 3-1-8）是一种常用的控制电器元件，是一种手动且一般可以自动复位的低压电器，一般用于交直流电压 440 V 以下，电流小于 5 A 的控制电路中，一般不直接操纵主电路，也可以用于互联电路中，达到控制电动机或其他电气设备运行的目的，常见的按钮有常开和常闭两种，如图 3-1-8 所示。在实际的使用中，为了防止误操作，通常在按钮上做出不同的标记或涂以不同的颜色加以区分，其颜色有红、黄、蓝、白、黑、绿等。一般而言，红色按钮，常为常闭按钮，用来使某一功能停止，表示"停止"或"危险"情况下的操作；绿色按钮，常为常开按钮，可开始某一项功能，用于表示"启动"或"通电"；急停按钮必须用红色蘑菇头按钮。

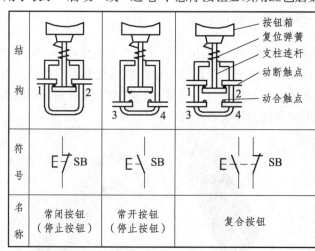

图 3-1-8　按钮

按钮的形状通常是圆形或方形。按钮必须有金属的防护挡圈，且挡圈要高于按钮帽防止意外触动按钮而产生误动作。安装按钮的按钮板和按钮盒的材料必须是金属的并与机械的总接地母线相连。

如图 3-1-9 所示，按钮由按钮帽、复位弹簧、桥式触头和外壳等组成，电气符号 SB，通常做成复合式，即具有常开触点和常闭触点。

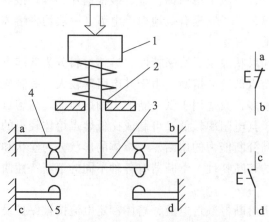

1—按钮帽；2—复位弹簧；3，4，5，6—桥式触头

图 3-1-9　按钮结构

在按钮未被按下前，对于常开触头，动触头与下面的静触头是断开的，电路是断开的；对于常闭触头，动触头与上面的静触头是接通的，电路是闭合的。按下按钮，常开触头闭合，常闭触头断开。松开按钮，在复位弹簧的作用下恢复原来的工作状态。

四、热继电器（Thermal Overload Relay）

热继电器（见图 3-1-10）是一种利用电流的热效应来切断电路的保护电器。热继电器专门用来对连续运转的电动机进行过载及断相保护，以防电动机过热而被烧毁。作为电动机的过载保护元件，以其体积小、结构简单、成本低等优点在生产中得到了广泛应用。

热继电器分为两个部分，一个部分是热元件，一般放置在主电路，另一部分是触点，一般放置在控制电路，电气符号 FR。

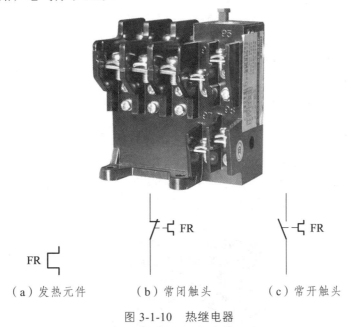

（a）发热元件　　　　（b）常闭触头　　　　（c）常开触头

图 3-1-10　热继电器

1. 工作原理

电动机在实际运行中，如拖动生产机械进行工作时，若机械出现不正常的情况或电路异常使电动机遇到过载，则电动机转速下降、绕组中的电流将增大，使电动机的绕组温度升高。若过载电流不大且过载的时间较短，电动机绕组不超过允许温升，这种过载是允许的。若过载时间长，过载电流大，电动机绕组的温升就会超过允许值，使电动机绕组加速老化，缩短电动机的使用寿命，严重时甚至会使电动机绕组烧毁，因此，这种过载是电动机不能承受的。热继电器就是利用电流的热效应原理，在出现电动机不能承受的过载时切断电动机电路，为电动机提供过载保护的保护电器。

2. 组成结构

热继电器由发热元件、双金属片、触点及一套传动和调整机构组成。发热元件是一段阻值不大的电阻丝，串接在被保护电动机的主电路中。双金属片由两种不同热膨胀系数的金属片碾压而成，下层的热膨胀系数大，上层的小。当电动机过载时，通过发热元件的电流超过整定电流，双金属片受热向上弯曲脱离扣板，使常闭触点断开。由于常闭触点是接在电动机的控制电路中的，它的断开会使得与其相接的接触器线圈断电，从而使接触器主触点断开，电动机的主电路断电，实现了过载保护。

热继电器动作后，双金属片经过一段时间冷却，按下复位按钮即可复位。

3. 作　用

热继电器主要用来对异步电动机进行过载保护。鉴于双金属片受热弯曲过程中，热量的传递需要较长的时间，因此热继电器不能用作短路保护，只能用作过载保护。

有些型号的热继电器还具有断相保护功能。热继电器的断相保护功能是由内、外推杆组成的差动放大机构实现的。当电动机正常工作时，通过热继电器热元件的电流正常，内外两推杆均向前移至适当位置。当出现电源一相断路而造成缺相时，该相电流为零，该相的双金属片冷却复位，使内推杆向右移动，另两相的双金属片因电流增大而弯曲程度增大，使外推杆更向左移动。由于差动放大作用，在出现断相故障后很短的时间内就推动常闭触头使其断开，使交流接触器释放，电动机断电停车而得到保护。

五、接触器（Contactor）

接触器（见图 3-1-11）分为交流接触器和直流接触器，它应用于电力、配电与用电场合。接触器广义上是指工业电中利用线圈流过电流产生磁场，使触头闭合，以达到控制负载的电器。接触器是目前为止电力作业中使用频率最高的电气元件，接触器不仅是电控柜、配电柜的有效组成部分，在电力控制中的作用更是举足轻重。

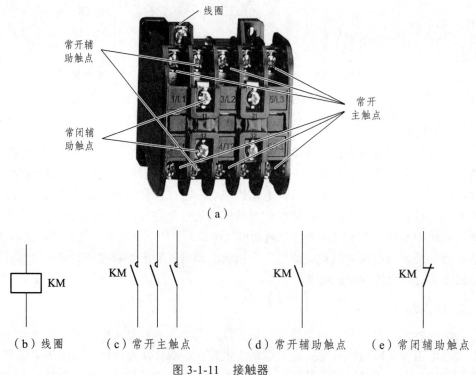

图 3-1-11　接触器

1. 装置作用

在电工学上，接触器的作用就是用小电流来控制大电流负载，可快速切断交流与直流主回路，还可以频繁地接通由大电流控制（达 800 A）电路的装置，经常以电动机为控制对象，也可用作控制工厂设备、电热器、工作母机和各样电力机组等电力负载。接触器不仅能接通和切断电路，而且还具有低电压释放保护作用。接触器控制容量大，适用于频繁操作和远距离控制，是自动控制系统中的重要元件之一。由于是小电流控制，使得接触器的保护电路简单可靠。

在工业电气中，接触器的型号很多，工作电流在 5 ~ 1 000 A，其作用相当广泛。

2. 工作原理

当接触器线圈通电后，线圈电流会产生磁场，产生的磁场使静铁心产生电磁吸力吸引动铁心，并带动交流接触器点动作，常闭触点断开，常开触点闭合（两者是联动的）。

当线圈断电时，电磁吸力消失，衔铁在释放弹簧的作用下释放，使触点复原，常开触点断开，常闭触点闭合。

3. 主要结构

接触器（见图 3-1-12）一般都是由接触器电磁机构、触点系统、灭弧装置、弹簧机构、支架和底座等元件构成，交流接触器的触点，由银钨合金制成，具有良好的导电性和耐高温烧蚀性。

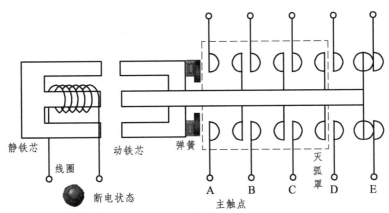

图 3-1-12   接触器结构

交流接触器动作的动力源于交流通过带铁心线圈产生的磁场。电磁铁心由两个"山"字形的硅钢片叠成，其中一个固定铁心，套有线圈，工作电压有多种选择。为了使磁力稳定，铁心的吸合面有短路环。交流接触器在失电后，依靠弹簧复位。另一半是活动铁心，构造和固定铁心一样，用来带动主接点和辅助接点的闭合断开。

20 A 以上的接触器加有灭弧罩，利用电路断开时产生的电磁力，快速拉断电弧，保护触点。

接触器可高频率操作，作为电源开启与切断控制时，最高操作频率可达 1 200 次/h。

接触器的使用寿命很高，机械寿命通常为数百万次至一千万次，电寿命一般则为数十万次至数百万次。

4. 接触器使用注意事项

（1）分清接触器的电源电压，正确接电源。最常用的接触器电源有 AC 220 V，DC 220 V，AC 380 V 等电压等级，接线时要注意区分，否则容易烧坏接触器。

（2）接触器压接导线时要压紧，接触牢靠，不要压到线皮或者似接非接，这是工作中经常性出现的故障点。

（3）交流接触器使用过程中一定要分清楚自锁点、互锁点和信号传递的点，不要混用或者接反。

六、指示灯（Indicator lamp）

指示灯是用灯光监视电路和电气设备工作或位置状态的器件，通常用来反映电路的工作状态（有电或无电）、电气设备的工作状态（运行、停运或试验）和位置状态（闭合或断开）等。

使用白炽灯为光源的指示灯由灯头、灯泡、灯罩和连接导线等组成，也有使用发光二极管作指示灯的，一般装设在高、低压配电装置的屏、盘、台、柜的面板上，某些低压电气设备、仪器的盘面上或其他比较醒目的位置上。

反映设备工作状态的指示灯，通常以红灯亮表示处于停运状态，绿灯亮表示处于运行状态，乳白色灯亮表示处于试验状态；反映设备位置状态的指示灯，通常以灯亮表示设备带工作电，灯灭表示设备失电；反映电路工作状态的指示灯，通常绿灯亮表示带电，红灯亮表示无电。

指示灯的额定工作电压有 220 V，110 V，48 V，36 V，24 V，12 V，6 V，3 V 等。受控制电路通过电流大小的限制，同时也为了延长灯泡的使用寿命，常采取在灯泡前加一限流电阻或用两只灯泡串联使用，以降低工作电压。

七、万用表使用方法

用万用表"声讯"挡测量电路的通断或是常开常闭触点（见图 3-1-13）。正常状态下，万用表发出蜂鸣声，表明电路导通；万用表不发出声响，显示屏显示"1"，表明电路断开。

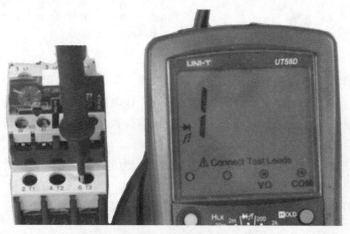

图 3-1-13 用万用表"声讯"挡测量

八*、可编程控制器（Programmable Logic Controller）

1. PLC 概述

可编程控制器（Programmable Logic controller，PLC）是一个以微处理器为核心的数字运算操作的电子系统装置，专为在工业现场应用设计而成，它采用可编程序的存储器，用以在其内部存储执行逻辑运算、顺序控制、定时/计数和算术运算等操作指令，并通过数字式或模拟式的输入、输出接口，控制各种类型的机械或生产过程。

PLC 是微机技术与传统的继电接触控制技术相结合的产物，它克服了传统电气控制系统中机械触点体积庞大、接线复杂、可靠性低、功耗高、通用性和灵活性差的缺点，充分利用了微处理器的优点，又照顾到现场电气操作维修人员的技能与习惯。特别是 PLC 的程序编制，不需要专门的计算机编程语言知识，而是采用了一套以继电器梯形图为基础的简单指令形式，使用户程序编制形象、直观、方便易学，调试与查错也都很方便。用户在购买所需的 PLC 后，只需按说明书的提示，做少量的接线和简易的用户程序编制工作，就可以灵活方便地将 PLC 应用于生产实践。

1969 年，美国数字设备公司（DEC）研制出第一台 PLC，目的是用来取代继电器，以执行逻辑判断、计时、计数等顺序控制功能。可编程控制器是应用广泛、功能强大、使用方便的通用工业控制装置，已成为当代工业自动化的重要支柱，近十几年来，在我国已得到迅速推广普及，正改变着工厂自动控制的面貌，对传统的技术改造、发展新型工业具有重大的实际意义。

2. 可编程控制器与传统电气控制系统的比较（见图 3-1-14）

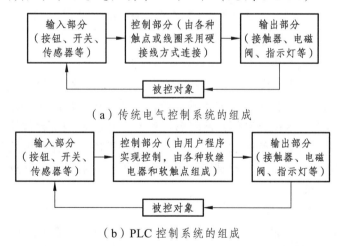

（a）传统电气控制系统的组成

（b）PLC 控制系统的组成

图 3-1-14　传统电气控制系统与 PLC 控制系统的比较

3. PLC 的特点

（1）高抗干扰性，高可靠性。

（2）丰富的 I/O 接口模块。

（3）模块化组合式结构，使用灵活方便。

（4）编程简单，便于普及。

（5）安装简单，维修方便。

（6）系统设计，调试周期短。

（7）与传统继电器控制方式比较，线路简单、体积小、质量轻、功耗低。

PLC 具有通用性强、使用方便、适应面广、可靠性高、抗干扰能力强、编程简单等特点。

4. 分 类

PLC 按结构形式分类分为整体式和模块式；按 I/O 点数容量控制规模大小，可分为小型（256 点以下）、中型和大型（2 048 点以上）。

5. PLC 的结构及各部分的作用

PLC 的类型繁多，功能和指令系统也不尽相同，但结构与工作原理则大同小异，通常由主机、输入/输出接口、电源扩展器接口和外部设备接口等几个主要部分组成。PLC 的硬件系统结构如图 3-1-15 所示。

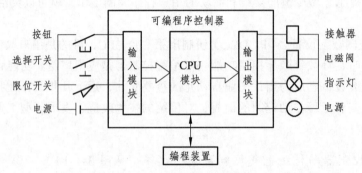

图 3-1-15　PLC 硬件系统结构

（1）主机。

主机部分包括中央处理器（CPU）、系统程序存储器和用户程序及数据存储器。CPU 是 PLC 的核心，它用来运行用户程序、监控输入/输出接口状态、做出逻辑判断和进行数据处理，即读取输入变量、完成用户指令规定的各种操作，将结果送到输出端，并响应外部设备（如上位机、打印机等）的请求以及进行各种内部判断等。PLC 的内部存储器有两类，一类是系统程序存储器，主要存放系统管理和监控程序及对用户程序作编译处理的程序，系统程序已由厂家固定，用户不能更改；另一类是用户程序及数据存储器，主要存放用户编制的应用程序及各种暂存数据和中间结果。

（2）输入/输出（I/O）接口。

I/O 接口是 PLC 与输入/输出设备连接的部件。输入接口接受输入设备（如按钮、传感器、触点、行程开关等）的控制信号。输出接口是将经主机处理后的结果通过功放电路去驱动输出设备（如接触器、电磁阀、指示灯等）。I/O 接口一般采用光电耦合电路，以减少电磁干扰，从而提高了可靠性。I/O 点数即输入/输出端子数是 PLC 的一项主要技术指标，通常小型机有几十个点，中型机有几百个点，大型机将超过千点。

（3）电源。

PLC 的电源是指为 CPU、存储器、I/O 接口等内部电子电路工作所配置的直流开关稳压电源，通常也为输入设备提供直流电源。

PLC 常使用 AC 220 V 或 DC 24 V 电源,内部开关电源为各模块提供不同电压等级的直流电源。

（4）编程。

编程是 PLC 利用外部设备,用户可用以输入、检查、修改、调试程序或监示 PLC 的工作情况。通过专用的 PC/PPI 电缆线将 PLC 与计算机连接,并利用专用的编程软件进行计算机编程和监控。

（5）输入/输出扩展单元。

I/O 扩展接口用于将扩充外部输入/输出端子数的扩展单元与基本单元（即主机）连接在一起。

（6）外部设备接口

外部设备接口可将打印机、条码扫描仪、变频器等外部设备与主机相连,以完成相应的操作。

实验装置提供的主机型号是西门子 S7-200 系列的 CPU224（AC/DC/RELAY）,输入点数为 14,输出点数为 10。

6. PLC 的工作原理

PLC 是采用"顺序扫描,不断循环"的方式进行工作的。PLC 的一个扫描周期必经输入采样、程序执行和输出刷新三个阶段。

7. PLC 的编程元件

PLC 是采用软件编制程序来实现控制要求的。PLC 内部这些存储器的作用和继电接触控制系统中使用的继电器十分相似,也有"线圈"与"触点",但它们不是"硬"继电器,而是 PLC 存储器的存储单元。当写入该单元的逻辑状态为"1"时,则表示相应继电器线圈得电,其动合触点闭合,动断触点断开。所以,内部的这些继电器称之为"软"继电器。实训用 PLC 部分编程元件的编号范围与功能见表 3-1-2。

表 3-1-2　S7-200 CPU224、CPU226 部分编程元件的编号范围与功能说明表

元件名称	代号	编号范围	功能说明
输入寄存器	I	I0.0 ~ I1.5 共 14 点	接受外部输入设备的信号
输出寄存器	Q	Q0.0 ~ Q1.1 共 10 点	输出程序执行结果并驱动外部设备
位存储器	M	M0.0 ~ M31.7	程序内部使用,不能提供外部输出
定时器	256（T0 ~ T255）	T0, T64	保持型通电延时 1 ms
		T1 ~ T4, T65 ~ T68	保持型通电延时 10 ms
		T5 ~ T31, T69 ~ T95	保持型通电延时 100 ms
		T32, T96	ON/OFF 延时, 1 ms
		T33 ~ T36, T97 ~ T100	ON/OFF 延时, 10 ms
		T37 ~ T63, T101 ~ T255	ON/OFF 延时, 100 ms
计数器	C	C0 ~ C255	加法计数器,触点在程序内部使用
高速计数器	HC	HC0 ~ HC5	用来累计比 CPU 扫描速率更快的事件

元件名称	代号	编号范围	功能说明
顺序控制继电器	S	S0.0~S31.7	提供控制程序的逻辑分段
变量存储器	V	VB0.0~VB5119.7	数据处理用的数值存储元件
局部存储器	L	LB0.0~LB63.7	使用临时的寄存器，作为暂时存储器
特殊存储器	SM	SM0.0~SM549.7	CPU与用户之间交换信息
特殊存储器	SM（只读）	SM0.0~SM29.7	接受外部信号
累加寄存器	AC	AC0~AC3	用来存放计算的中间值

8. PLC 的编程语言

PLC 最常用的编程语言是梯形图语言和指令语句表语言，且两者常常联合使用。

（1）梯形图（语言）。

梯形图是一种从继电接触控制电路图演变而来的图形语言。它是借助类似于继电器的动合、动断触点、线圈以及串、并联等术语和符号，根据控制要求连接而成的表示 PLC 输入和输出之间逻辑关系的图形，直观易懂。

梯形图中常用 ⊣⊢ ⊣⊁ 图形符号分别表示 PLC 编程元件的动断和动合接点，用（ ）表示它们的线圈。梯形图中编程元件的种类用图形符号及标注的字母或数加以区别。触点和线圈等组成的独立电路称为网络，用编程软件生成的梯形图和语句表程序中有网络编号，允许以网络为单位给梯形图加注释。

（2）指令语句表。

指令语句表是一种用指令助记符来编制 PLC 程序的语言，类似于计算机的汇编语言，但比汇编语言易懂易学，若干条指令组成的程序就是指令语句表。一条指令语句是由步序、指令语和作用器件编号三部分组成。

图 3-1-16 所示为 PLC 实现三相鼠笼电动机启/停控制的两种编程语言的表示方法。

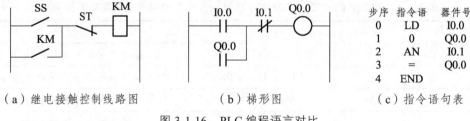

（a）继电接触控制线路图　　（b）梯形图　　（c）指令语句表

图 3-1-16　PLC 编程语言对比

9. 编程步骤

（1）决定系统所需的动作及次序。

设定系统输入及输出数目，决定控制先后、各器件相应关系以及做出何种反应。

（2）将输入及输出器件编号。

（3）画出梯形图。

10. 梯形图

梯形图由触点、线圈和功能块组成。

触点代表逻辑输入条件，如外部开关、按钮和内部条件。线圈代表逻辑输出结果，用来控制外部的指示灯、交流接触器和内部的输出条件。功能块用来代表定时器、计数器和数学运算等附件指令。

（1）能流。

如图3-1-17（a）所示触点1、2接通时，有一个假想的"概念电流"或"能流"（PowerFlow）从左向右流动，这一方向与执行用户程序时的逻辑运算的顺序是一致的。能流只能从左向右流动。利用能流这一概念，可以帮助我们更好地理解和分析梯形图。图3-1-17中存在的能流有（1，2）、（1，5，4）、（3，4）和（3，5，2），因此可以将图3-1-17（a）转化为图3-1-17（b）。

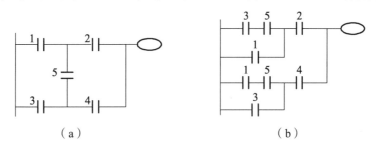

（a） （b）

图 3-1-17 能流示意图

（2）软继电器。

PLC梯形图中的某些编程元件沿用了继电器这一名称，也有"线圈"与"触点"，如输入继电器、输出继电器、内部辅助继电器等，但是它们不是真实的物理继电器，而是一些存储单元（软继电器），每一软继电器与PLC存储器中映像寄存器的一个存储单元相对应。

该存储单元如果为"1"状态，则表示梯形图中对应软继电器的线圈"通电"，其常开触点接通，常闭触点断开，称这种状态是该软继电器的"1"或"ON"状态。如果该存储单元为"0"状态，对应软继电器的线圈和触点的状态与上述的相反，称该软继电器为"0"或"OFF"状态。使用中也常将这些"软继电器"称为编程元件。

（3）母线。

梯形图两侧的垂直公共线称为母线（Bus bar）。在分析梯形图的逻辑关系时，为了借用继电器电路图的分析方法，可以想象左右两侧母线（左母线和右母线）之间有一个左正右负的直流电源电压，母线之间有"能流"从左向右流动。右母线可以不画出。

（4）梯形图的逻辑解算。

根据梯形图中各触点的状态和逻辑关系，求出与图中各线圈对应的编程元件的状态，称为梯形图的逻辑解算。梯形图中逻辑解算是按从左至右、从上到下的顺序进行的。解算的结果可以被后面的逻辑解算所利用。逻辑解算是根据输入映像寄存器中的值，而不是根据解算瞬时外部输入触点的状态来进行的。

11. 梯形图编程的基本规则

在PLC程序图中，左、右母线类似于继电器与接触器控制电源线，输出线圈类似于负载，输入触点类似于按钮。梯形图由若干逻辑行构成，自上而下排列，每个逻辑行起于左母线，经过触点与线圈，止于右母线。

（1）按自上而下、自左至右的顺序绘制。

（2）串联触头多的安排在上面，并联触头多的放左面。

（3）触点应画在水平支路上，不包含触点的分支应放在垂直方向。

（4）一个触点不应有双电流流过。

（5）输入继电器的触点状态为常开状态更合适。

（6）线圈只能接在触点的右边，不能直接与起始母线相连。

实训二　电子制作

【实训目的】

（1）认识常用电子元器件，了解各个元器件在电路中的作用。
（2）了解万用表的功能和用法，学会用万用表检测电路和电子元器件。
（3）认识电烙铁，学会电烙铁的使用，掌握五步焊接法。
（4）能够正确使用电烙铁焊接装配课程要求的电路，实现电路要求的功能。

【实训设备及工具】

序号	名称	规格型号
1	万用表	IUT33D 型
2	电烙铁、斜口钳、镊子、吸锡器	

【实训基础知识】

一、电子元器件的基础知识

1. 电子元件概述

电子元器件常指电器、无线电、仪表等工业的某些零件，如电阻、电容、电感、二极管器件的总称，它是电子元件和小型机器、仪器的组成部分，其本身常由若干零件构成，可以在同类产品中通用。

电子元器件包括电阻器、电容器、电感器、电子管、散热器、机电元件、连接器、半导体分立器件、电声器件、激光器件、电子显示器件、光电器件、传感器、电源、开关、微特电机、电子变压器、继电器。

2. 电子元器件的两个发展阶段

第一个阶段：分立元件阶段（1905—1959 年）真空电子管、半导体晶体管；
第二个阶段：集成电路阶段（1959 年至今）SSI、MSI、LSI、VLSI、ULSI。

二、电 阻

1. 概 述

电阻器（Resistor）在日常生活中一般直接称为电阻。它是一个限流元件，将电阻接在电路中后，可以限制通过它所连支路的电流大小。除了限流外，电阻的作用还有稳定和调节电路中的电流和电压，作为分流器、分压器和消耗电能的负载等。

2. 电阻的分类

电阻根据制作工艺和材料以及功能的不同可以分为很多种，图 3-2-1 列举了一些常见的电阻。

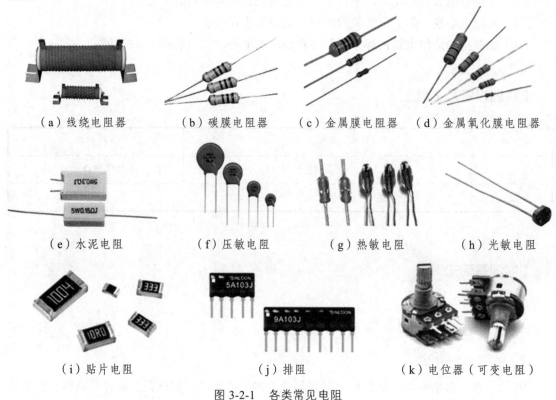

| （a）线绕电阻器 | （b）碳膜电阻器 | （c）金属膜电阻器 | （d）金属氧化膜电阻器 |

| （e）水泥电阻 | （f）压敏电阻 | （g）热敏电阻 | （h）光敏电阻 |

| （i）贴片电阻 | （j）排阻 | （k）电位器（可变电阻） |

图 3-2-1　各类常见电阻

3. 电阻阻值及相关参数的识别

单位：欧姆（Ω）、千欧（kΩ）、兆欧（MΩ）。换算关系为 $10^6 \, \Omega = 10^3 \, k\Omega = 1 \, M\Omega$。

电阻的标识方法：色环法、示值法、直标法（见表 3-2-1）

表 3-2-1　电阻的标识方法

	概　述	规　则
色环法	目前国标上普遍流行色环标识电阻，色环在电阻器上有不同的含义，它具有简单、直观、方便等特点。色环电阻中最常见的是四环电阻和五环电阻	精密电阻用五色环表示阻值，前三条表示有效数，第 4 条表示倍率，第 5 条表示误差范围

概　述	规　则

色环法

五色环表示方法

颜色	第一有效数	第二有效数	第三有效数	倍率	误差
黑	0	0	0	10^0	
棕	1	1	1	10^1	
红	2	2	2	10^2	
橙	3	3	3	10^3	
黄	4	4	4	10^4	
绿	5	5	5	10^5	
蓝	6	6	6	10^6	
紫	7	7	7	10^7	
灰	8	8	8	10^8	
白	9	9	9	10^9	
金				10^{-1}	$\pm5\%$
银				10^{-2}	$\pm10\%$
无色					$\pm20\%$

四色环表示方法

颜色	第一有效数	第二有效数	倍率	误差
黑	0	0	10^0	
棕	1	1	10^1	
红	2	2	10^2	
橙	3	3	10^3	
黄	4	4	10^4	
绿	5	5	10^5	
蓝	6	6	10^6	
紫	7	7	10^7	
灰	8	8	10^8	
白	9	9	10^9	
金			10^{-1}	$\pm5\%$
银			10^{-2}	$\pm10\%$
无色				$\pm20\%$

颜色	每一段	第二段	第三段	乘数	误差	
黑色	0	0	0	1		
棕色	1	1	1	10	$\pm1\%$	F
红色	2	2	2	100	$\pm2\%$	G
橙色	3	3	3	1 k		
黄色	4	4	4	10 k		
绿色	5	5	5	100 k	$\pm0.5\%$	D
蓝色	6	6	6	1 M	$\pm0.25\%$	C
紫色	7	7	7	10 M	$\pm0.10\%$	B
灰色	8	8	8		$\pm0.05\%$	A
白色	9	9	9			
金色				0.1	$\pm5\%$	J
银色				0.01	$\pm10\%$	K
无					$\pm20\%$	M

黄紫黑金棕

读数方法：$470 \times 0.1 = 47$（Ω）

电阻值：$47\ \Omega$

黄紫棕 金

颜色	每一段	第二段	第三段	乘数	误差	
黑色	0	0	0	1		
棕色	1	1	1	10	$\pm1\%$	F
红色	2	2	2	100	$\pm2\%$	G
橙色	3	3	3	1 k		
黄色	4	4	4	10 k		
绿色	5	5	5	100 k	$\pm0.5\%$	D
蓝色	6	6	6	1 M	$\pm0.25\%$	C
紫色	7	7	7	10 M	$\pm0.10\%$	B
灰色	8	8	8		$\pm0.05\%$	A
白色	9	9	9			
金色				0.1	$\pm5\%$	J
银色				0.01	$\pm10\%$	K
无					$\pm20\%$	M

读数方法：$47 \times 10 = 470$（Ω）

电阻值：$470\ \Omega$

示值法

三位数表示法

前两位表示有效数字，第三位数表示有效数字后"0"的个数，这样得出的阻值单位为其基本单位欧姆（Ω）。如"223"表示 22 000Ω。这种电阻的误差范围一般是 J 级，即$\pm5\%$，这种表示方法在 0603 封装的贴片电阻上比较常见

四位数表示法

前三位表示有效数字，第四位数表示有效数字后"0"的个数，这样得出的阻值单位也为其基本单位欧姆（Ω）。如"1001"表示 1 000Ω。这种电阻的误差范围一般为+1%，在 0805 封装的贴片电阻上比较常见

$R=$第1、2位有效数字组合$\times10^n$

其中n为第3位数字

有效数字　倍率

有效数字

计算：$R=43\times10^1=43\times10=430\ \Omega$

（1）三位数字（普通电阻）

R代表小数点

3R2

计算：$R=3.2\ \Omega$

（2）带小数点

K代表单位

5K6

计算：$R=5.6\ k\Omega$

（3）带单位

概　述	规　则
用数字和单位符号在电阻器表面标出阻值，其允许误差直接用百分数表示，若电阻上未注偏差，则均为±20%	常见于绕线电阻、水泥电阻以及一些体积较大的电阻

直标法

三、电　容

1. 概　述

电容器（Capacitor）在日常生活中一般直接称为电容，具有存储电荷的作用。电容器是电子设备中大量使用的电子元件之一，广泛应用于电路中的隔直通交、耦合、旁路、滤波、调谐回路、能量转换、控制等。任何两个彼此绝缘且相隔很近的导体（包括导线）间都构成一个电容器。

2. 电容的分类

电容的种类很多，图 3-2-2 列举了一些常见的电容。电容按结构分有固定电容、可变电容、微调电容；按介质材料分有纸介电容、瓷介电容、玻璃釉电容、独石电容、涤纶电容、云母电容、铝电解电容、钽电解电容、聚苯乙烯电容、聚碳酸酯薄膜电容等；按极性分有有极性电容和无极性电容；按安装结构有直插电容和贴片电容。

3. 电容值及相关参数的识别

单位：法拉（F）、毫法（mF）、微法（μF）、纳法（nF）和皮法（pF）。换算关系：$1\,F=10^3\,mF=10^6\,μF=10^9\,nF=10^{12}\,pF$。

电容正负极的识别：按照电容引脚有无极性，可将电容分两种：有极性电容和无极性电容，有极性电容的负极通常有颜色专门标注，或者正极的引脚较长，俗称"长正短负"。

电容器的标称容量和偏差与电阻器的规定相同，但不同种类的电容会使用不同系列，其偏差有±10%、±20%等几种。电容的容量标记方法有 4 种，详细见表 3-2-2。

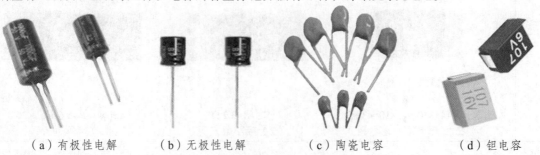

（a）有极性电解　　　（b）无极性电解　　　（c）陶瓷电容　　　（d）钽电容

（e）贴片电容　　　（f）贴片电解电容　　　（g）薄膜电容　　　（h）安规电容（X型）

图 3-2-2　各类常见电容

表 3-2-2　电容的容量标识方法

方　法	介　绍	示　例
直标法	直接把电容器的容量、额定电压、最高使用温度、偏差等级标记在电容器体上。有时因电容器的表面积小而省略单位，但存在这样的规律，即小数点前面为 0 时，单位为 μF，小数点前不为 0 时，则单位为 pF	例如： 有极性：长正短负 电容值：4.7 μF
文字符号法	该标记方法由数字和字母两部分组成，其中字母可当成小数点，由数字和字母两者共同决定该电容的容量	p82 = 0.82 pF 6n8 = 6.8 nF 2μ2 = 2.2 μF
数码表示法	一般用三位数字表示：前面两位表示有效数值，最后一位表示零的个数，得出的容量单位是皮法（pF），这种方法在较小的电容上常用，如陶瓷电容、独石电容等	例如： 102 "102"表示该电容的容量为 1 000 pF
色标法	电容器的色标法与电阻器的色标法规定相同，其基本单位为皮法，一般有三条色环，其颜色代表三个数字，其中前两位代表数值，第三位代表有多少个 0；读码的方向是自上而下。有时还会在最后增加一色环表示电容的额定电压	一环，第一位有效数 二环，第二位有效数 三环，倍率 四环，允许偏差 例：四色环颜色为黄、紫、橙、银则47×1 000(1±10%)pF=0.014(1±10%)μF 一环，第一位有效数 二环，第二位有效数 三环，第三位有效数 四环，倍率 五环，允许偏差 例：五色环为：红、红、黑、黑、金则220(1±5%)pF

四、二极管

1. 概　述

二极管（Diode），一种具有两个电极的装置，只允许电流由单一方向流过，在应用上是使用其整流的功能。变容二极管（Varicap Diode）可用来当作电子式的可调电容器。大部分二极管所具备的电流方向性通常称之为"整流（Rectifying）"功能。二极管最普遍的功能就是只允许电流由单一方向通过（称为顺向偏压），反向时阻断（称为逆向偏压）。因此，二极管可以被想象成电子版的逆止阀。

2. 二极管的特性

电流正向导通，反向截至。

3. 常见二极管类型

二极管种类有很多，图 3-2-3 列举了常见的二极管。

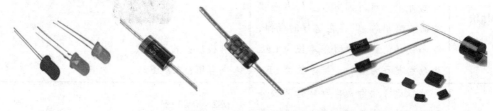

图 3-2-3　常见二极管

五、开　关

1. 概　述

开关是指一个可以使电路开路、使电路中的电流中断或使其流到其他电路的电子元件。最常见的开关是让人操作的机电设备，它有一个或数个电子接点。接点的"闭合"（Closed）表示电子接点导通，允许电流流过；开关的"开路"（Open）表示电子接点不导通形成开路，不允许电流流过。

2. 常见开关类型

拨动开关、轻触开关、船型开关是各类电器设备中最常用的开关，如图 3-2-4 所示。

（a）拨动开关　　　　　（b）轻触开关　　　　　（c）船型开关

图 3-2-4　常见开关

接近开关有很多种，包括光电开关、电容开关、霍尔开关、热释电开关等，如图 3-2-5 所示。一般用于检测物体或者特殊材料靠近。

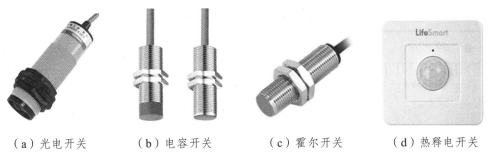

（a）光电开关　　　（b）电容开关　　　（c）霍尔开关　　　（d）热释电开关

图 3-2-5　常见接近开关

六、集成电路

1. 概　述

集成电路（Integrated Circuit，IC）是一种微型电子器件或部件。采用一定的工艺，把一个电路中所需的晶体管、二极管、电阻、电容和电感等元件及布线互连一起，制作在一小块或几小块半导体晶片或介质基片上，然后封装到一个管壳内，成为具有所需电路功能的微型结构。集成电路中的所有元件在结构上已组成一个整体，使电子元件向着微小型化、低功耗和高可靠性方面迈进了一大步。常见的集成电路如图 3-2-6 所示。

图 3-2-6　常见集成电路

2. IC 的分类

集成电路可以按照不同的方法分成不同的种类，如可以按照功能结构、制作工艺、集成度高低、导电类型不同、用途、应用领域、外形等不同的方法来分类。

3. IC 管脚顺序识别方法

单列 IC 的引脚识别方法是，芯片正面朝自己，标记圆点在左，引脚顺序是从左到右，如图 3-2-7（a）所示。

双列 IC 的引脚识别方法是，芯片正面朝自己，标记圆点在左下角，引脚顺序是从左下到右下，然后继续从右上到左上，即从标记圆点处逆时针转，如图 3-2-7（b）所示。

四周都是引脚的 IC 引脚识别方法是，芯片正面朝自己，标记圆点在左下角，引脚顺序是从左下（从标记圆点处）逆时针转，如图 3-2-7（c）所示。

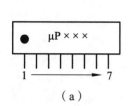
（a）

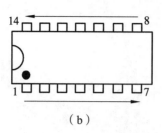
（b）

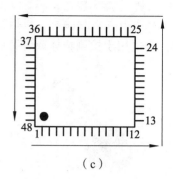
（c）

图 3-2-7　IC 引脚排布顺序示意图

七、万用表的使用

1. 万用表

万用表又称为复用表、多用表、三用表等，是电力电子等部门不可缺少的测量仪表。一般万用表可测量直流电流、直流电压、交流电流、交流电压、电阻和音频电平等，有的还可以测交流电流、电容量、电感量及半导体的一些参数（如 β）。

图 3-2-8 所示为 IUT33D 型数字万用表。

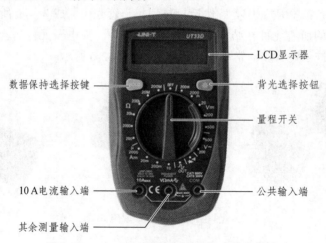

数据保持选择按键　　　　　　　　　　LCD显示器

背光选择按钮

量程开关

10 A电流输入端　　　　　　　　　　公共输入端

其余测量输入端

图 3-2-8　IUT33D 型数字万用表功能介绍图

2. 万用表测直流电压

（1）如图 3-2-9 所示，将红表笔插入"VΩmA"插孔，黑表笔插入"COM"插孔。

（2）将功能量程开关置于直流电压挡位，并将表笔并联到待测电源或负载上。

（3）从显示屏上读取测量结果。

3. 万用表测直流电流

（1）如图 3-2-10 所示，将红表笔插入"VΩmA"或"10A"插孔，黑表笔插入"COM"插孔。

（2）将功能量程开关置于直流电流挡位，并将表笔串联到待测电源或电路中。

（3）从显示屏上读取测量结果。

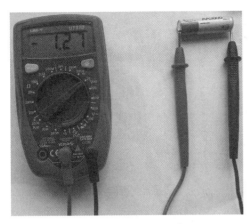
图 3-2-9　数字万用表测电压

图 3-2-10　数字万用表测电流

4. 万用表测电阻

（1）如图 3-2-11 所示，将红表笔插入"VΩmA"插孔，黑表笔插入"COM"插孔。

（2）将功能量程开关置于电阻测量挡位，将两表笔金属部分紧靠，读出表笔电阻。

（3）将表笔并联到待测电阻上，从显示屏上读取测量结果，用此结果减去表笔电阻即为所测电阻值。

5. 万用表测电路通断

UT30D 型万用表有通断测试功能。如图 3-2-12 所示，将表笔连接到待测线路的两端，如果两端之间电阻值低于约 70 Ω，内置蜂鸣器发声。

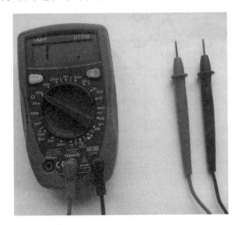
图 3-2-11　数字万用表测电阻

图 3-2-12　数字万用表测电路通断

八、电烙铁的使用

1. 相关焊接工具的介绍

常用的焊接工具如图 3-2-13 所示。

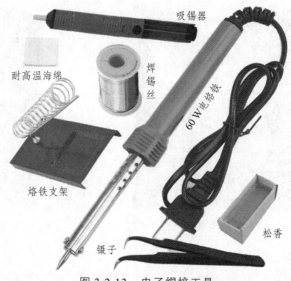

图 3-2-13　电子焊接工具

（1）电烙铁。

电烙铁是电子制作和电器维修的必备工具，主要用途是通过加热熔化焊锡来焊接元件及导线，一般可分为内热式电烙铁、外热式电烙铁和恒温电烙铁（或恒温焊台）。电烙铁正常工作时烙铁尖的温度为 300 ~ 360 ℃。

电烙铁的拿法有三种，反握法、正握法、握笔法，具体方法如图 3-2-14 所示。

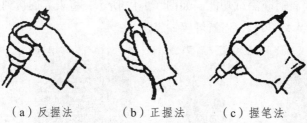

（a）反握法　　　（b）正握法　　　（c）握笔法

图 3-2-14　电烙铁的拿握方法

反握法动作稳定，长时操作不易疲劳，适于大功率烙铁的操作。正握法适于中等功率烙铁或带弯头电烙铁的操作。通常，在操作台上焊印制板等焊件时多采用握笔法。

（2）烙铁支架：因为电烙铁工作的时候温度较高，所以不能直接将电烙铁放在桌子上，这时候就需要烙铁支架。

（3）高温海绵：使用的时候一般用水湿润海绵，在焊接过程中，如果烙铁头有多余的焊锡或者脏东西的时候，可以用烙铁头剐蹭高温海绵来清洁烙铁头。

（4）松香（助焊剂）：松香是一种助焊剂，可以帮助焊接。松香可以直接用，也可以配制成松香溶液使用。

（5）焊锡丝：最常用的焊料称为锡铅合金焊料（又称焊锡），它具有熔点低、机械强度高、抗腐蚀性能好的特点。

焊锡丝的拿法如图 3-2-15 所示。

（6）吸锡器：吸锡器是一种修理电路用的工具，用来收集拆卸焊盘上电子元器件时融化的焊锡。

（a）连续焊接时　　　　（b）断续焊接时

图 3-2-15　焊锡丝的拿握方法

2. 电烙铁五步焊接法

五步焊接法如图 3-2-16 所示。

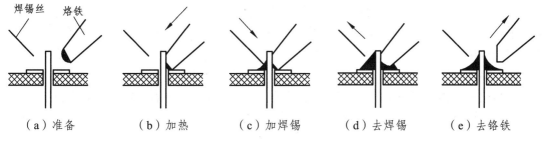

（a）准备　　　（b）加热　　　（c）加焊锡　　　（d）去焊锡　　　（e）去烙铁

图 3-2-16　五步焊接法

（1）准备施焊。

焊接表面应无污物，如氧化过于严重，还要人工清除氧化层。根据焊点大小，准备好粗细合适的焊丝。烙铁头温度要达到要求，表面无氧化现象，无焊渣，保持有少量焊锡。一手拿焊丝，一手拿烙铁，如图 3-2-17 所示。

（2）加热焊件。

将烙铁头放在焊点上，同时加热要焊接的两个焊件。并注意使烙铁头的大斜面部分接触热容量较大焊件，小斜面接触较小焊件，如图 3-2-18 所示，使两焊件同时均匀加热。

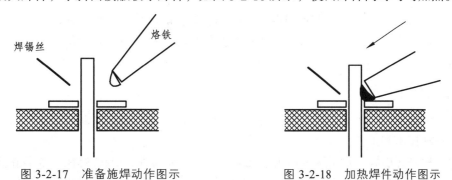

图 3-2-17　准备施焊动作图示　　　　图 3-2-18　加热焊件动作图示

（3）送入焊锡。

经 1~2 s，焊件能熔化焊锡时，送焊丝至焊点，焊丝既要接触焊件，又接触烙铁头，如图 3-2-19 所示。

当焊件加热到能熔化焊料的温度后将焊丝置于焊点，焊料开始熔化并浸润焊点。焊料要适量，过多易引起搭焊短路，太少元件又焊不牢固，具体如图 3-2-20 所示。

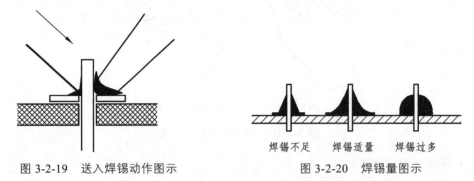

图 3-2-19　送入焊锡动作图示　　　　图 3-2-20　焊锡量图示

（4）移开焊锡。

当焊丝熔化达到焊点所需量后，要及时移开焊丝，如图 3-2-21 所示。若移开过早，则焊锡量不够，焊点太小，达不到一定强度；若移开太晚，焊点会过大，既浪费焊锡，又容易与周围焊点桥接。

（5）移开烙铁。

当熔化的液体焊锡完全均匀地润湿焊点周围，并形成规则焊点后，应及时撤去烙铁。烙铁撤离时，沿与水平面成 45°方向撤离，如图 3-2-22 所示。

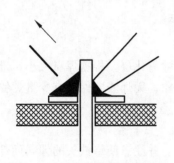 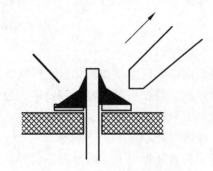

图 3-2-21　移开焊锡动作图示　　　　图 3-2-22　移开烙铁动作图示

焊接结束后，首先检查有没有漏焊、虚焊等现象。虚焊是比较难发现的问题。造成虚焊的因素很多，检查时可用尖头钳或镊子将每个元件轻轻地拉一下，看看是否松动，发现有松动应重新焊接。

3．工业焊接介绍

表面组装技术/表面贴装技术（Surface Mount Technology，SMT）是目前电子组装行业里最流行的一种技术和工艺。

它是一种将无引脚或短引线表面组装元器件（片状元器件，SMC/SMD）安装在印制电路板（Printed Circuit Board，PCB）的表面或其他基板的表面上，通过回流焊或浸焊等方法加以焊接组装的电路装连技术。

4．吸锡器的使用方法

胶柄手动吸锡器里面有一个弹簧，使用时，先把吸锡器末端的滑杆压入，直至听到"咔"

声，表明吸锡器已被固定，再用烙铁对接点加热，使接点上的焊锡熔化，同时将吸锡器靠近接点，按下吸锡器上面的按钮即可将焊锡吸上，动作如图 3-2-23 所示。若一次未吸干净，可重复上述步骤。

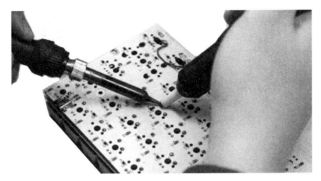

图 3-2-23　吸锡器使用

【实训内容】

一、电子元器件的识别

课程准备有 4 种以上的粘贴有电子元器件实物的"电子元器件识别卡片"（见图 3-2-24），每一位同学随机从"电子元器件识别卡片"中抽取一张进行识别。每一位同学需要写出自己手中"电子元器件识别卡片"中电阻的阻值，电容的容值，以及判断二极管的正负极等。

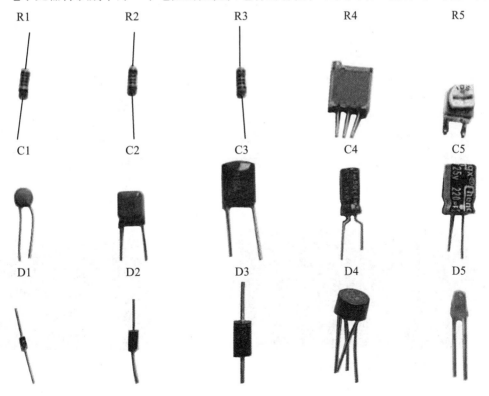

图 3-2-24 电子元器件识别卡片

二、万用表的使用训练

用万用表检测"电子元器件识别卡片"中的 5 个电阻的阻值，将实际测量出的阻值和从电阻标识上读出的值进行比较。判断 5 个二极管的正向导电特性。

三、电子焊接训练

1. 焊接散件元器件

要求使用万用板（见图 3-2-25）和一些散装电子元器件（见图 3-2-26）来进行焊接练习。焊接时注意电子元器件需要从万用板的正面安装，焊接练习完成的电路板的正反面应当如图 3-2-27 和图 3-2-28 所示。

图 3-2-25 万用板

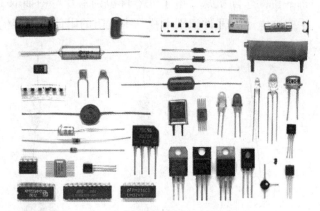

图 3-2-26 散装电子元器件

图 3-2-27 焊接练习作品正面

图 3-2-28 焊接练习作品背面

2. 焊接装配功能电路

按照图 3-2-29 所示闪闪灯电路原理的电气要求在万用板上将电子元器件合理布局（见图 3-2-30），并且焊接装配完成电路。

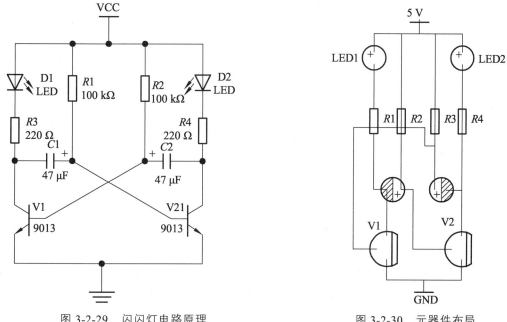

图 3-2-29 闪闪灯电路原理　　　　　图 3-2-30 元器件布局

焊接装配完成的电路如图 3-2-31 所示，应当符合电气原理、电子焊接与装配的工艺要求，并且能够实现两个 LED 灯交替闪烁的功能。

图 3-2-31 闪闪灯焊接完成实物

【安全操作规程及注意事项】

（1）烙铁头的温度在 300～360 ℃，不同温度的烙铁头放在松香块上，会产生不同的现象，一般来说，松香熔化较快又不冒烟时的温度较为适宜。

（2）焊接时间要适当，从加热焊接点到焊料熔化并流满焊接点，一般应在几秒内完成。

（3）焊料与焊剂使用要适量，一般焊接点上的焊料与焊剂使用过多或过少会给焊接质量造成很大的影响。

（4）防止焊接点上的焊锡任意流动，理想的焊接应当是焊锡只焊接在需要焊接的地方。

在焊接操作上，开始时焊料要少些，待焊接点达到焊接温度，焊料流入焊接点空隙后再补充焊料，迅速完成焊接。

（5）焊接过程中不要触动焊接点，在焊接点上的焊料尚未完全凝固时，不应移动焊接点上的被焊器件及导线，否则焊接点会变形，出现虚焊现象。

（6）不应烫伤周围的元器件及导线，焊接时要注意不要使电烙铁烫周围导线的塑胶绝缘层及元器件的表面，尤其是焊接结构比较紧凑、形状比较复杂的产品时。

（7）及时做好焊接后的清除工作，焊接完毕后，应将剪掉的导线头及焊接时掉下的锡渣等及时清除，防止落入产品内带来隐患。

（8）万用表在测电流、电压时，不能带电换量程；选择量程时，要先选大的，后选小的，尽量使被测值接近于量程；测电阻时，不能带电测量，因为测量电阻时，万用表由内部电池供电，如果带电测量则相当于接入一个额外的电源，可能损坏表头；用毕，应使转换开关旋转到"OFF"挡关闭万用表。

（9）电子焊接装配时，元器件装焊顺序依次为电阻器、电容器、二极管、三极管、集成电路、大功率管。其他元器件为先小后大。

（10）芯片与底座都是有方向的，焊接时要严格按照 PCB 板上的缺口所指的方向，使芯片、底座与 PCB 三者的缺口都对应。

（11）圆形的极性电容器一般电容值都比较大，在焊接时将其长脚对应"+"号所在的孔。

（12）芯片在安装前最好先将两边的针脚稍稍弯曲，使其有利于插入底座对应的插口中，装完同一种规格后再装另一种规格。

（13）尽量使电阻器的高低一致。焊完后将露在印制电路板表面的多余引脚齐根剪去。

（14）焊接集成电路时，先检查所用型号，看有无相应的芯片插座，有芯片插座的先焊接插座，再将芯片插入插座。没有插座的引脚在焊接时先焊边沿对角的两只引脚，以使其定位，然后再从左到右自上而下逐个焊接。

（15）对引脚过长的电器元件，如电容器、电阻器等，焊接完后，要将其剪短。

【预习要求及思考题】

一、课前预习要求

（1）认真预习【实训基础知识】和【实训内容】。
（2）完成实训报告中的第三、四题。

二、思考题

思考电子制作与装配的整体工艺流程，以及各个流程需要注意的事项。

【阅读资料】

电子焊接常见焊点缺陷（详见表 3-2-3）。

表 3-2-3　常见焊接缺陷

类型	特　　性	图　示
良好焊点	具有一定的机械强度，即管脚不会松动。 具有良好的导电性，即焊点的电阻接近零。 焊接形状为微凹呈缓坡状的半月形近似圆锥。锡点光滑，有金属光泽，与被焊接元件焊接良好。焊锡连续过渡到焊盘边缘	
缺陷焊点	（a）虚焊　（b）锡量过多　（c）锡量过少 （d）冷焊　（e）空洞　（f）拉尖 （g）桥接　（h）剥离	

实训三　开源硬件编程

【实训目的】

（1）掌握开源硬件基本概念和有关常识。
（2）掌握 Arduino 控制板的开发环境及搭建方法。
（3）掌握 Arduino 的程序下载和调试方法。
（4）掌握 Arduino 基本编程方法。
（5）掌握 Arduino 输入输出控制方法。
（6）掌握 Arduino 常见传感器和控制器的使用方法。

【实训设备及工具】

序号	名称	规格型号	备注
1	计算机	Windows 10 操作系统	Arduino 编程平台
2	Arduino 开发套件	包括课程所含元器件	搭建训练用电路

【实训基础知识】

实训系统由计算机、安装在计算机上的 Arduino IDE 软件、Arduino 控制板、传感器和执行器组成。

学生使用 Arduino IDE 软件在计算机上为 Arduino 控制板编写程序。Arduino 控制板接收传感器的数据，在程序设计的逻辑控制下，输出控制信号给控制器，实现某些功能，其结构如图 3-3-1 所示。

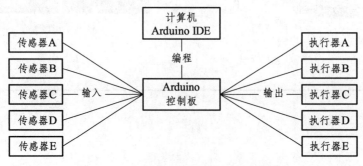

图 3-3-1　Arduino 编程实训系统结构图

一、基本概念

1. 开源硬件（Open-source hardware，OSH）

开源硬件是伴随开放设计文化、开放源代码文化、创客文化的发展从而出现的一类器件。硬件的设计，包括机械图纸、电路图、物料单、PCB 设计图、HDL 源码、集成电路的设计数据等都以免费或者自由的方式发布。为了强调自由使用的特点，有时候也叫自由和开放源代码硬件（free and open-source hardware，FOSH）。目前市场上常见的开源硬件控制板有 Arduino、Raspberry Pi 和 Micro:bit。本实训内容基于最为流行的 Arduino 开源硬件控制板。

2. 硬件（Hardware）

在计算机系统中指的是运行软件的计算机、电路板、机器等物理实体。

3. 编程（Pogramming）

编程是指为了某种计算任务设计和编写计算机可以运行的代码。

二、Arduino

1. Arduino 简介

Arduino 是一个开发各类设备，比计算机更能充分感知和控制物理世界的生态系统；一个基于一系列单片机电路板的开源物理计算平台；一个编写用于 Arduino 和 Genuino 开发板的软件开发环境；一个拥有活跃开发者和用户的社区。

Arduino 可用于开发交互式物体，接受来自各类开关或传感器的输入，并能控制各种灯光、电动机和其他物理输出装置。Arduino 项目可以单独运行，也可以与计算机上运行的软件（Processing、MaxMSP）配合使用。可以手动组装简单的开发板，或购买预装的整套开发板，还可以免费下载开源 Arduino 软件（IDE）。

Arduino 编程所用编程语言是以 Processing 多媒体编程环境为基础的物理计算平台 Wiring。通过多年的努力，Arduino 软件（IDE）已经演变成能支持由英特尔和三星等公司制造的众多核心板和开发板。

2. Arduino 的历史

Arduino 项目始于 2003 年。当时意大利伊芙丽雅交互设计学院（Interaction Design Institute of Ivrea）的硕士研究生 Hernando Barragán 开发了一个名为 Wiring 的毕业设计项目，该项目旨在设计并开发一款实用简单、价格便宜、方便非工程师使用的数字创造工具。项目包括 Atmega168 控制板和基于 Processing 的集成开发软件。Massimo Banzi，David Cuartielles，Tom Igoe，Gianluca Martino，David Mellis 等人在 Wiring 项目的基础上，添加了更加便宜的 ATmega8 控制器芯片的支持，并将新项目命名为 Arduino。2005 年，第一个 Arduino 板诞生（早期的 Arduino 开发板见图 3-3-2）。

由于开放源代码的特性，修改设计并重新制作一个 Arduino 板是非常容易的，一片控制器芯片加上晶振和电容就可以在面包板上搭建一个兼容的 Arduino 板。由于价格便宜、功能强大、方便使用，Arduino 逐渐流行起来。截止 2018 年，Arduino 官方网站一共发布了 22 款 Arduino

控制板，而许多第三方厂商也发布了难以统计数量的各种 Arduino 兼容板。许多开发者也在自己的项目中，开发了自己的 Arduino 控制板。

图 3-3-2　早期的 Arduino 开发板

3. Arduino 的特点

目前市场上还有许多其他可用于物理运算的单片机和单片机平台，如 Parallax Basic Stamp、Netmedia 的 BX-24、Phidgets、麻省理工学院的 Handyboard 都能提供类似的功能。但是这些工具都有极其烦琐的单片机编程细节。Arduino 不但简化了使用单片机工作的流程，同时还为教师、学生以及兴趣爱好者提供了一些其他系统不具备的优势：

（1）便宜。

相比其他单片机平台而言，Arduino 和 Genuino 开发板价格相对便宜。

（2）跨平台运行。

Arduino 软件（IDE）能在 Windows、Macintosh OSX 和 Linux 操作系统中运行，而大多数其他单片机系统仅限于在 Windows 操作系统中运行。

（3）简单明了的编程环境。

Arduino 的编程环境易于初学者使用，同时对高级用户来讲也足够灵活。对于教师来说，Arduino 以 Processing 编程环境为基础，学过 Processing 的学生对 Arduino 软件（IDE）的外观和感觉非常熟悉。

（4）开源和可扩展软件。

Arduino 软件（IDE）作为开源工具发布，允许有经验的程序员在其基础上进行扩展开发。所使用的编程语言可以通过 C++库进行扩展，想了解技术细节的用户可以从 Arduino 跨越到以此为基础的 AVR C 语言。可以根据需要直接将 AVR C 代码添加到 Arduino 程序中。

（5）开源和可扩展硬件。

Arduino 以 Atmel 公司的 ATMEGA 8 位系列单片机及其 SAM3X8E 和 SAMD21 32 位单片机为硬件基础。开发板和模块计划在遵循"知识共享许可协议"的前提下发布，所以经验丰富的电路设计人员可以做出属于自己的模块，并进行相应的扩展和改进。即使是经验相对缺乏的用户也可以做出试验版的基本 Uno 开发板，便于了解其运行的原理并节约成本。

4. Arduino 兼容控制板

除了 Arduino 官方之外，很多第三方厂商和个人也开发了许多兼容 Arduino 软件、接口和功能的控制板，这种控制板被称为 Arduino 兼容控制板。本实训使用的是 Seeed 公司开发的 Seeeduino 兼容控制板。

5. Arduino 扩展板

Arduino 和 Arduino 兼容控制板可以通过扩展板（Arduino shield）来扩展功能。扩展板可以直接插入到控制板上。常见的扩展板有电机控制、GPS、以太网、LCD、面包板等。

三、Seeeduino 兼容控制板

1. Seeeduino 硬件结构（见图 3-3-3）

（1）LED-D13 LED 连接到电路板的 D13 引脚。这可以用作程序的板载 LED 指示灯。

（2）USB Input USB 端口用于将电路板连接到 PC 进行编程和上电。Micro USB 是大多数 Android 手机和其他设备中普遍存在的 USB 接口。

（3）RX/TX Indicator TX 和 RX LED 指示灯连接到 USB 转 UART 芯片的 TX 和 RX 引脚。它们会自动在有数据发送或者接收时指示工作状态。

（4）System Power Switch 滑动开关用于将电路板的逻辑电平和工作电压改为 5 V 或 3.3 V。目前，许多新的和好用的传感器都被设计成只能使用 3.3 V 电压，其他 Arduino 开发板需要在开发板和这些传感器之间放置一个逻辑电平转换器。但使用 SeeeduinoV4.2 只需滑动开关即可。

（5）DC Input 直流电源插孔允许 Seeeduino 板通过 USB typeA 适配器供电，以便在需要时为项目提供更多的电力。例如，使用直流电机或其他大功率器件时，直流输入可以为 7～15 V。

（6）Reset 复位按钮方便地放置在侧面，以便即使将扩展板放置在顶部也可以重置 Seeeduino 板。在其他 Arduino 板上按钮被放置在顶部，很难拨动。

（7）Power Pins 和 Analog Pins 像引出的数字引脚插座一样，考虑到在进行项目时可能需要用到额外的相关引脚。特别是如果想要在不使用面包板的情况下为多个传感器/设备供电，则需要通过 Power Pins 引线出去。

（8）Grove Connectors Seeed Studio 具有可以使用 I2C 或 UART 连接器的各种传感器/设备。此外，销售独立的 Grove 连接器，可以制作传感器连接。如果要使用这些引脚，则 I2C Grove 连接器分别连接到 SDA 和 SCL 的模拟引脚 A4 和 A5。UART Grove 连接器分别连接到数字引脚 0 和 1，用于 RX 和 TX。

（9）ICSP 是 ATmega328P 的 ICSP/ISP 引脚，对于 Arduino Uno，Due，Mega 和 Leonardo 以及和它们兼容的开发板来说，该引脚都位于相同的标准位置。此处的 SPI 引脚 MISO，SCK，MOSI 分别连接到数字引脚 12，13，11，这样的设计和 Arduino Uno 是完全一致的。

（10）USB 2 Uart USB 转串口的引脚分配，这些焊盘可以用于通过将板载 ATmega328 置于复位模式与其他 UART 器件进行交互。这使得 Seeeduino V4.2 可以作为 USB 转 UART 实用板。

（11）Additional 0.1" Grid aligned Pads 有时，直接将传感器/设备连接到电路板而不是通过面包板进行连接是非常方便的，制作者可能希望在完成项目后将传感器直接焊接到电路板，或者想要在设备占用输出引脚的同时监测引脚等。为了满足以上需求，添加了这些额外的过孔焊盘。这些焊盘以 0.1″ 格栅排列，可方便地与通用点阵 PCB 配合使用。

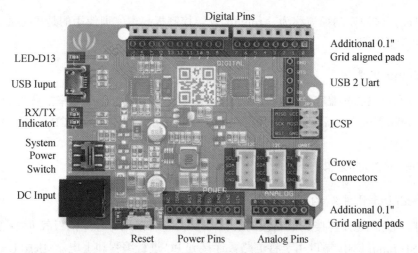

图 3-3-3　Seeeduino 硬件结构

2. Seeeduino 兼容控制板规格参数（见表 3-3-1）

表 3-3-1　Seeeduino 兼容控制板参数

项目	值
DC Jack 输入电压/V	7～12
5 V 引脚	使用 Micro USB 供电最大 500 mA
5 V 引脚	使用 DC Jack 供电最大 2 000 mA
3.3 V 引脚	最大 500 mA
I/O 管脚直流供电/mA	40
闪存/KB	32
RAM/KB	2
EEPROM/KB	1
时钟频率/MHz	16
尺寸/mm	68.6×53.4
质量/g	26

3. Seeeduino 驱动安装

Seeeduino 驱动安装步骤和其他 Arduino 兼容控制板类似，具体如下：

（1）准备一台计算机、一条 Micro-USB 线缆。

（2）下载并安装 Seeeduino 驱动软件（请通过官方渠道下载）。

（3）将 USB 线缆插入 USB input 端口和计算机的 USB 端口。

（4）打开 Windows 控制面板，进入系统和安全，然后打开设备管理器，查看端口（COM & LPT），确认看到一个名为"Seeeduino v4.2"的串口设备，则安装完毕。

【实训内容】

一、Arduino 集成开发环境软件安装和使用（以 Seeeduino v4.2 为例）

（1）下载并安装 Arduino 集成开发环境软件（教学计算机上已经装好）。安装完毕，即在桌面和开始菜单看见图 3-3-4 所示图标。

图 3-3-4　ArduinoIDE 软件图标

（2）打开 Arduino IDE 软件，可见如图 3-3-5 所示的软件界面。

图 3-3-5　Arduino IDE 常用功能与快捷按钮分布

（3）打开"Blink"程序。在文件菜单中，依次打开"Blink"例程：File（文件）→Examples（示例）→01.Basics→Blink。Blink 例程是经典的 Arduino 入门程序，常被用于测试开发板。

（4）设置开发板。在菜单中，依次打开 Tools（工具）→Board（开发板），在菜单中选择所用开发板，本实训使用的 Seeeduino 开发板是基于 Arduino UNO 的兼容开发板，可以直接选择 Arduino/Genuino UNO，如图 3-3-6 所示。

（5）选择端口。依次点击 Tools（工具）→Port（端口）菜单。选择开发板对应的串口。如果有多个，可以断开 Arduino 板并重新打开菜单，消失的端口应该是所用 Arduino 板所对应的端口。重新连接开发板并选择该端口。

（6）上传程序。点击快捷菜单中上传按钮，在状态栏可以看到上传进度。上传完毕，状态栏提示上传完毕，同时 Arduino 开发板的内置 LED 将闪烁（Seeeduino 的内置 LED 位于 USB 口旁边的 L 标识的位置）。

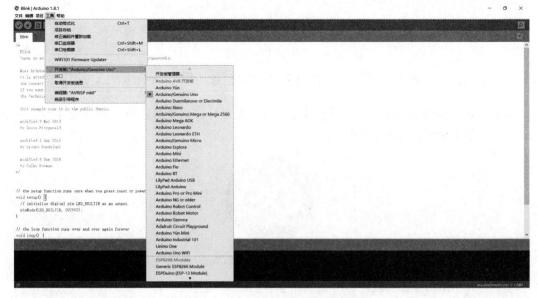

图 3-3-6　Arduino IDE 设置开发板

二、阅读 Arduino 参考文档

参考文档是详细介绍一种编程语言或者框架的功能、语法、使用方法、有关说明的文档，往往附有标准的参考例程。参考文档是学习和使用一种编程语言最重要的参考资料。

Arduino IDE 软件中内置了离线 Arduino 参考文档（见图 3-3-7），依次点击 Help（帮助）→Reference（参考）菜单可以打开。该文档在 Arduino 官方网站的 Learning 菜单下也可以找到，建议学习者尽早阅读，在编程遇到问题时可以首先查阅参考文档。

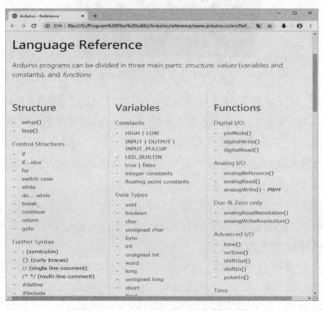

图 3-3-7　Arduino 参考文档界面

三、库（Libraries）的安装与使用

库是 Arduino 开放精髓的体现，Arduino IDE 可以通过库来扩展功能。比如更多的硬件支持和数据处理等。可以通过 Sketch→Include library 菜单项来安装或者使用库。

1. 库的安装

可以使用 Library Manager（见图 3-3-8）在线安装库（菜单路径是 Sketch→Include library→manage Libraries），也可以使用 ZIP 包离线安装（菜单路径是 Sketch→Include library→add.ZIP Libraries），为了便于管理，推荐使用前者。

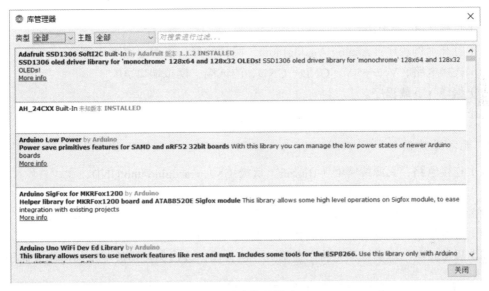

图 3-3-8　Arduino IDE 的库管理器（Library Manager）

2. 库的使用

点击项目→加载库→库的名字，会自动添加库的引用（include <某库>）到程序中。

四、基本编程结构和常见元件的模块编程

1. 最小的 Arduino 程序

（1）打开 Arduino IDE。

（2）打开示例程序："File/samples/basic/Bareminimum"。

（3）Arduino 的程序必备两个函数："setup()"函数和"loop()"函数。前者在程序开始时运行一次，一般用于配置。后者则是循环运行，用于执行具体任务。

（4）试一试编译程序（验证）。

（5）试一试下载程序（运行）。

2. 发光二极管

（1）连接电路：发光二极管长脚正极——arduino uno 13（digital）；发光二极管短脚负极

——GND，中间可串一适当电阻限流。

（2）程序示例：见"基本项目制作——1.数字输出"。

3. 开关 PushButton

（1）打开 Arduino IDE。

（2）打开示例程序：Digital/button，阅读注释，了解电路如何连接，了解程序功能。

（3）连接电路：一端—5 V、另一端串适当电阻—GND、另一端—数字端口 2。

（4）编译、下载程序。

4. 电位器

（1）打开 Arduino IDE。

（2）打开示例程序：Analog/AnalogInput，阅读注释，了解电路如何连接。

（3）连接电路，Vcc—5 V、GND—GND、测试端—模拟端口 A0。

（4）编译、下载程序。

（5）将电位器换成光敏电阻，试一试。

5. 无源蜂鸣器

（1）连接电路：无源蜂鸣器（Buzzer）负极（-）—arduino uno GND；

无源蜂鸣器（Buzzer）正极（+）—arduino uno 数字口 8。

（2）加载示例程序：依次打开菜单项，文件→示例→02.Digital→toneMelody。

（3）查看效果：上电后，蜂鸣器播出乐曲。

（4）思考问题：本例程只是将乐曲播放一遍，如何改成循环播放呢？如何修改曲子呢？

6. LM35 型模拟温度传感器（见图 3-3-9）

（1）连接电路：LM35GND（负极）—arduino uno GND；

LM35Vcc（正极）—arduino uno 5 V；

LM35OUT（数据）—arduino uno A0（Analog）。

（2）基于示例编写程序：打开"示例/03.Analog/AnalogInOutSerial"，然后修改：

将 outputValue =map (sensorValue, 0, 1023, 0, 255) 改为

outputValue=sensorValue=(5.0*analogRead(sensorValue)* 1000.0)/10/1024；

（3）查看效果：上电后，打开串口监视器，查看温度测量数据，用指头轻轻触碰传感器表面，观察温度变化。

（4）思考问题：温度是如何测量出来的？

7. 舵机（见图 3-3-10）

（1）连接电路：SG90 舵机 Vcc（红色）—arduino uno 5 V；

SG90 舵机 GND（棕色）—arduino uno GND；

SG90 舵机 pulse（橙色）—arduino uno9（PWM）。

（2）使用示例程序：文件→示例→Servo→Sweep。

（3）查看效果：舵机 180°摆动。

（4）思考问题：舵机的脉冲接口除了端口 9，还可以使用哪些端口？

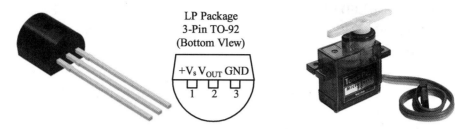

图 3-3-9　LM35 型模拟温湿度传感器外观和接口定义　图 3-3-10　SG90 型舵机

8. DHT22 型温湿度传感器

（1）安装 DHTLib 库。

（2）连接电路：dht22（AM2302）Vcc—arduino uno 5 V；

　　　　　　　　dht22（AM2302）GND—arduino uno GND；

　　　　　　　　dht22（AM2302）OUT—arduino uno5（digital）。

（3）打开示例："DHTLib/dht22_test"，阅读注释，了解使用的端口，了解功能。

（4）编译、下载。

（5）打开串口监视器查看效果，注意波特率。

9. 液晶显示器 LiquidCrystal_I2C

（1）安装 LiquidCrystal_I2C 库。

（2）连接电路：lcd1602-iicVcc—arduino uno 5 V；

　　　　　　　　lcd1602-iicGND—arduino uno GND；

　　　　　　　　lcd1602-iicSDA—arduino uno SDA；

　　　　　　　　lcd1602-iicSCL—arduino uno SCL。

（3）打开示例："LiquidCrystal_I2C/helloworld"，阅读注释，了解功能。

（4）编译、下载程序。

（5）查看屏幕效果：如果屏幕无显示，检查两个地方：

① 找到"LiquidCrystal_I2C lcd（0x27，20，4）"修改"I2C"地址"0x27"为"0x3f"，或厂家提供的其他地址。

② 用螺丝刀调整显示器背后的电位器，改变对比度。

五、基本项目制作

1. 数字输出

Arduino 数字输出编程的主要方法是使用"digitalWrite()"函数。该函数通过输出"HIGH"或者"LOW"值来控制 Arduino 数字端口的电平。

（1）语法：digitalWrite（pin，value）。

（2）参数：pin—— 端口号（一般标注在端口旁边，如 Arduino UNO 上数字端口标有 0、1、2 等的字样）；value——"HIGH"或者"LOW"。

（3）返回值：无。

（4）示例：Arduino LED 闪灯。

```
int ledPin = 13;                    // LED 连接在数字端口 13
void setup()
{
  pinMode(ledPin, OUTPUT);          // 设置 LED 所用端口为输出
}
void loop()
{
  digitalWrite(ledPin, HIGH);       // 设置 LED 所用端口为高电平，LED 亮
  delay(1000);                      // 等待 1 秒
  digitalWrite(ledPin, LOW);        // 设置 LED 所用端口为低电平，LED 灭
  delay(1000);                      // 等待 1 秒
}
```

（5）小贴士：模拟端口也可以用来作为数字端口，命名为 A0、A1 等。

（6）练习 1：流水灯的制作，使红、黄、绿、蓝灯依次各亮 0.5 s 并循环。

2. 数字输入

Arduino 数字输出编程的主要方法是使用"digitalRead()"函数。该函数测量数字端口的电压，高电平返回"HIGH"，低电平返回"LOW"。

（1）语法：digitalRead（pin）。

（2）参数：pin——端口号（一般标注在端口旁边，如 Arduino UNO 上数字端口标有 0、1、2 等的字样）。

（3）返回值："HIGH"或者"LOW"。

（4）示例：获取 7 端口（接 pushbutton）的值，并输出给 13 端口（接 LED），使按下"pushbutton" LED 亮，松开 LED 灭。

```
int ledPin=13;  // led 使用 13 端口
int inPin=7;    // pushbutton connected to digital pin 7
int val=0;      // variable to store the read value
void setup()
{
pinMode(ledPin, OUTPUT);   // sets the digital pin 13 as output
pinMode(inPin, INPUT);     // sets the digital pin 7 as input
}
void loop()
{
val = digitalRead(inPin);   // read the input pin
  digitalWrite(ledPin, val);  // sets the LED to the button's value
}
```

（5）小贴士：如果端口没有连接任何东西，返回的结果随机出现"HIGH"或"LOW"。模拟端口也可以用来作为数字端口，命名为A0、A1等。

（6）练习2：LED改为无源蜂鸣器，使按下pushbutton蜂鸣器响，松开pushbutton无声。

3. 模拟输入

测量模拟端口电压值。Arduino板包括有6通道（Mini或者Nano为8通道，Mega为16通道），10位模数转换器（Analog to digital converter）。因此测量的结果为0~1023的数值。输入的范围和精度可以使用"analogReference ()"函数来设定。

模拟值的读取需要耗时100 μs，也就是1 s采样10 000次。

（1）语法：analogRead（pin）。

（2）参数：pin——模拟端口号（大多数的Arduino板是0~5，在Mini和Nano上是0~7，Mega板是0~15）。

（3）返回值：int——整形数值0~1023。

（4）示例：获得电位器的变化（电位器连接在模拟端口3）。

```
int analogPin = 3;//电位器的中间端子连接在模拟端口3,另外两端分别连接GND
                  和5V
int val = 0;    // 存储模拟数据的变量
void setup()
{
  Serial.begin(9600);        //  设置串口
}
void loop()
{
  val = analogRead(analogPin);   // 读取模拟端口的数据
  Serial.println(val);           // 串口输出数据
}
```

4. 模拟输出

Arduino数字输出编程的主要方法是使用"analogWrite()"函数。该函数输出一个模拟值（PWM）到一个端口。可以用来控制灯光的亮度变化、驱动电机调速等。

调用"analogWrite()"，端口会输出某个占空比（duty cycle）的方波，直到下次在这个端口再次调用"analogWrite()"[或者"digitalRead()""digitalWrite()"]。PWM的频率在大多数的端口是近似490 Hz，Uno和相似板子上的5和6端口可以达到980 Hz，Leonardo板的3和11端口也可以达到980 Hz. 使用之前不需要调用"pinMode()"来设置端口模式。

（1）语法：analogWrite（pin，value）。

（2）参数：pin——端口号（Arduino UNO上数字端口标有0、1、2等的字样）。大多数的Arduino开发板的模拟输出端口为3、5、6、9、10和11，这些端口在开发板上一般标有"~"符号。Value——占空比0~255。

（3）返回值：无。

（4）示例：用电位器给LED调光。

```
int ledPin = 9;          //LED 的端口为 9
int analogPin = 3;       // 电位器连接到模拟端口的 3
int val = 0;             // 保存电位器模拟数据的变量
void setup()
{
  pinMode(ledPin, OUTPUT);    // 设置 LED 端口为输出
}
void loop()
{
  val = analogRead(analogPin);    // 获取电位器的模拟值
  analogWrite(ledPin, val / 4);   // 将模拟值写入 led 端口,analogRead
值的范围是 0 到 1023, analogWrite 值的范围是 0 到 255,使用/4 的方法来转换。
}
```

（5）练习 3：使用电位器调节舵机的转动角度。

5. 串口通信

Arduino 板可以通过串口与计算机或者其他设备进行通信。所有的 Arduino 都至少有一个串口，名为"Serial"。这个串口使用数字端口的 0（RX）和 1（TX）端口进行通信，同时与计算机连接的 USB 也是用这个串口。因此，当使用串口时，无法使用 0 和 1 进行数字输入和输出。

使用 Arduino IDE 软件内置的串口查看器与 Arduino 板进行通信，注意波特率需要和在"begin()"函数中的设置保持一致。

（1）串口打开：使用"Serial.begin()"函数来实现。

语法：Serial.begin（speed），erial.begin（speed，config）。

参数：speed——波特率（baud），long——参数类型。

Config——设置数据（data），奇偶校验（parity）和停止位（stop bits），可选设置如下：

SERIAL_5N1

SERIAL_6N1

SERIAL_7N1

SERIAL_8N1（the default）

SERIAL_5N2

SERIAL_6N2

SERIAL_7N2

SERIAL_8N2

SERIAL_5E1

SERIAL_6E1

SERIAL_7E1

SERIAL_8E1

SERIAL_5E2

SERIAL_6E2

SERIAL_7E2

SERIAL_8E2

SERIAL_5O1

SERIAL_6O1

SERIAL_7O1

SERIAL_8O1

SERIAL_5O2

SERIAL_6O2

SERIAL_7O2

SERIAL_8O2

返回值：无。

示例：

```
void setup() {
 Serial.begin(9600); // 打开串口，设置波特率为 9 600 bps
}
void loop() {}
```

（2）串口打印输出：通常使用"print()"和"println()"两个函数来实现。二者的区别是，"println()"函数会额外输出回车（ASCII 13，or '\r'）和换行字符（ASCII 10，or '\n'）。

语法：Serial.print（val）;

Serial.println（val）;

Serial.print（val, format）;

Serial.println（val, format）。

参数：val——要打印到串口的值，可以是任何数据类型；

format——格式，进制（当数据时整数时）或者小数点位置（当数据是浮点数时）。

返回值：无。

size_t（long）：打印的字符长度。

示例：循环打印数字。

```
//使用 for 循环打印各种格式的数字
int x = 0;    // 设置一个变量
void setup() {
Serial.begin(9600);        //设置串口波特率为 9 600 bps：
}
void loop() {
  // print labels
Serial.print("NO FORMAT");       // 打印一个 label
Serial.print("\t");              // 打印一个 tab
Serial.print("DEC");
Serial.print("\t");
```

```
Serial.print("HEX");
Serial.print("\t");
Serial.print("OCT");  // 8 进制
Serial.print("\t");
Serial.print("BIN");  // 2 进制
Serial.print("\t");
for(x=0; x< 64; x++){ // only part of the ASCII chart, change to suit
// print it out in many formats:
Serial.print(x);          //无格式
Serial.print("\t");       // prints a tab
Serial.print(x, DEC);     // ASCII 格式的 10 进制
Serial.print("\t");       // prints a tab
Serial.print(x, HEX);     // ASCII 格式的 16 进制 print as an ASCII-
encoded hexadecimal
Serial.print("\t");       // prints a tab
Serial.print(x, OCT);     // ASCII 格式的 8 进制
Serial.print("\t");       // prints a tab
Serial.println(x, BIN);   // ASCII 格式的 2 进制 ,并且输出换行
delay(200);               //延时 200 毫秒
  }
Serial.println("");       // 输出空字符+回车
 }
```

（3）串口输入：Arduino 的串口输入最常用的是"read()"函数。

语法：Serial.read()。

参数：无。

返回值：收到数据的第一个字节，如果没有数据，返回"–1"。

示例：

```
int incomingByte = 0;    // 定义变量,保存 read 的返回值。
void setup() {
Serial.begin(9600);      // 打开串口,设置波特率为 9600 bps
}
void loop() {
 //打印收到的串口数据:
if (Serial.available() > 0) {
incomingByte = Serial.read();//读取收到的数据
Serial.print("I received: ");// 打印数据
Serial.println(incomingByte, DEC);
 }
}
```

（4）练习4：使用串口来调试 pushbutton 程序，使从串口监视器中看按下和松开 pushbutton 后的值；也可以关掉串口监视器，打开串口绘图器看波形。

六、综合项目制作

使用课程提供的材料，开发一台温湿度数据采集器，包括温度、湿度数据的采集、液晶屏幕显示、LED 报警、串口传输功能。

1. 要 求

要求完成温湿度数据采集器的开发，并演示以下功能：

（1）使用串口查看器实时查看温度、湿度信息。

（2）液晶屏幕实时显示温度、湿度信息。

（3）温度大于 35 ℃ 或者湿度大于 60%，LED 灯闪烁报警。

2. 材 料（见表 3-3-2）

表 3-3-2　所需材料

序号	名 称	数量
1	Arduino UNO 兼容控制板	1 个
2	DHT22 温湿度传感器	1 个
3	发光二极管	1 个
4	220 Ω 电阻	1 个
5	2 行 16 字符 I2 吋接口液晶显示屏	1 个

3. 电路连接

按图 3-3-11 和图 3-3-12 所示的温湿度采集器面包板电路和电路原理，布置自己的电路。

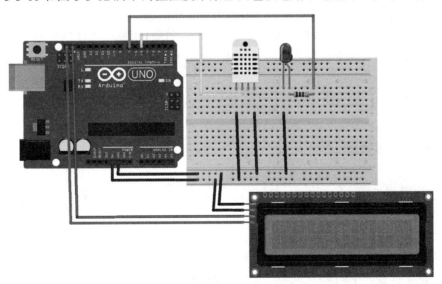

图 3-3-11　Arduino 温湿度采集器面包板电路连接

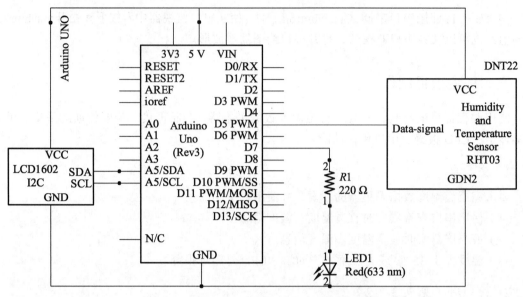

图 3-3-12　Arduino 温湿度采集器电路原理

4.* 项目拓展

将本项目的温湿度采集系统安装到一个轮式机器人上，研发一台具有蓝牙温湿度采集功能的机器人。

【安全操作规程及注意事项】

（1）电路连接完成前，不得上电。

（2）不得在金属板上连接、调试电路。

（3）不得在通电状态下连接、调试电路。

（4）在电路通电前，应先检查供电电路是否有短路问题。

（5）在电路连接中，5 V 电路一律使用红色线材，GND 电路一律使用黑色线材。

（6）如发现电路有异常高温或者闻到异味，应立即切断电路电源，然后慎重检查电路连接中是否有短路现象。

（7）课程结束时，应关闭计算机，关闭显示器，将材料放回元件盒，并摆放整齐。

【预习要求及思考题】

一、课前预习要求

（1）浏览 Arduino 官方网站，查询 Arduino UNO 开发板的技术参数。

（2）查阅资料，了解开源硬件编程的历史与发展。

（3）完成实训报告中的第一、二、三题及简答题第 1、2 题。

二、思考题

课程中制作的温湿度采集器可以用在哪些地方？如何小型化？如果在野外环境下使用，如何为本系统供电？

【阅读资料】

请在 Arduino 官方网站查阅其教程。

实训四　模块化机器人

【实训目的】

（1）了解机器人的前沿发展情况，掌握机器人的组成、分类、特点及应用知识。

（2）掌握使用 C 语言或者图形化编程语言来实现对机器人的控制。

（3）掌握应用于轮式机器人的部分基础传感器和控制部件的基础知识和基本技能。

【实训设备及工具】

序号	名称	型号规格	备注
1	机器人	ETRobot	
2	图形化编程软件	Mixly	
3	代码编程软件	Arduino IDE	
4	台式计算机		安装 Windows10 操作系统

【实训基础知识】

一、整体构造

ETRobot 机器人的整体结构如图 3-4-1 所示。

图 3-4-1　机器人整体结构

二、机械结构

ETRobot 机器人的机械结构如图 3-4-2 所示。

图 3-4-2　机器人底盘、传感器支架以及轮子

三、控制系统

ETRobot 机器人的控制板是在开源硬件 Arduino MEGA2560 的基础上扩展改进而成的。在控制板上预留出了机器人常用的接口：USB 数据线接口，12 V 锂电池接口，电源开关，4组直流电机接口以及 4 组电机测速码盘的接口，一个复位按键和一个用户自定义按键，4 组串口，液晶显示屏、超声波测距、循迹模块接口，以及扩展出了所有的模拟输入口、模拟输出口和数字 IO 口。控制板具体情况如图 3-4-3 所示。

图 3-4-3　机器人控制系统各接口

四、传感器以及模块

ETRobot 机器人使用的传感器模块如图 3-4-4 所示。

（a）蜂鸣器模块

（b）红外测距模块

（c）红外避障模块

（d）声音检测模块　　　　　（e）液晶显示模块　　　　　（f）超声波测距模块

图 3-4-4　机器人传感器及模块

五、电池以及电池充电

ETRobot 机器人使用的锂电池如图 3-4-5 所示，具体参数如下：

电压：标称电压 11.1 V，充满电电压 12.4 ~ 12.6 V；

容量：6 000 mA·h；

质量：297 g；

标准放电电流：4 A 以内；

标准充电电流：4 A 以内；

电池尺寸：28 mm×51 mm×97 mm；

电池引出双接头：内经 2.1 mm，外径 5.5 mm；

引出线长：35 cm。

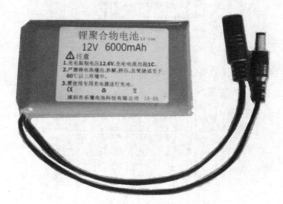

图 3-4-5　锂离子电池

六、电机以及驱动

ETRobot 机器人使用的电机及参数如图 3-4-6 所示。

电源电压范围：DC 5 ~ 24 V；

额定电压：DC 12 V；

转速：201 r/min；

功率：1.5 W；

扭矩：5.19 N·cm；

减速比：1 : 21.3。

图 3-4-6　电机及参数

七、Mixly 图形化编程

Mixly 采用了 ArduinoIDE 自身的编译器（见图 3-4-7），支持所有 Arduino 主板，优化了类型变量的处理，支持了界面缩放处理，同时加入了 DFRobot、Seeedstudio 和 MakeBlock 公司的传感器套装支持，并且支持了用户自定义函数模块的导入导出功能，使得用户体验更加方便，其图形设计功能有：

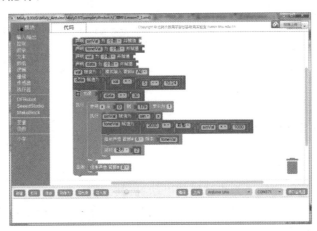

图 3-4-7　Arduino 图形化编程界面

（1）输入输出：数字输入、数字输出、模拟输入、模拟输出、中断控制、移位输出。
（2）程序结构：时间延迟、条件执行、循环执行、获取时间、初始化。
（3）数学变换：数字映射、数字约束、数学运算、取整、随机、三角函数。
（4）文本输出：文本链接、数字转文本。
（5）数组列表：定义数组、取数组值、改数组值。
（6）逻辑处理：条件判断、逻辑运算。
（7）传感模块：超声波、DHT11。
（8）执行模块：声音播放、舵机控制。
（9）通信模块：串口通信、红外通信、I2C 通信。
（10）变量常量：高低、真假、浮点变量、整型变量、布尔变量、字符串变量。
（11）函数处理：定义函数、执行函数。

（12）第三方扩展：DFROBOT、SEEEDSTUDIO、MAKEBLOCK。

（13）主控板选择：当前已经支持官方所有的 Arduino 主板。

其程序处理功能有：

（1）程序编写：用户既可以通过图形化代码编写，也可以直接通过文本编写（编写后图形化代码不会变）。

（2）程序编译：用户可以直接通过 Mixly 完成程序的编译工作。

（3）程序上载：用户可以直接通过 Mixly 完成程序的上载工作。

（4）代码保存：用户可以保存、另存和导入图形化代码。

（5）界面缩放：用户可以随意控制界面缩放，方便平板用户使用。

（6）模块导入导出：用户可以把函数导出成模块，从而方便其他用户导入使用。

【实训内容】

实训内容如图 3-4-8 所示。

图 3-4-8　模块化机器人实训内容

一、直流减速电机控制

1. 直流电机工作原理

直流电机是将直流电能转换为机械能的电动机，其结构一般由定子和转子组成，如图 3-4-9 所示。定子包括基座、主磁极、换向极、电刷装置等。转子（电枢）包括电枢铁心、电枢绕组、换向器、转轴和风扇等。

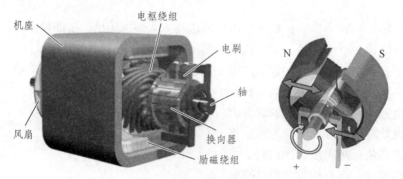

图 3-4-9　直流电机构造

当直流电源通过电刷向电枢绕组供电时，电枢表面的 N 极下导体可以流过相同方向的电流，根据左手定则导体将受到逆时针方向的力矩作用；电枢表面 S 极下部分导体也流过相同方向的电流，同样根据左手定则导体也将受到逆时针方向的力矩作用。这样，整个电枢绕组即转子将按逆时针旋转，输入的直流电能就转换成转子轴上输出的机械能。输入电枢绕组的电流方向决定了电机的旋转方向，而电流大小决定了电机旋转速度的快慢。

直流电机具有成本低、易于控制的特点，一般用于给轮式机器人底盘提供动力。

2. 数字信号与模拟信号

数字信号只有 0、1 两个状态，是离散的信号电路中数字信号是通过电压高低来表示的，在阈值电压以下的规定为 0（低电平），高于阈值电压以上的规定为 1（高电平）。在电机控制过程中，用数字信号控制电机电流方向，从而实现对电机正反转的控制。

模拟信号在一定范围内可以连续取值，是连续的信号。电路中用电压的大小来表示模拟信号值大小。在电机控制过程中，用模拟信号大小控制电机的电流大小，从而实现对速度快慢的控制。

3. 直流电机的控制实现

工程训练机器人（ETROBOT）的控制器上，有四路独立的电机接口，每一路电机的方向和转速都分别由对应的 I/O 口控制。电机每个接口和对应的 I/O 口如表 3-4-1 所示。以 M3 电机接口的控制为例，第 30 号数字 I/O 口负责控制 M3 的方向，第 6 号模拟 I/O 口负责控制 M3 的转速，所以通过程序控制第 30 号 I/O 口输出一个高或者低电平、控制第 6 号 I/O 口输出一个模拟值，实现对电机的控制（见图 3-4-10）。

表 3-4-1　电机接口

接口	控制正反转	控制速度
M1	D28	D4
M2	D29	D5
M3	D30	D6
M4	D31	D7

图 3-4-10　直流电机控制图形化程序

二、超声波测距传感器控制

1. 生活中的超声波应用

声波是一种机械纵波，频率高于 20 000 Hz 的声波称为超声波。动物中的蝙蝠、海豚可以发射超声波，靠超声波对环境进行感知和定位。工业上普遍使用超声波探头进行无损检测，钢铁、混凝土等内部裂缝缺陷都可以用超声波扫描仪器进行探测。医疗上用超声波扫描仪（B超、彩超）对人体内部器官进行探测，以判断某些器官是否有病变。

HC-SRD4 型超声波测距传感器工作原理（见图 3-4-11）：

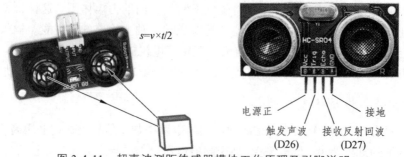

图 3-4-11　超声波测距传感器模块工作原理及引脚说明

　　传感器有发射和接收两个探头，测距时，先发射超声波，在超声波的传播路径中，如果遇到物体，会有一部分声波被反射回传感器，被接收探头探测到。通过控制器测量出传感器从发射声波到收到回波的时间 t，再结合声波在空气中的速度，即可算出传感器到障碍物之间的距离。

　　传感器上"Trig"引脚收到高电平时，发射超声波，同时"Echo"引脚向控制器持续输出高电平脉冲，直到接收到回波时停止输出高电平脉冲，故"Echo"引脚输出高电平脉冲持续时间即为声波的传播时间。

　　柔软的物体容易吸收声波，因而当超声波测距传感器遇到这类物体时，反射回波信号会很弱，容易测不出距离，如图 3-4-12（a）所示。而当超声波入射方向与反射面法线夹角变大时，声波会被反射到其他方向，传感器也会收不到反射回波，这时也测不出距离，如图 3-4-12（b）所示。

（a）　　　　　　　　　　　　　　　　　（b）

图 3-4-12　超声波测距传感器模块可能收不到回波的两种情况

2. 传感器的程序控制实现

　　传感器工作时会返回所探测到的数据，故需要声明一个变量用于保存传感器每次测量到的数据，程序如图 3-4-13 所示。可通过串口将数据传回计算机，并调用软件（Mixly 或 ArduinoIDE）上的串口监视器观测传感器数据。

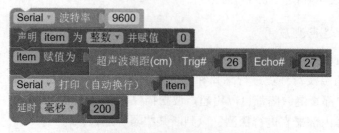

图 3-4-13　超声波测距传感器控制图形化程序

三、LCD1602 型显示屏控制

LCD1602 是一种工业字符型液晶显示屏，能够同时显示 16 列 2 行即 32 个字符。LCD1602 型液晶显示的原理是利用液晶的物理特性，通过电压对其显示区域进行控制，即可以显示出图形。它由若干个 5×7 或者 5×11 等点阵字符位组成，每个点阵字符位都可以显示一个字符，每位之间有一个点距的间隔，每行之间也有间隔，起到了字符间距和行间距的作用。

LCD1602 型液晶模块内部的字符发生存储器（CGROM）已经存储了 160 个不同的点阵字符图形，这些字符有阿拉伯数字、英文字母的大小写、常用的符号等，每一个字符都有一个固定的代码，比如大写的英文字母"A"的代码是"01000001B（41H）"，显示时模块把地址 41H 中的点阵字符图形显示出来，我们就能看到字母"A"。ArduinoIDE 中有已写好的 LCD1602 库文件，在程序中直接调用库可以很方便控制显示屏显示字符，如图 3-4-14 所示。

图 3-4-14　显示屏控制图形化程序

四、蜂鸣器控制

1. 蜂鸣器的应用

蜂鸣器是一种一体化结构的电子讯响器，采用直流电压供电，广泛应用于计算机、打印机、复印机、报警器、电子玩具、汽车电子设备、电话机、定时器等电子产品中作发声器件，起到提示或者报警的作用。

2. 蜂鸣器的工作原理

根据发声原理不同，蜂鸣器有电磁式和压电式两种（见图 3-4-15）：电磁式蜂鸣器构造类似扬声器，信号驱动线圈在磁场中振动，连在线圈上的薄膜跟着振动从而发出声音；压电式蜂鸣器的发声部件为压电陶瓷片，压电陶瓷材料在外部电压作用下可发生微小形变（不足千万分之一），在快速变化的电压信号作用下，可发生振动从而发出声音。

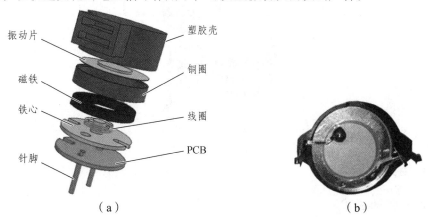

（a）　　　　　　　　　　　　（b）

图 3-4-15　电磁式蜂鸣器与压电式蜂鸣器

3. 蜂鸣器的分类

根据驱动方式不同，蜂鸣器可分有源和无源两种。"源"不是指电源，而是指驱动信号源。也就是说，有源蜂鸣器内部带驱动信号源，所以只要一通电就会叫。而无源蜂鸣器内部不带驱动信号源，所以必须用信号去驱动它。

无源蜂鸣器具有便宜；声音频率可控，可以改变其音调等优点。

有源蜂鸣器具有控制简单，通电时响、断电时停等优点。

4. 蜂鸣器的控制程序设计

机器人上使用的是无源蜂鸣器模块，由控制器生成方波信号来驱动蜂鸣器发声。当控制器输出方波信号时，蜂鸣器发出相应频率的声响；当停止输出方波信号时，蜂鸣器停止发声。其图形化控制程序如图 3-4-16 所示。

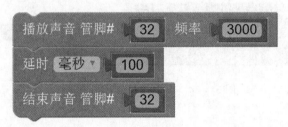

图 3-4-16　无源蜂鸣器控制图形化程序

五、特雷门琴项目实践

特雷门琴是苏联物理学家利夫·特雷门（Lev Termen）教授于 1919 年发明的人类第一种电子乐器，其原理是利用天线和演奏者的手构成电容器，天线安装在一个带有放大电路和扬声器的 *LC* 回路上，通过天线接收手的位置变化来发出声响（见图 3-4-17）。

在本实训中，需利用所学的超声波测距传感器和无源蜂鸣器模块，自行设计程序，实现特雷门琴效果。

图 3-4-17　演奏特雷门琴

六、光电开关控制

1. 光电开关的应用

光电开关已被用于物位检测、液位控制、产品计数、宽度判别、速度检测、定长剪切、孔洞识别、信号延时、自动门传感、色标检出、冲床和剪切机以及安全防护等诸多领域。此外，利用红外线的隐蔽性，还可在银行、仓库、商店、办公室以及其他需要的场合作为防盗警戒之用。

2．光电开关的工作原理

光电开关（见图 3-4-18）是光电接近开关的简称，它是利用被检测物对光束的遮挡或反射作用，由同步回路接通电路，从而检测有无物体。根据光路不同，光电开关分为对射式、镜面反射式（回归反射）和漫反射式（扩散反射）三种。

图 3-4-18　光电开关

由于漫反射式传感器主要依靠物体表面对红外光线的漫反射，不同颜色和粗糙度的物体表面反射光线强度不一（见图 3-4-19），因而它的检测范围会因不同物体表面而有所差别。

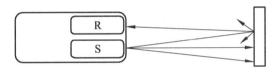

图 3-4-19　光电开关工作原理示意

3．控制程序设计

ETRobot 机器人上的光电开关传感器检测到物体靠近时，其输出信号值为 0，否则输出信号值 1（见图 3-4-20）。由此可通过程序判断传感器的返回值从而判断出是否有物体靠近。

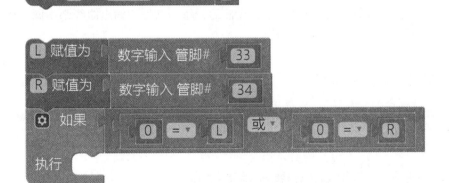

图 3-4-20　光电开关控制图形化例程

七、声强传感器控制

1. 声强传感器的工作原理及应用

声强传感器利用麦克风对声音信号进行采样，实现对周围环境中声音强度的检测，它可以用来实现根据声音大小进行互动的效果、制作声控机器人、声控开关、声控报警等。

2. 声强传感器的控制程序设计

声强传感器及控制图形化程序如图 3-4-21 所示。

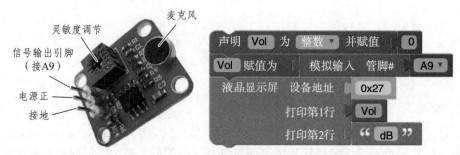

图 3-4-21　声强传感器及控制图形化程序

八、红外测距传感器控制

1. 红外测距技术的应用

红外测距传感器是一种使用红外线为介质的测量系统，它有测量范围广、响应时间短等优点，主要应用于机器人、无人驾驶、军工等领域。

2. 红外测距传感器的工作原理

红外测距传感器具有一对红外信号发射与接收二极管。工作时，红外激光器 LDM301 发射出一束红外光，在照射到物体后形成一个反射的过程，反射光线经过透镜聚焦后，在 CCD 检测器表面形成光点，光点偏移量 L 可由 CCD 检测出，根据相似三角形原理可计算出物体的距离（见图 3-4-22）。

Sharp GS2X 系列的传感器的输出是非线性的，每个型号的输出曲线都不同。所以在实际使用前，需要对所使用的传感器进行校正。

九、综合实践项目制作

利用所掌握到的电机驱动、传感器控制等技术，编写控制程序，实现 ETRobot 机器人在地面上的智能避障行走。

十*、电机测速与机器人的精准运动控制

模块化机器人的驱动电机（JGA25-371）上安装有霍尔测速传感器（见图 3-4-23），可用于对电机进行测速。

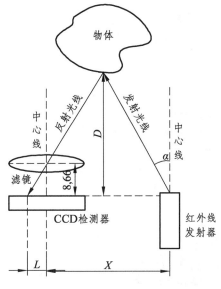

图 3-4-22　三角测距原理示意

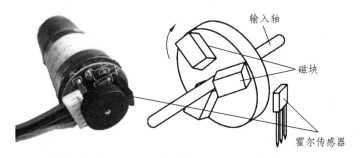

图 3-4-23　电机上的霍尔传感器元件以及霍尔传感器原理

　　霍尔测速传感器中的磁轮与电机转轴相连，当转轴转动时，磁轮随之转动，固定在磁性转盘附近的霍尔开关元件便可在每一个小磁铁通过时产生一个相应的脉冲，检测出单位时间的脉冲数，便可知道被测对象的转速。磁性转盘上的小磁铁数目的多少，决定传感器的分辨率，该型号电机磁轮上小磁块数目为 26 个，故原始分辨率为 26 CPR（每转 26 个脉冲）。

　　由于电机输出经过了减速齿轮箱的减速和扭力放大，电机输出轴的转速 r 可由如下公式计算：

$$r = \frac{60 \times N}{26 \times 21.3}$$

其中，N 为电机旋转时每秒输出的脉冲个数，26 为原始分辨率，21.3 为电机减速比，转速 r 的单位为转/分钟（r/min）。

　　图 3-4-24 所示为单个电机测速的例程，程序使用外部中断捕获霍尔传感器的输出脉冲，并使用 Arduino 定时器 MsTimer2 每隔 1 s 测一次电机速度。霍尔传感器的信号输出引脚连接数字 I/O 口 2（Arduino Mega2560 的数字 I/O 口 2、3、18、19、20、21 为外部中断引脚），ETRobot 机器人的两个电机的霍尔传感器信号输出引脚分别连接至数字 I/O 口 2 和 3。

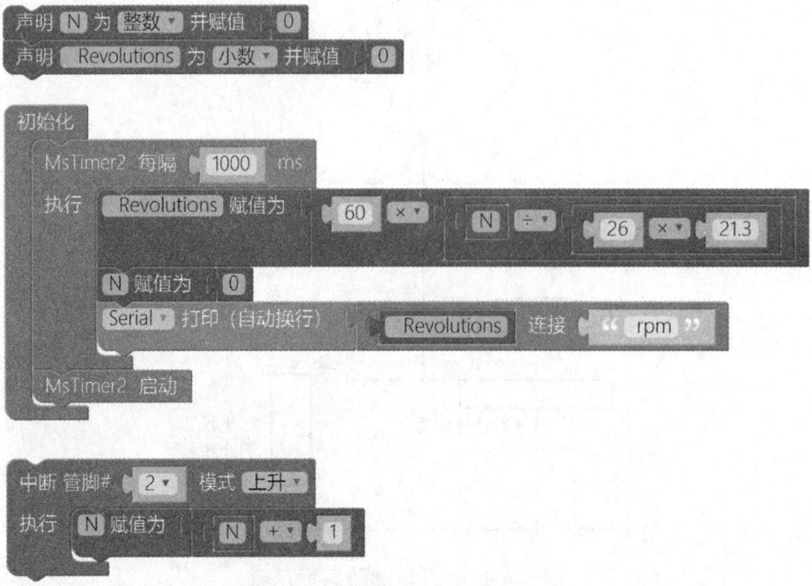

图 3-4-24　单个电机测速图形化程序例程

通过对电机的测速，结合 PID 等控制算法，可实现对机器人更精确的控制（如沿着直线行走、平衡车等）。

【安全操作规程及注意事项】

（1）严禁插拔机器人的数据线。

（2）调试机器人时，将机器人置于调试支架上，严禁直接在桌面调试机器人。禁止在别人身后调试机器人。

（3）调试或展示机器人运动项目时，机器人行走方向勿朝人。

（4）轮子电机出现堵转情况时，请关掉电源或去除使机器人轮子电机堵转的物体。

【预习要求及思考题】

一、课前预习要求

（1）熟悉 ETRobot 机器人上各个模块的功能及其控制原理。

（2）完成实训报告中的第三、四题。

二、思考题

（1）相对于 ETRobot，轮式移动机器人（如扫地机器人）如何才能更高效地感知环境信息？

（2）目前主流的机器人上，都有哪些传感器？

【阅读资料】

一、机器人概述

随着工业化以及信息化的进程，机器人已经在不知不觉中融入我们的生活和工作当中。那么我们对机器人到底有多少了解呢？

1. 机器人的概念

机器人（Robot）是自动执行工作的机器装置。它既可以接受人类指挥，又可以运行预先编排的程序，也可以根据以人工智能技术制定的原则纲领行动。它的任务是协助或取代人类的部分工作，如生产业、建筑业或是危险的工作。

2. 机器人的发展历史

智能型机器人是最复杂的机器人，也是人类最渴望能够早日制造出来的机器朋友。然而要制造出一台智能机器人并不容易，仅仅是让机器模拟人类的行走动作，科学家们就要付出数十甚至上百年的努力，机器人的发展历史如图 3-4-25 所示。

图 3-4-25　机器人发展历史

3. 机器人的组成

机器人一般由控制系统、驱动装置、执行机构、检测装置和机械结构等部分组成。

控制系统：机器人的控制系统就相当于机器人的大脑，主要负责信息运算和处理。常见的机器人控制系统有两种：一种是集中式控制，即机器人的全部控制由一台微型计算机完成；另一种是分散（级）式控制，即采用多台微机来分担机器人的控制，如当采用上、下两级微机共同完成机器人的控制时，主机常用于负责系统的管理、通信、运动学和动力学计算，并向下级微机发送指令信息，作为下级从机，各关节分别对应一个 CPU，进行插补运算和伺服控制处理，实现给定的运动，并向主机反馈信息。

执行机构：即机器人的手臂，轮子等机器人的本体，其臂部一般采用空间开链连杆机构，其中的运动副（转动副或移动副）常被称为关节，关节个数通常即为机器人的自由度数。根据自由度的不同，机器人可以执行不同的动作。同时出于拟人化的考虑，常将机器人本体的有关部位分别称为基座、腰部、臂部、腕部、手部（夹持器或末端执行器）和行走部（对于移动机器人）等。

驱动装置：驱动装置就是驱使执行机构运动的机构，按照控制系统发出的指令信号，借助于动力元件使机器人进行动作。它输入的是电信号，输出的是线、角位移量。机器人使用的驱动装置主要是电力驱动装置，如步进电机、伺服电机等。此外，也有采用液压、气动等驱动装置的机器人。

检测装置：检测装置是机器人采集信息的部分，由各种传感器组成。一般情况下机器人的检测装置分为对自身状态的检测和对外界环境的检测两种。对自身状态的检测包括机器人自身的运动状态，手臂等执行机构的位置和状态等。对外界环境的检测包括对地形的探测，对光强、温度的检测等。

机械结构：为了控制系统、执行机构、驱动装置等其他各部分的安装，同时也出于机器人美观的要求，机器人一般会设计出一些特定的机械结构来完成对整个机器人的组装。

4. 机器人的分类

中国的机器人专家从应用环境出发，将机器人分为两大类，即工业机器人和特种机器人。

工业机器人：所谓工业机器人就是面向工业领域的多关节机械手或多自由度机器人。

特种机器人：特种机器人是除工业机器人之外的、用于非制造业并服务于人类的各种先进机器人，包括服务机器人、水下机器人、娱乐机器人、军用机器人、农业机器人、机器人化机器等。在特种机器人中，有些分支发展很快，有独立成体系的趋势，如服务机器人、水下机器人、军用机器人、微操作机器人等。

二、工业机器人控制实践

1. 实训技术及系统组成

（1）本实训采用的系统布局及各模块如图 3-4-26 所示。

（2）系统说明。

实训装置为模块化开放式设计结构，不仅可作为独立的系统单独使用，也可作为子系统与其他设备组合构成自动化生产系统，具有功能的可扩展性等优点。各种气动元件、电气元件以及机械运动执行机构的工作过程及运行状态具有直观性。实训装置具有手动和自动控制功能，通过手动可以对气缸、气爪等主要器件的工作性能是否正常进行检测。

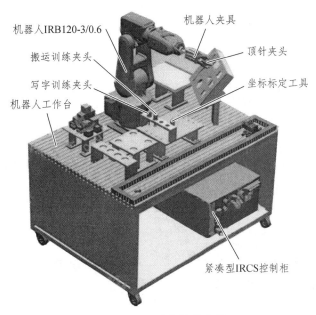

图 3-4-26　系统整体布局

（3）各模块说明。

① TCP 定标模块。

TCP 定标模块（见图 3-4-27）有效地强化了 TCP 这个重要程序数据的练习，为以后的机器人学习打下良好的基础，能够实现快速切换到其他的应用模块。

② 工件坐标标定模块。

工件坐标标定模块（见图 3-4-28）有效地强化了 WOBJ 这个重要程序数据的练习，为以后的机器人学习打下良好的基础，能够实现快速切换到其他应用模块。

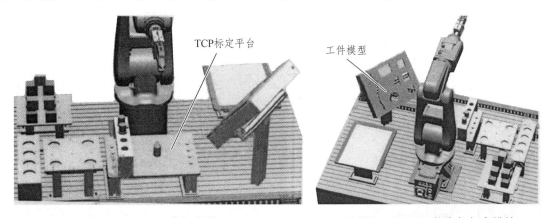

图 3-4-27　TCP 定标模块　　　　　　　　图 3-4-28　工件坐标标定模块

③ 轨迹规划模块。

轨迹规划模块（见图 3-4-29）为机器人提供了一个基于平整的写字编程训练平台，通过此平台进行轨迹规划的练习，能够实现快速切换到其他的应用模块。

④ 码垛搬运模块（两块）。

不同形式的码垛训练模块（见图 3-4-30），为机器人提供更全面的搬运码垛训练，其中包括 2×2、4×1 这种典型 STACK 算法的切换，以及金字塔堆叠的相关训练，能够实现快速切换到其他的应用模块。

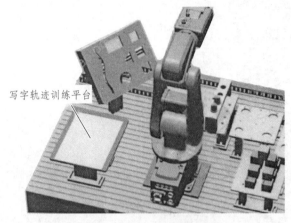

图 3-4-29 轨迹规划模块

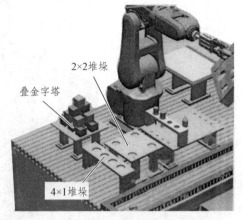

图 3-4-30 码垛搬运模块

（4）系统参数。

供电：单相 220 V，50～60 Hz；供气压力：不小于 6 kPa；压缩空气接口：每台机器人提供带球阀的 G3/8 英寸内螺纹接口至供气点；耗气量：50 L/min；空气质量：3 级 DIN ISO 8573-1；粉尘直径：小于 0.005 mm；粉尘含量：小于 5 mg/m³；油污含量：小于 1 mg/m³；大气露点：-20 ℃。

系统主要应用：装配、上下料、物料搬运、包装/挤胶。

2. IRB120 型工业机器人简介

机器人本体（橙色）：型号 IRB120-3/0.6，有效负载 3 kg，最大臂展半径 0.58 m（见图 3-4-31），轴数 6（见图 3-4-32），防护等级 IP30，位置重复精度 0.1 mm，电源单相 220 V，50～60 Hz，额定功率 4 kV·A，环境温度 5～45 ℃，相对湿度 95%，噪声等级小于 70 dB。

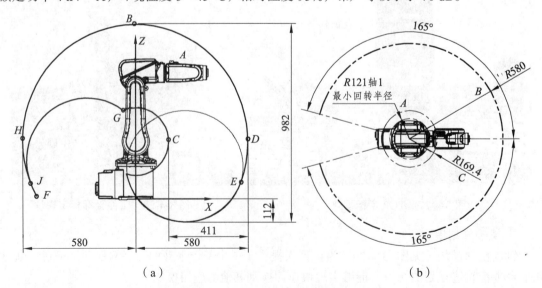

（a）   （b）

图 3-4-31　IRB120-3/0.6 型机器人运动范围

机器人夹具：本方案采用夹爪与吸盘相结合式夹具，既可对产品进行夹持式抓取，又可对产品进行吸附式抓取，如图 3-4-33 所示。

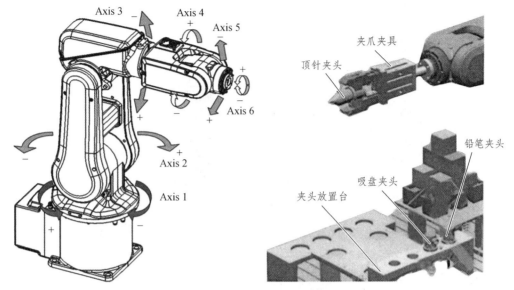

图 3-4-32　IRB120 机器人的 6 轴　　　　图 3-4-33　机器人夹具

控制器：采用紧凑型 IRC5 型控制器，具体参数见表 3-4-2。

表 3-4-2

控制硬件	多处理器系统，PCI 总线，奔腾 CPU 大容量闪存，20sUPS 备份电源
控制软件	BaseWare 机器人操作系统，采用 RAPID 语言编程，PC-DOS 文本格式软件出厂预装，并存于光碟
电气连接	电源单相 220 V，50～60 Hz，额定功率 3 kV·A，安全性（紧急停止，自动模式停止，测试模式停止等），数字式直流 24 V 输入输出板
物理参数	控制柜尺寸 258 mm×450 mm×565 mm（H×W×D），控制柜质量 27.5 kg
环境参数	环境温度 0～45 ℃，最大湿度 95%，防护等级 IP20
操作界面	控制面板：控制柜上 编程单元：便携式示盒 FlexPendant，具备操纵杆、键盘和彩色触摸式显示屏、英文菜单选项

IRC5 型控制器包含移动和控制机器人的所有必要功能。标准单机柜 IRC5 型控制器，Single Cabinet Controller 控制器也可分为两个机柜，或者集成在一个外部机柜中。控制器包含两个模块，Control Module 和 Drive Module，如图 3-4-34 所示。

IRC5 型控制器上的按钮和端口如图 3-4-35 所示。根据控制器型号（Single Cabinet Controller、Dual Cabinet Controller 或 Panel Mounted Controller）及外部操作面板，这些按钮和端口外观相同位置可能不同。

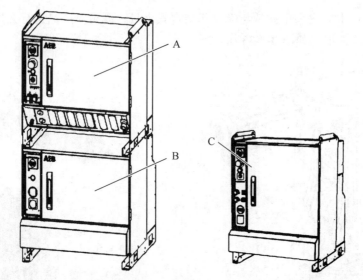

A—控制模块，双机柜控制器；B—驱动模块，双机柜控制器；C—单机柜控制器。

图 3-4-34　IRC5 型控制器

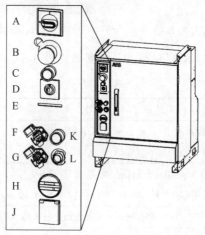

A—总开关；B—紧急停止；C—电机开启；D—模式开关；E—安全链 LED（选项）；F—USB 端口；
G—计算机服务端口（选项）；H—负荷计时器（选项）；J—服务插口 115/230 V，200 W（选项）；
K—Hot plug 按钮（选项）；L—FlexPendant 连接器。

图 3-4-35　IRC5 控制器上的按钮和端口说明

3. FlexPendant 简介

FlexPendant 设备（有时也称为 TPU 或教导器单元）用于处理与机器人系统操作相关的许多功能；运行程序、微动控制操纵器、修改机器人程序等。FlexPendant 可在恶劣的工业环境下持续工作。其触摸屏易于清洁，且防水、防油、防溅锡。有 USB 接口的 FlexPendant 外观及按键如图 3-4-36 所示，这些选择和切换按钮对使用 RobotWare5.12 或更高版本的系统有效，对于较低版本的系统无效。

操作方式：操作 FlexPendant 时，通常会手持该设备。右利手者通常左手持设备，右手在触摸屏上操作。而左利手者可以轻松通过将显示器旋转 180°，使用右手持设备，如图 3-4-37 所示。开机后，触摸屏组件如图 3-4-38 所示。

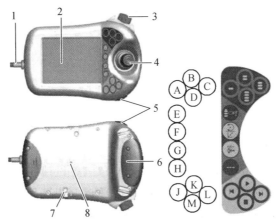

1—连接器；2—触摸屏；3—紧急停止按钮；4—控制杆；5—USB 端口；6—使动装置；7—触摸笔；
8—重置按钮；A～D—预设按键，1～4；E—选择机械单元；F—切换移动模式，重定向或线性；
G—切换移动模式，轴 1～3 或轴 4～6；H—切换增量；J—Step BACKWARD（步退）按钮，
使程序后退一步的指令；K—START（启动）按钮，开始执行程序；
L—Step FORWARD（步进）按钮，使程序前进一步的指令；
M—STOP（停止）按钮，停止程序执行。

图 3-4-36　FlexPendant 外观及按键说明

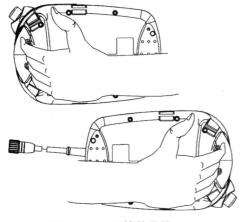

图 3-4-37　手持教导器

图 3-4-38　触摸屏组件

4. Robotstudio 软件简介

RobotStudio 是一个计算应用程序，用于离线创建、编程和模拟机器人单元。

操作者可使用 FlexPendant 或 RobotStudio 来操作或管理机器人。FlexPendant 适用于处理机器人动作和普通操作，最适用于修改程序，如路径、位置；RobotStudio 适用于配置更复杂的编程及其他与日常操作相关的任务。

5. 机器人工作台

工作台采用铝合金框架，下方配有专门的存储空间，方便机器人控制柜及教学器材的存放。

实训五 PCB 加工

【实训目的】

（1）了解 PCB 加工的特点及电路板雕刻的 CAD/CAM 设计制作一体化加工流程。
（2）掌握利用电路设计软件 Altium Designer 进行 PCB 电路板设计的过程。
（3）掌握电路板雕刻机控制软件 DreamCreaTor 进行 PCB 电路板雕刻的基本操作。

【实训设备及工具】

序号	名称	规格型号
1	电路板雕刻机	DM300
2	电路图设计软件	Altium Designer
3	电路板加工软件	CircuitCAM，DreamCreaTor

【实训基础知识】

印制电路板雕刻（简称 PCB 雕刻）是 CNC 雕刻技术和传统 PCB 加工技术结合的产物，它秉承了 CNC 雕刻精细轻巧、灵活自如的操作特点，同时有效地减少了传统腐蚀方法加工 PCB 电路板时对环境造成的污染，并将二者有机地结合在一起，成为一种新的 PCB 加工技术。PCB 雕刻机集计算机辅助设计技术（CAD 技术）、计算机辅助制造技术（CAM 技术）、数控技术（NC 技术）于一体，雕刻流程如图 3-5-1 所示。

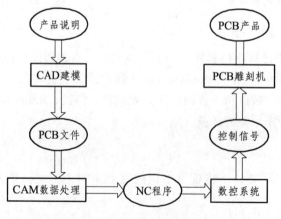

图 3-5-1　PCB 雕刻流程图

【实训内容】

实训分为 4 个步骤：设计 PCB 电路板（电路 CAD）→导出 Gerber 文件→CAM 数据处理→机床上加工产品

一、设计 PCB 电路板

PCB 电路板的计算机辅助设计（电路 CAD），是以电路原理图为根据，通过计算机辅助设计，实现电路设计者所需要的功能。目前，常用的软件有 Altium Designer、Cadence、EAGLE 等。

本实训课程使用的软件是 Altium Designer（AD）。AD 设计印制电路板的流程如图 3-5-2 所示。

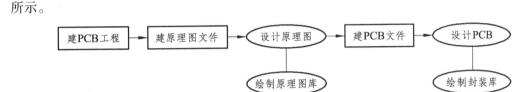

图 3-5-2　AD 设计印制电路板的流程

首先双击桌面的 AD 软件图标 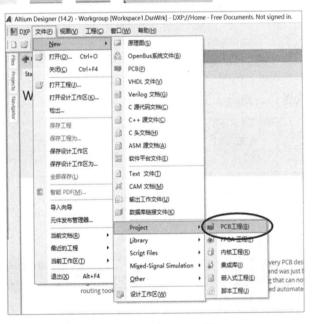，打开软件。

1. 建 PCB 工程

（1）点击：**文件(F)** → **New** → **Project** → **PCB工程(B)**，具体操作如图 3-5-3 所示。

图 3-5-3　建 PCB 工程

（2）保存工程：Project→ **PCB_Project1.PrjPCB**（鼠标右击）→ **保存工程**，具体操作如图 3-5-4 所示。此时会弹出一个文本框，在"文件名"输入自己 PCB 工程的名称之后，点击 **保存(S)** 完成保存，如图 3-5-5 所示。

图 3-5-4　保存工程（1）　　　　　　　图 3-5-5　保存工程（2）

2. 建原理图文件

（1）点击：文件(F)→ New → 原理图(S)，具体操作如图 3-5-6 所示。

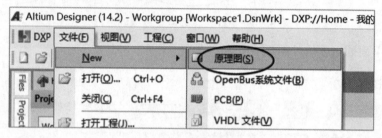

图 3-5-6　建原理图

（2）保存原理图：Project→ Sheet1.SchDoc（鼠标右击）→ 保存(S)。

具体操作如图 3-5-7 所示。此时会弹出一个文本框，在"文件名"输入自己原理图的名称之后，点击 保存(S) 完成保存，如图 3-5-8 所示：

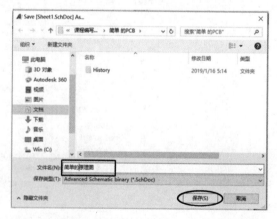

图 3-5-7　保存原理图（1）　　　　　　图 3-5-8　保存原理图（2）

3. 设计原理图

在完成原理图保存之后开始设计原理图，原理图设置区域如图 3-5-9 所示，所绘制图纸的所有器件必须要布置在该区域里面。

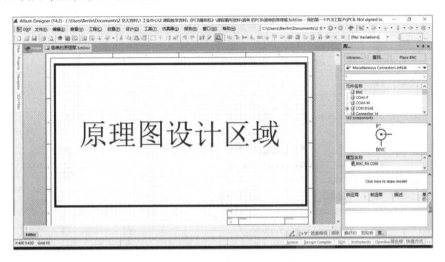

图 3-5-9 原理图设计区域

常用的电阻、电容和数字期间在软件菜单栏最右端"数字器件"的图标 ░▾ 的下拉框里面，具体如图 3-5-10 所示。用鼠标点击想要选取的器件，然后将鼠标拖回原理图设计区域放置器件如图 3-5-11 所示，右击鼠标可以取消放置。

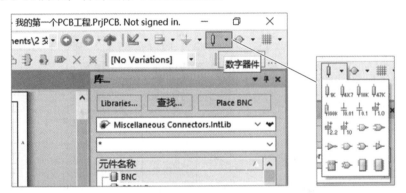

图 3-5-10 放置电阻、电容以及常用数字器件

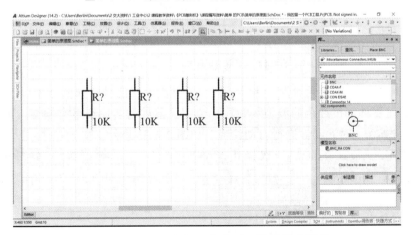

图 3-5-11 放置电阻、电容以及常用数字器件

如果要改变元器件的任何参数，都可以直接用鼠标双击该参数进行修改。比如要修改第一个电阻的阻值，只需要双击电阻旁边的阻值「10K，此时会弹出一个文本框，将文本框里面的"值"修改成自己需要的参数即可，具体操作如图 3-5-12 所示。

图 3-5-12　修改器件的参数

除了常用的电阻、电容和数字器件外，其他的元器件都在右侧的"库"中，通过"元件名称"找到自己需要的元器件，然后将其用鼠标拖拽到原理图设计区域即可。具体操作如图 3-5-13 所示。

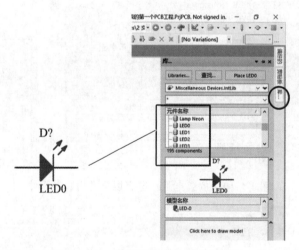

图 3-5-13　从原理图库中寻找元器件

找到项目所需要的所有元器件，将其放置在原理图编辑区域，如图 3-5-14 所示。这时候会发现所有的元器件都被红色的波浪线标注，说明元器件的名称编号有冲突。可以点击菜单栏的 工具(T) → 注解(A)... 对元器件进行自动注释，如图 3-5-15 所示。

此时会弹出一个文本框，一次操作 更新更改列表 → OK → 接收更改(创建ECO) → 生效更改 → 执行更改 → 关闭 → 关闭 ，具体操作如图 3-5-16 和图 3-5-17 所示。

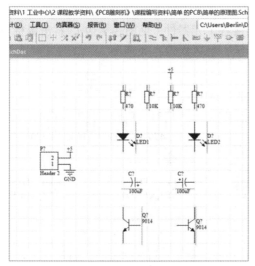

图 3-5-14　放置完成的元器件

图 3-5-15　注释元器件

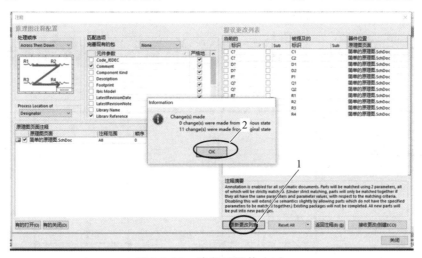

图 3-5-16　注释元器件（1）

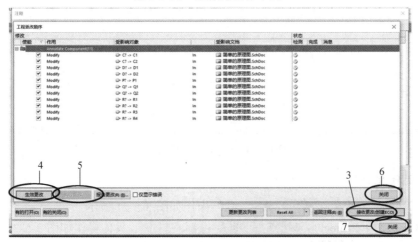

图 3-5-17　注释元器件（2）

完成注释后可以放置走线连接各个电子元器件，在菜单栏下面 ≈ 图标就是放置线，点击该图标（见图 3-5-18），然后用鼠标按电气要求连接各个元器件（见图 3-5-19）。右击鼠标可以取消连线。最后完成的电路原理图如图 3-5-20 所示，且再次保存原理图。

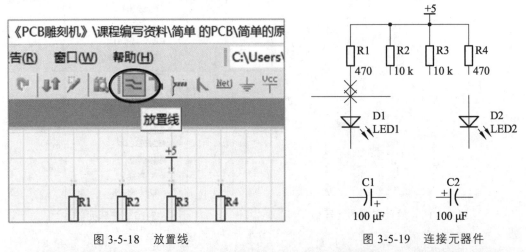

图 3-5-18　放置线　　　　　　　　　　　　图 3-5-19　连接元器件

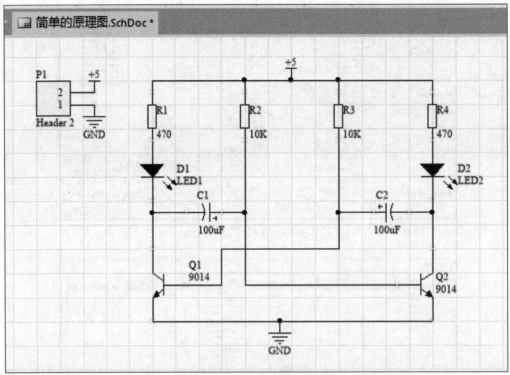

图 3-5-20　完成的电路原理图

4. 建 PCB 文件

点击：文件(F)→ New → PCB(P)，具体操作如图 3-5-21 所示。

保存 PCB 文件：Project→ PCB1.PcbDoc → 保存(S)，具体操作如图 3-5-22 所示，然后修改文件名称，点击 保存(S) 完成保存，如图 3-5-23 所示。

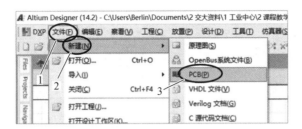

图 3-5-21 建 PCB 文件

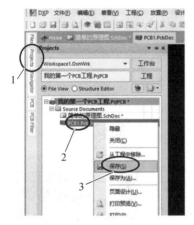

图 3-5-22 保存 PCB 文件

图 3-5-23 修改名称、保存

5. 设计 PCB

回到原理图，在菜单栏点击 设计(D) → Update PCB Document 简单的PCB.PcbDoc ，然后在弹出的文本框依次点击 生效更改 → 执行更改 → 关闭 ，如图 3-5-24 和图 3-5-25 所示，将原理图导入到 PCB 文件。

然后软件自动跳转到 PCB 文件中，如图 3-5-26 所示，元器件已经导入到 PCB 文件中，黑色的区域为 PCB 设计区域。

如图 3-5-27 所示，依次点击 Keep-Out Layer → → ，即可在 PCB 绘制区绘制 PCB 电路板的形状（见图 3-5-28），完成的电子元器件布局如图 3-5-29 所示。

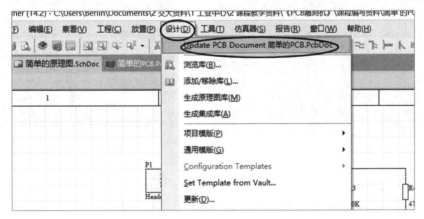

图 3-5-24 将原理图导入 PCB（1）

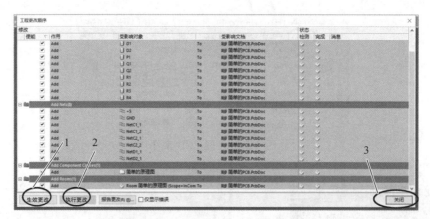

图 3-5-25 将原理图导入 PCB（2）

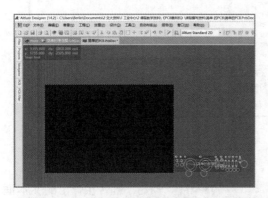

图 3-5-26 元器件已经导入到 PCB 文件

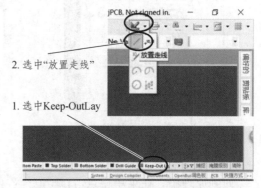

图 3-5-27 在轮廓层调用："布线"命令

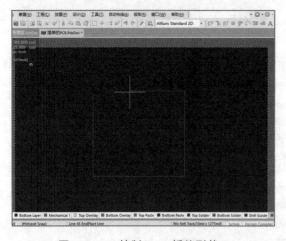

图 3-5-28 绘制 PCB 板的形状

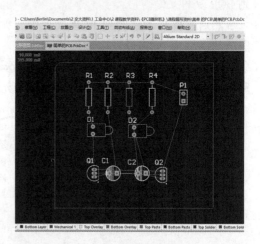

图 3-5-29 完成元器件布局

依次点击 **自动布线(A)** → **全部(A)...** →（在弹出的对话框中点击）**Route All** 完成 PCB 的自动布线，具体操作如图 3-5-30 和 3-5-31 所示，自动布线完成，如图 3-5-32 所示。

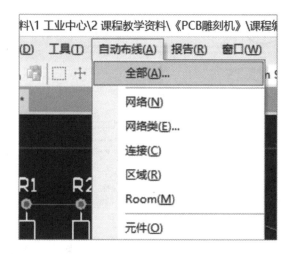

图 3-5-30　找到自动布线

图 3-5-31　开始自动布线

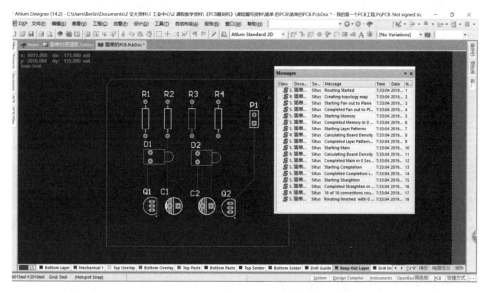

图 3-5-32　自动布线完成

二、导出 Gerber 文件

由于设计软件的种类较多，为了方便后期加工制造，一般都统一将设计的 PCB 文件以 Gerber 格式的文件输出，然后由 CAM 软件处理加工。

Altium Designer 输出 Gerber 格式的文件的方法如下：

文件(F) → 制造输出(F) → Gerber Files，如图 3-5-33 所示。然后在跳出的对话框中选择单位 ●英寸(I) 格式 ●2:5，具体操作如图 3-5-34 所示。同时在 层 和 钻孔图层 按照图 3-5-35 和 3-5-36 所示的参数进行设置，点击"确定"导出 Gerber 文件。

再按照图 3-5-37 和图 3-5-38 所示要求，导出钻孔文件。

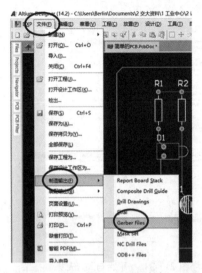

图 3-5-33　制造输出

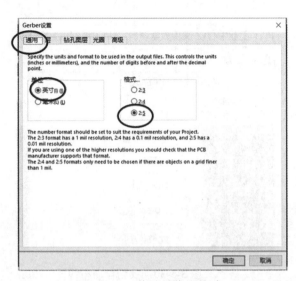

图 3-5-34　修改单位和格式

图 3-5-35　选择层

图 3-5-36　选择钻孔图层

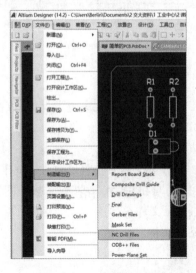

图 3-5-37　选择钻孔输出

图 3-5-38　设置输出参数

最后在工程文件夹里面就会自动出现一个"Project Outputs****"的文件夹，导出的 Gerber 文件就在该文件夹下面，如图 3-5-39 所示。

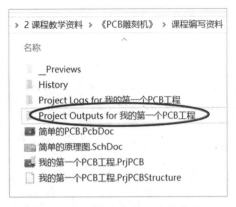

图 3-5-39　输出文件所在文件夹

三、CAM 数据处理

计算机辅助设计（Computer Aided Manufacturing，CAM）通过计算机编程生成机床设备能够读取的 NC 代码，从而使机床设备运行。它的输入信息是零件的工艺路线和工序内容，输出信息是刀具加工时的运动轨迹（刀位文件）和数控程序。

CAM 软件可以识别目前广泛应用的大部分设计文件类型，包括 Gerber、Gerber X、Excellon、DXF 等文件类型。

双击打开 CircuitCAM 软件，将 Gerber 文件导入软件，如图 3-5-40 所示。

文件导入软件后首先要修改各层对应的格式，如图 3-5-41 所示。

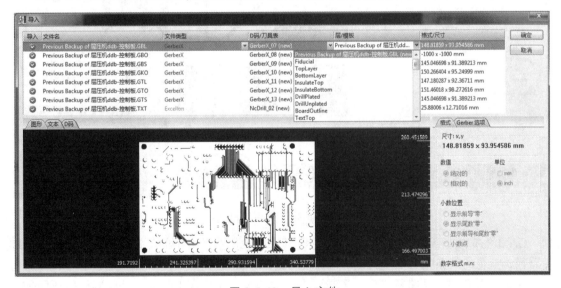

图 3-5-40　导入文件

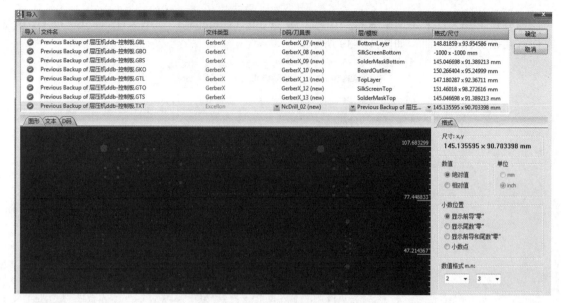

图 3-5-41 修改文件对应层

导入数据之后，CAM 软件需要在右侧的批处理栏内进行刻刀的路径计算。一般选择第三个模板来进行，点击之后出现如图所示对话框，具体设置如图 3-5-42 所示。

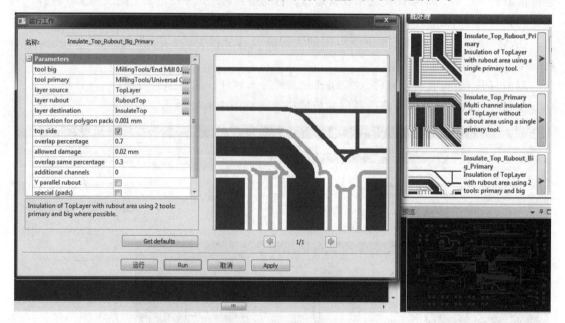

图 3-5-42 设置刀路

CAM 生成的加工路径如图 3-5-43 所示，其中绿色的线条显示的是铣线路的万用铣刀的加工路径，蓝色的线条是大面积剥铜的端面铣刀的加工路径。

在生成顶底层刀具路径之后，还需要生成铣外轮廓线的加工数据，外轮廓线生成的依据是 BoardOutline。有时候因为设计的原因，BoardOutline 不是一条线，而是多条线，这时候需要全选 BoardOutline 层，单击右键，选择合并。

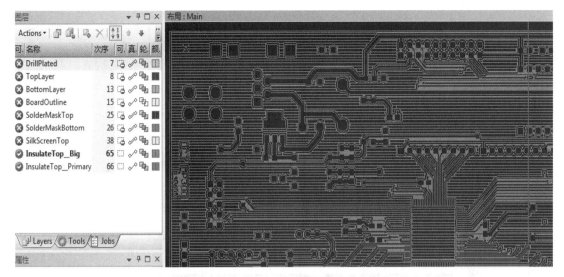

图 3-5-43　设置拔除死铜

选中 BoardOutline 之后，点击刀路菜单下的铣边路径，会弹出如图 3-5-44 所示对话框，铣外轮廓线的设定一般选择默认的值即可。

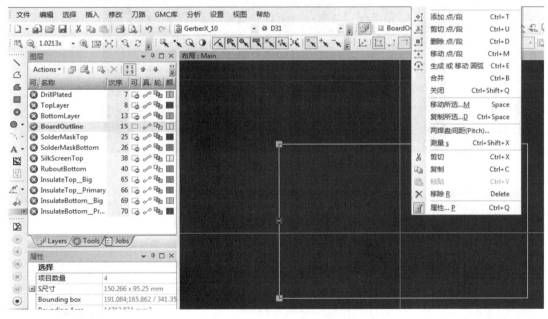

图 3-5-44　设置外框轮廓

点击"确定"之后，会在 BoardOutline 外围生成一圈透铣刀（Contour Router），具体方法如图 3-5-45 所示。

CAM 生成图 3-5-45 所示的刀具路径，它是在 Board Outline 外延一圈生成的刀具路径，使用刀具为 Contour Router 2.0。

当铣边路径对话框内选为内部时，则在 Board Outline 内里的一圈生成刀具路径，该功能主要用于铣内槽。外框轮廓刀路如图 3-5-46 所示。

图 3-5-45 设置外框轮廓刀路

图 3-5-46 外框轮廓刀路

在 Job 栏里可以看到模板里能导出的数据项, 该组导出模板包含了几乎所有的刀具路径数据。数据导出的方式有两种: 一种是按 Jobs 栏里的绿色箭头; 另一种是点击文件菜单里的导出一项, 选择需要导出的模板。操作过程如图 3-5-47 所示, 图 3-5-48 为加工文件。

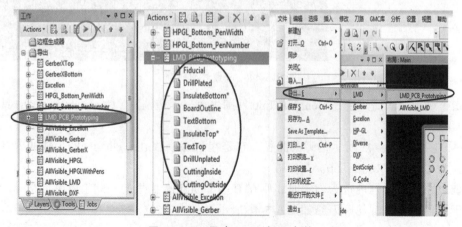

图 3-5-47 导出 LMD 加工文件

图 3-5-48　LMD 加工文件

四、机床上加工产品

DM300B 是一款桌面型 PCB 雕刻机，它具有加工速度快，加工精度高，操作简单，外形小巧等优点。机体包含 X、Y、Z 三个独立步进电机，通过三个轴配合运转，确保了雕刻机加工更加流畅，可使雕刻机在短时间内完成打孔，铣线等操作。该机器的结构如图 3-5-49 所示。

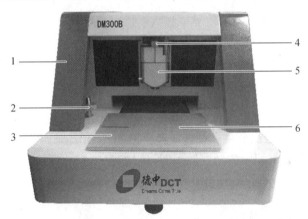

1—外壳；2—换刀器；3—加工台；4—主轴；5—机头；6—胶条。

图 3-5-49　DM300B 型 PCB 型雕刻机

1. 开　机

通过如图 3-5-50 所示的接口，为 DM300B 型雕刻机供 220 V 交流电和与计算机连接。打开雕刻机右后方红色电源开关；打开计算机，开启 DreamCreaTor 软件。

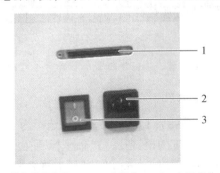

1—数据传输线接口；2—电源接口；3—电源开关。

图 3-5-50　雕刻机接口

2. 装卸刀具

安装刀具：捏住刀柄，插入雕刻机所配的专用换刀器中，左手顶住加工头上的按钮，同时将换刀器刀柄向上插入加工头并逆时针旋转换刀器，直到换刀器卡紧，松开按钮，竖直拿下换刀器即可完成上刀。拆卸刀具：方法同上刀，但旋转的时候须顺时针旋转，3～5圈即可，操作方法如图3-5-51所示。

图 3-5-51　换雕刻刀

3. 安装销钉

根据加工台所提供的胶条卡槽长度，卡入胶条。在新建模板中，材料选择和垫板选择均为"无"。点击"确定"后，在软件"设置"菜单里的"加工销钉孔"，选择"2.95"的钻头进行加工。待打完销钉孔，将配置的销钉插入即可，如图3-5-52所示。

图 3-5-52　安装销钉

注：加工前，确保销钉坐标正确后方可加工。

4. 为垫板和覆铜板加工销钉孔

在新建模板中，材料选择为所要加工的厚度，垫板选择为"垫板"。将覆铜板或垫板紧贴销钉放置，并用纸胶带粘牢。新加工的销钉孔，Y轴坐标须在原有Y轴坐标基础上加116 mm（覆铜板一半约114.5 mm，销钉一半约1.5 mm）。待所有准备完成后，选择3.0的钻头进行加工即可。

如图3-5-53所示，待以上步骤操作完成后，将垫板和覆铜板套入定位孔，即可加工。

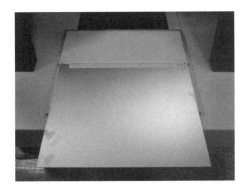

图 3-5-53　垫板和覆铜板加工销钉孔

5. 定位方法

DM300B 采用的是销钉定位法。待顶面加工完成后，取下覆铜板，将其沿 X 轴翻转，重新套入销钉即可。

6. 关　机

加工完成后，检查刀头上是否还有未取下的刀具，确认取下刀具后，关闭吸尘器、计算机、雕刻机开关即可。

【安全操作规程及注意事项】

（1）保持工作场所整洁干净。不整洁和混乱的工作场所会增加发生意外的可能性。

（2）保证周围环境不会影响机器使用：不要离水源太近；环境湿度不能太大；照明良好；没有火灾和爆炸隐患等；让儿童远离工作区域。

（3）机器工作时，不要同时进行其他操作或运行其他程序。

（4）工作时盖好机罩。如果这时打开机器会继续执行完当前指令，然后停止运动。

（5）机器运转时必须集中注意力，时刻关注运转情况，不要把手或工具伸进工作台区域。因为 X、Y 轴移动系统运动很快，这样做可能造成机器损坏或人身伤害。

（6）只能在铣/钻高速马达不旋转的状态下更换刀具，上刀时一定要把刀插到底，紧固好。刀具的默认参数可以修改，但不能随意加大转速和进给速度。保守的参数有助于延长刀具寿命。

（7）本机器工作时不要在控制计算机上同时运行其他程序。

（8）机器工作时一定要使用吸尘器，并定时更换过滤网兜。

（9）紧急情况下，应立即断开计算机连接和切断刻板机电源。再次使用时，计算机也要重新启动。

【预习要求及思考题】

一、课前预习要求

（1）预习本工种的所有内容。

（2）完成实训报告中的简答题。

二、思考题

简述 PCB 电路设计以及加工的流程，以及各个流程需要注意的事项。

【阅读材料】

表 3-5-1 为各层数据的后缀与 CAM 软件的各层的对应关系。

表 3-5-1　数据后缀与 CAM 软件各层对应关系

文件后缀	全称	层	CAM 里对应的层
GBL	Gerber bottom layer	底层线路	bottomlayer
GBO	Gerber bottom over layer	底层阻焊	SilkScreen bottom
GBS	Gerber bottom solder mask	底层字符	SoldMask bottom
GKO	Gerber keep out layer	轮廓层	boardoutline
GTL	Gerber top layer	顶层线路	toplayer
GTO	Gerber top over layer	顶层阻焊	SileScreen top
GTS	Gerber top mask	顶层字符	SoldMask top
TXT		打孔层	DrillPlated

表 3-5-2 为 DM300 型雕刻机参数。

表 3-5-2　DM300 型雕刻机参数

机器运行电压/V	220
功率/W	300
主轴电机最大转速/（r·min^{-1}）	40 000
允许湿度/%	最大 60%
工作温度/℃	10～35
外形尺寸（长×宽×高）/mm	800×630×460
工作噪声/dB	70（含吸尘器时）
最小导线宽度/mm	0.1
最小导线间隙/mm	0.1
最小孔径/mm	0.3
移动范围/mm	310×320
换刀方式	手动
刀具装卡	1/8 英寸夹头
钻孔能力/（个·min^{-1}）	100（最大）
铣制深度调节	手动
X/Y 驱动	步进电机，精密主轴
Z 轴行程/mm	73

第四章 综合训练

通过基础训练对第一至三章相关实训项目的学习，让学生对加工制造各主要工种的特点、设备的结构与应用、基本的加工工艺等有了直观的认识和了解，但这是分散的点的学习，对各个实训项目之间的内在相互联系与作用没有概念。这就需要综合训练环节去把分散的点串起来，并有机地融合在一起。

综合训练中会运用到机械原理、机械设计、机械制造、工程材料、电工电子技术、控制技术等相关理论知识，并涉及项目调研、方案设计、加工装配、调试改进等项目全过程。学生通过综合训练可以对已经学习了的理论、实践知识进行检验和应用，增强理论和实践相结合的重要性认识；同时也会促进学生对相关理论知识的学习。通过综合训练的锻炼，也能提高学生的创新意识和创新能力，为后续其他创新活动打下坚实基础。综合训练涉及多方面知识的融合，也涉及工程项目的全过程体验，通过这个过程的锻炼，可以提高学生综合运用知识处理复杂问题的能力。

中心目前开设的综合训练项目有三个，第一个是以足球机器人为载体的全过程综合训练，主要针对电气学院、信息学院轨道和自动化专业的学生开设，时间为两周；第二个是以智能机器人为载体的全过程综合训练，主要针对信息学院通信和微电子专业的学生开设，时间为两周；第三个是以个性化创新设计项目为载体的全过程综合训练，主要针对建筑学院产品设计专业开设，时间为四周。下面对三个项目的相关情况分别进行说明。

综合训练一　足球机器人

【实训目的】

（1）了解机电一体化产品设计、制造所需的相关知识。

（2）熟悉具有控制功能的机电产品项目从设计、加工、装配到调试、改进的全过程。

（3）熟悉设计过程、规划、管理的内容，了解项目成本控制方法及对设计制造的影响。

（4）增强工程意识、创新意识和工程素养，提高学生设计能力、动手能力、工程实践能力、创新能力及综合运用知识处理复杂问题的能力。

（5）增强团队合作、组织管理、表达及沟通交流的综合能力。

【实训设备与教学方法】

（1）设备：工训中心各工种用于实训的设备。

（2）教学方法：以学生为主体，利用课余时间自主调研、自行设计、自编工艺、自核成本，集中时间加工制作并调试完成一个具有控制功能的机电一体化作品，教师在各环节进行技术指导。

【实训项目与组织形式】

通过项目训练的形式进行，每班级分成多个训练项目组，并选出组长，负责该训练项目的组织和协调。

（1）整个课程采取学生自主调研、设计、制作、调试，教师指导的教学方式，强化学生的实践能力和创新意识。

（2）学生利用课余时间完成综合训练项目的方案设计，指导教师在课程的全过程中对各个环节进行技术指导，包括在实践操作中进行机床操作及装配调试的指导。

（3）以项目组为单位，集中时间进行加工制作，锻炼团队合作精神。

（4）每组提交自行设计制作的机电一体化作品，并以对抗竞赛的方式检验其功能的实现，同时提交项目总结报告，报告包含设计说明书、市场需求调查、成本核算及设计图纸。

【实训步骤与要求】

一、分　组

每班分 5 个小组，同专业的班级可以合并分组，每组 5~6 人，选出组长，负责训练项目的组织和协调及任务分工和记录，并根据完成工作的情况给每个组员打分。

二、实训过程

在设计机器人之前，应先做市场需求调查，完成报告（可以是虚拟的，A4 纸 1~2 页）。

每组同学根据机器人比赛规则和工训中心提供的材料进行设计、绘图。2~3 个班安排 1 名方案指导老师，负责答疑和方案指导，采取集中指导和分散答疑结合的方式，原则上至少组织两次集中指导。设计方案应在统一安排的加工开始前确定。

制作和装配调试统一安排、集中时间进行。在此期间，中心开放钳工、金工坊、车削、铣削、激光加工等工种和场地，并安排相关老师指导加工和装配。

注：在进行设计、制作和装配调试的过程中，要以图片、视频来记录实训过程，作为最终资料的一部分。

三、作品结构分析与要求

机器人一般由驱动走行部、执行机构、连接底板、控制电路等组成，如图 4-1-1 所示。

驱动走行部由电机、驱动轮、万向轮、连接轴等组成。电机与驱动轮通过轮子轴、电机轴、轴承座及顶丝连接紧固，并由角铝和螺栓固定到底板上，如图 4-1-2 所示。万向轮通过螺栓固定在底板上。

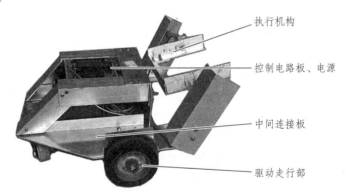

图 4-1-1　足球机器人结构

图 4-1-2　驱动走行部结构

执行机构一般由支架、电机、旋转轴、抓取机构、保持（护球）机构等组成。抓取机构、保持机构固定在旋转轴上，旋转轴和电机连接并固定在支架上，电机带动旋转轴旋转实现抓取机构、保持机构的设计动作，完成取球、护球、射门等功能。

控制部分由电路板、电池、连接线、遥控器等组成。

四、作品要求

作品尺寸控制在 400 mm×400 mm×400 mm 以内（比赛同成绩情况下，尺寸小的获胜）。

作品应保证结构完整，功能达到设计指标，费用可控。非标件材料费用应控制在人民币 200 元内。

在设计制作时鼓励创新和对原有结构做优化改进，尤其是执行机构，但需保证基本功能完整。能设计加工并装配调试出新装置，给予 5 分的加分。

五、图纸要求

（1）图纸规范、清楚、正确，符合机械制图标准。

（2）画图要求。

①装配图：三视图，标注总体尺寸。

②零件图：三视图，标注零件尺寸。

③需要加工的零件要画零件图，并由指导老师签字后到相应工种加工。

六、训练完成后需提交的资料

（1）小组设计、加工、装配、调试完成的实际装置。

（2）完整的设计说明书。

电子版为 Word 版本文件；纸质稿用 A4 纸打印、装订成一册。

（3）装配图和零件图一套，以 CAD 软件绘制并打印装订（其中装配图和部分零件图可用 A3 纸）；设计图的电子版源文件（装配图和零件图文件存入 1 个文件夹中）。

（4）报名表、市场需求调查、成本核算、小组工作分工及完成情况表等文本。

（5）作品的照片和小组成员集体照，加工制作过程的照片、视频等。

【安全操作规程及注意事项】

（1）遵守工训中心工程训练学生实训守则相关规定，遵守安全操作规程。

（2）训练中按设计需求领用材料，做到节约使用材料，控制材料成本。

（3）在零件设计阶段要求充分考虑自身加工能力，所设计的零件应与自身所掌握的加工方式相匹配，即设计的零件自己要能加工。

（4）机器人走行部分支撑板件使用有机玻璃板或铝板，不能全部使用角铝搭总体框架；能机床加工的零件尽量不采用钳工加工。

（5）连接方式应严谨，不能采用胶水黏、绳索绑等方式；外观禁止用报纸、纸箱等粘贴。

（6）电路板和电机等元件安装调试时按注意事项和要求进行操作，电池要充满电。调试时，如果电机不能正常转动或不能转动时不能强行通电使用，否则容易烧坏电机，要先检查找出原因，调整后再试。

（7）每天使用完实训场地和设备后，要做好清洁卫生，若某场地或设备连续两次未做好清洁则停止开放。

【考核办法】

采用 100 分制计分考核。

根据每组作品、项目总结报告及比赛排名情况进行综合考核评判。考核的重点在于设计、工艺、制作的合理性、科学性、规范性及创新性，具体分数分配如表 4-1-1 所示。

表 4-1-1　评分标准

考核方式	评分标准
机器人成品及比赛排名进行加权	60%
设计说明书、图纸及其他资料	20%
出勤及日常考核	10%
加工工艺	10%
总分	100%

注：在课程期间如有严重违反安全操作规程者，取消其训练成绩，成绩以零分计。

综合训练二 　智能机器人

【实训目的】

（1）了解智能机电一体化产品设计、制造、调试所需的相关知识。

（2）熟悉具有智能控制功能的机电产品项目从设计、加工、装配到调试、改进的全过程。

（3）熟悉设计过程、规划、管理的内容，了解项目成本控制方法及对设计制造的影响因素。

（4）增强工程意识、创新意识和工程素养，提高学生设计能力、动手能力、工程实践能力、创新能力及综合运用知识处理复杂问题的能力。

（5）增强团队合作、组织管理、表达及沟通交流的综合能力。

【实训设备与教学方法】

（1）设备：工训中心各工种用于实习的设备。

（2）教学方法：以学生为主体，利用课余时间自主调研、自行设计、自编工艺、自核成本，集中时间加工制作并调试完成一个具有智能控制功能的机电一体化作品，教师在各环节进行技术指导。

【实训项目与组织形式】

通过项目训练的形式进行。每班级分成多个训练项目组，并选出组长，负责该训练项目的组织和协调。

（1）整个课程采取学生自主调研、设计、制作、调试，教师指导的教学方式，强化动手实践能力和创新意识。

（2）学生利用课余时间完成综合训练项目的方案设计，指导教师在课程的全过程中对各个环节进行技术指导，包括在实践操作中进行机床操作、装配及调试的指导。

（3）以项目组为单位，集中时间进行加工制作，锻炼团队合作精神。

（4）每组提交自行设计制作的智能机电一体化作品，并以场地比赛的方式检验其功能的实现，同时提交项目总结报告，报告包含设计说明书、市场需求调查、成本核算及设计图纸。

【实训步骤与要求】

一、分　组

每班分 6 个小组，每组 4~5 人，选出组长，负责训练项目的组织和协调及任务分工和记录，并根据完成工作的情况给每个组员打分。

二、实训过程

在设计机器人之前，应先做市场需求调查，完成报告（可以是虚拟的，A4纸1~2页）。

每组同学根据智能机器人比赛规则、比赛场地和工训中心提供的材料进行设计、绘图。1~2个班安排1名方案指导老师，负责答疑和方案指导。采取集中指导和分散答疑结合的方式，原则上至少组织两次集中指导。设计方案应在统一安排的加工开始前确定。

制作、装配和调试统一安排、集中时间进行。在此期间，中心开放钳工、激光加工、3D打印、原型工坊等工种和场地，并安排相关老师指导加工、装配和调试，尤其是调试期间需要加强指导。

注：在进行设计、制作和装配调试的过程中，要以图片、视频来记录实训过程，作为最终资料的一部分。

三、作品结构分析与要求

智能机器人由底盘、传感器、控制电路板、电池、导线、机械臂等部分组成，如图4-2-1所示。底盘由底板、TT电机、电机支架、驱动轮等组成。传感器主要有巡线的灰度传感器、避障的超声波测距传感器或红外测距传感器。控制电路板包含主控板 Arduino Mega2560、电机驱动板、舵机驱动板等。机械臂的结构及各部件的位置自行设计，传感器的选用与数量、导线的布置等由每组根据设计方案确定。确定设计方案时应充分考虑比赛场地的情况，比赛场地如图4-2-2所示。

电控元件、电机与支架、驱动轮、导线等由中心统一提供，其他非标件根据方案自行设计加工。主要加工工种为3D打印、激光切割、钳工。

四、作品要求

作品尺寸控制在 300 mm×300 mm×300 mm 以内，超尺寸的要扣 1~5 分。

作品应保证结构完整，功能达到设计指标，费用可控。非标件材料费用应控制在人民币100元内。

在设计制作时鼓励创新，但需保证基本功能完整。

五、图纸要求

（1）图纸规范、清楚、正确，符合机械制图标准。

（2）画图要求。

①装配图：三视图，标注总体尺寸。

②零件图：三视图，标注零件尺寸。

③需要加工的零件要画零件图，并由指导老师签字后到相应工种加工。

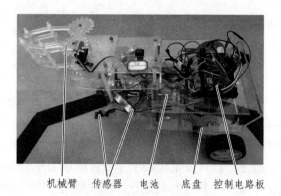

机械臂　传感器　电池　底盘　控制电路板

图 4-2-1　智能机器人结构

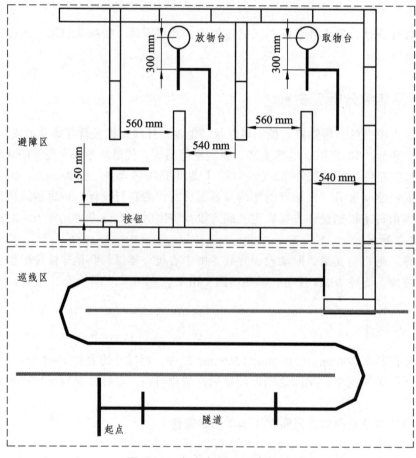

图 4-2-2　智能机器人比赛场地

六、训练完成后需提交的资料

（1）小组设计、加工、装配、调试完成的实际装置。

（2）完整的设计说明书。

说明书应包含作品功能、结构、主要零件加工工艺、电路程序流程图及说明、控制程序代码、作品的特色创新点等。纸质文档用 A4 纸打印、装订成一册。

（3）装配图和零件图一套，以 CAD 软件绘制并打印装订（其中装配图和部分零件图可用 A3 纸）；设计图的电子版源文件（装配图和零件图文件存入 1 个文件夹中）。

（4）报名表、市场需求调查、成本核算、小组工作分工及完成情况表等文本。

（5）作品的照片和小组成员集体照，加工制作过程的照片、视频等。

【安全操作规程及注意事项】

（1）遵守工训中心工程训练学生实训守则相关规定，遵守安全操作规程。

（2）训练中按设计需求领用材料，做到节约使用材料，控制材料成本。

（3）机器人底盘用的板件使用有机玻璃板或木板；能机床加工的零件尽量不采用钳工加工。

（4）连接方式应严谨，不能采用胶水黏、绳索绑等方式；连接线布线应规范、美观。

（5）主控板、驱动板和电机等元件安装调试时按注意事项和要求进行操作，电池要充满电。调试时，如果电机不能正常转动或不能转动时不能强行通电使用，否则容易烧坏电机，要先检查找出原因，调整后再试。

（6）机器人应尽早完成装配，留出足够的调试时间，一般不少于 2 天。

（7）每天使用完实习场地和设备后，要做好清洁卫生，若某场地或设备连续两次未做好清洁则停止开放。

【考核办法】

采用 100 分制计分考核。

根据每组作品、项目总结报告及场地比赛成绩进行综合考核评判。考核的重点在于设计、工艺、制作的合理性、科学性、规范性及创新性，具体分数分配如表 4-2-1 所示。

表 4-2-1 评分标准

考核方式	评分标准
机器人成品及比赛成绩进行加权	60%
设计说明书、图纸及其他资料	20%
出勤及日常考核	10%
加工工艺	10%
总分	100%

注：在课程期间如有严重违反安全操作规程者，取消其训练成绩，成绩以零分计。

综合训练三 个性化创新设计

【实训目的】

（1）了解工业产品设计、制造所需的相关知识。

（2）熟悉产品设计从构思、设计、加工、装配到调试、改进的全过程。

（3）熟悉设计过程、规划、管理的内容，了解项目成本控制方法及对设计制造的影响因素。

（4）增强工程意识、创新意识和工程素养，提高学生设计能力、动手能力、工程实践能力、创新能力及综合运用知识处理复杂问题的能力。

【实训设备与教学方法】

（1）设备：工训中心各工种用于实训的设备。

（2）教学方法：以学生为主体，利用课余时间自主调研、自行设计、自编工艺、自核成本，集中时间加工制作并调试完成一件作品，教师在各环节进行技术指导。

【实训项目与组织形式】

每个同学通过设计、加工、装配等步骤完成一件作品。

（1）整个课程采取学生自主调研、设计、制作、调试，教师指导的教学方式，强化动手实践能力和创新意识。

（2）学生利用课余时间完成其作品的方案设计，指导教师在课程的全过程中对各个环节进行技术指导，包括在实践操作中进行机床操作及装配调试的指导。

（3）集中时间进行加工制作或采取预约加工。

（4）每人提交自行设计制作的作品，并以答辩和现场演示的方式检验其功能的实现，同时提交设计报告，包括设计说明书、市场需求调查、成本核算及设计图纸。

【实训步骤与要求】

一、任务下达

集中一次对实训的安排、任务要求等进行统一说明。

二、实训过程

在设计前，应先做市场需求调查，完成报告（A4 纸 1 ~ 2 页）。

每人根据自己的创意和工训中心提供的材料进行设计、绘图。8~10人安排1名方案指导老师，负责答疑和方案指导，采取集中指导和分散答疑结合的方式，原则上至少组织 3 次集中指导。设计方案应在统一安排的加工开始前确定。

要正确设计零件加工工艺及组装顺序，合理利用已学工种加工制作零件。完成作品零件加工及装配一般应用到 4 个以上的工种，3D 打印的零件原则上不能超过 2 件。

制作和装配调试统一安排，中心开放钳工、金工坊、车削、铣削、数控加工、线切割、激光加工、焊接等工种和场地，并安排相关老师指导加工和装配。

零件的制作和装配应在相关老师的指导下独立完成。

注：在进行设计、制作和装配调试的过程中，要以图片、视频来记录实训过程，作为最终资料的一部分。

三、作品要求

作品尺寸控制在 400 mm×400 mm×400 mm 以内。

作品要求有功能设计，并能完整实现设计功能；作品结构合理、零件连接方式正确（主体结构不能采用胶黏的方式），零件加工和装配工作量不低于总学时的 60%。

在设计制作时鼓励创新，但作品应保证结构完整，功能达到设计指标，费用可控。每件作品材料费用应控制在人民币 200 元内。

外观要加以修饰，整体效果要美观、整洁。

四、图纸要求

（1）图纸规范、清楚、正确，符合机械制图标准。

（2）画图要求。

① 效果图：利用软件建模，再用 A3 照片纸打印三维效果图一张。

② 零件图：三视图，标注零件尺寸。

③ 装配图：三视图，标注总体尺寸。

④ 需要加工的零件要画零件图，并由指导老师签字后到相应工种加工。

五、训练完成后需提交的资料

（1）作品 1 件。

（2）完整的设计说明书。设计说明书应包含创意来源、产品用途、结构或功能特点、加工工艺等相关信息。

（3）以 CAD 软件绘制的符合要求的装配图和零件图一套。

（4）市场需求调查、成本核算等文本。

（5）答辩 PPT。

（6）完成作品过程中的照片和视频等。

（7）作品完成后的照片及制作人和作品的合照。

（1）~（4）项需要 A4 纸（其中装配图和部分零件图可用 A3 纸）打印后按顺序装订成一册；全部资料的电子版源文件（装配图和零件图文件存入 1 个文件夹中）打包提交，文件包命名为学号+姓名+作品名。

【安全操作规程及注意事项】

（1）遵守工训中心工程训练学生实训守则相关规定，遵守安全操作规程。

（2）训练中按设计需求领用材料，做到节约使用材料，控制材料成本。加工、装配期间、零件材料由个人自行保管。

（3）在零件设计阶段要求充分考虑自身加工能力，所设计的零件应与自身所掌握的加工方式相匹配，即设计的零件自己要能加工。

（4）连接方式应严谨，主体结构不能采用胶水黏、绳索绑等方式；外观可进行喷漆等处理。

（5）采用预约加工的，需按约定的时间提前到达加工场地。无故不到两次以上者，不再接受加工预约。

（6）每天使用完实训场地和设备后，要做好清洁卫生，若某场地或设备连续两次未做好清洁则停止开放。

【考核办法】

采用 100 分制计分考核。

根据每人的作品、项目总结报告及答辩情况进行综合考核评判。考核内容着重于设计作品的新颖性、独创性、工艺性、结构性和功能性。具体分数分配如表 4-3-1 所示：

表 4-3-1　评分标准

考核方式	评分标准
作品	60%
答辩	10%
设计说明书、图纸及其他资料	20%
出勤及日常考核	10%
总分	100%

注：在课程期间如有严重违反安全操作规程者，取消其训练成绩，成绩以零分计。

第五章 创新实践

【目的】

工程训练中心创新实践教学致力于通过创客教育的方式，培养具有创造能力、创新意识、创新思维和创新能力的创新型人才。创新实践教学的平台以创客空间为主，开展项目式的创新实践活动，强调"做中学"和"基于创造"的学习方法。创客空间秉承开放、分享、协作、创造的理念，为学校及地区创客提供自由、便利、高效、专业的创造环境，全力为学校乃至社会的创新助力。

【场地及设施】

创新实践教学的开展基于创客空间各个不同功能的工坊，包括数字媒体工坊（人工智能联合实验室）、创客团队营地、木工坊、导师交流室、设计创意工坊、快速原型工坊、金工坊、电智工坊等。各工坊的设备及功能设计见表 5-1-1。

表 5-1-1 创客空间工坊设备及功能

工坊名称	功能设计	主要设备
数字媒体工坊	人工智能、开源软硬件、数字交互媒体技术、虚拟现实技术等相关项目支持和技术研发	AI、VR 工作站，VR 头盔，Canvas 画图板，虚拟驾驶平台等
木工坊	木工加工	带锯机、压刨机、木旋车床、切割机、曲线锯、电木铣、木工工作台等
导师交流室	交流分享、小型工作坊	沙发、咖啡、投影等
设计创意工坊	课程、会议、比赛等活动场地	多功能桌椅、投影、白板等
原型制造工坊	通过 3D 打印、激光切割等数字制造技术，使创意快速实现	3D 打印机、电子焊接调试台、激光切割机、PCB 雕刻机
金工坊	金属加工和装配	钳工台、钻铣床、剪板机等
电智工坊	自动控制、无人驾驶项目研发	无人驾驶电动车、开发环境

【内容】

一、课　程

1. 面向技术创新创业的系列微课程

面向技术创新创业的需要，每年不定期开设多门微课程，内容涵盖开源硬件、3D 打印、商业管理、人工智能、木工、媒体制作等内容。

选课方法：关注"创客空间"微信公众号，回复"微课程"。

2. 跨学科通识课

从代码到实物：造你所想。课程结合了计算机、设计、机械、商业等多学科的知识和技能，通过传授数字化造物知识，体验从程序编写到数字化实物制造的全过程；通过解决真实场景下的问题，达到培养综合创新能力的目的；通过团队式的跨学科项目实际研发，培养创新精神和自信。

选课方法：登录西南交通大学教务处网站选课。

二、开放服务

1. 开放日

面向对创新实践感兴趣、非创客空间会员的同学，由创客空间指导老师值班，提供现场技术指导。

每周有固定半天时间作为开放日。实行预约制，预约方法请关注"创客空间"微信公众号。

2. 会　员

对于有一定创新实践经验的同学，可以注册成为创客空间的会员，在通过培训获得相应工具设备使用授权后，可以自主实践的方式，开展创新实践活动。

会员注册先在交大创客空间微信公众号登记信息，并于工作日携校园一卡通至工程训练中心创客工作室值班处认证。

三、活　动

1. 竞　赛

创客空间通过竞赛的方式，鼓励学生跨学科合作交流，培养学生以跨界的视野去发现问题、解决问题的能力。创客空间承办了中美青年创客大赛分赛区的比赛，以"共创未来"为主题，倡导参赛者关注社区、教育、环保、健康、能源、交通等可持续发展领域，结合创新理念和前沿科技，打造具有社会和产业价值的全新作品。

此外，创客空间还组织和指导学生参加了全国大学生工程训练综合能力竞赛、机械创新大赛、金砖国家青年创客大赛等各项赛事。

竞赛活动举办及参与方式均由"创客空间"微信公众号发布。

2．IOT 之夜

IOT 之夜是创客空间以交流和工作坊为主的开放创新活动，内容通常是热门技术介绍和实践式学习。活动通过"创客空间"微信公众号发布和报名。

3．创客夜校

创客夜校是由创客空间指导的创客协会举办的培训活动，主要内容是创客空间常用工具设备和开放技术的开发实战训练。活动通过"创客空间"微信公众号发布和报名。

4．创客工作坊

创客工作坊是创客们聚在创客空间，由某一位创客进行主题分享，并指导大家造出一个创客作品的活动。

5．创客训练营

创客训练营是持续时间更长，规模也更大的创客工作坊。创客训练营一般会有多个主题同时进行分享，也同时安排有多个项目进行制作。

四、微信公众号

请搜索微信公众号"交大创客空间"关注我们。

参考文献

[1] 张立红，尹显明. 工程训练教程[M]. 北京：科学出版社，2017.

[2] 费从荣. 机械制造工程实践[M]. 北京：中国铁道出版社，2000.

[3] 肖晓华. 机械制造实训教程[M]. 成都：西南交通大学出版社，2010.

[4] 张艳蕊. 工程训练[M]. 北京：科学出版社，2013.

[5] 周梓荣. 金工实习[M]. 北京：高等教育出版社，2011.

[6] 张学政，李家枢. 金属工艺学实习教材[M]. 北京：高等教育出版社，2011.

[7] 牛永江. 金工实习教程[M]. 成都：西南交通大学出版社，2010.

[8] 朱民主. 金工实习[M]. 成都：西南交通大学出版社，2008.

[9] 周为民. 工程训练通识教程[M]. 北京：科学出版社，2013.

[10] 黄天佑. 材料加工工艺[M]. 北京：清华大学出版社，2004.

[11] 王绍林. 焊工工艺学[M]. 北京：中国劳动出版社，1994.

[12] 刘会霞. 金属工艺学[M]. 北京：机械工业出版社，2011.

[13] 方沂. 数控机床编程与操作[M]. 北京：国防工业出版社，2011.

[14] 何平. 数控加工中心操作与编程实训教程[M]. 北京：国防工业出版社，2013.

[15] 张云杰. CAXA 实体设计 2013[M]. 北京：清华大学出版社，2016.

[16] 胡仁喜，万金环. CAXA 制造工程师 2013——机械设计与加工[M]. 北京：文化发展出版社，2012.

[17] 俞宽新，江铁良，赵启大. 激光原理与激光技术[M]. 北京：北京工业大学出版社，2001.

[18] 张永康，周建忠，叶云霞. 激光加工技术[M]. 北京：化学工业出版社，2004.

[19] 陈宝玲，电机与电控实训[M]. 北京：北京师范大学出版社，2018.

[20] 高月宁，李萍萍. 机电一体化综合实训[M]. 北京：电子工业出版社，2014.

[21] 梅琼珍，黄贻培，詹星. 电子焊接技术教程[M]. 北京：北京大学出版社，2013.

[22] 陈吕洲. Arduino 程序设计基础[M]. 北京：北京航空航天大学出版社，2014.

[23] 萨德·B·尼库. 机器人学导论[M]. 北京：电子工业出版社，2004.

工程训练教程
报告册

曾家刚　主　编
李柏林　主　审

西南交通大学出版社
·成　都·

图书在版编目（ＣＩＰ）数据

工程训练教程：含报告册. 2，工程训练教程报告册 / 曾家刚主编. 一成都：西南交通大学出版社，2020.1（2022.10 重印）

ISBN 978-7-5643-7362-7

Ⅰ. ①工… Ⅱ. ①曾… Ⅲ. ①机械制造工艺 – 高等学校 – 习题集 Ⅳ. ①TH16

中国版本图书馆 CIP 数据核字（2020）第 012362 号

Gongcheng Xunlian Jiaocheng Baogaoce

工程训练教程报告册

主　编 / 曾家刚

责任编辑 / 何明飞
封面设计 / 墨创文化

西南交通大学出版社出版发行

（四川省成都市金牛区二环路北一段 111 号西南交通大学创新大厦 21 楼　610031）
发行部电话：028-87600564　028-87600533
网址：http://www.xnjdcbs.com
印刷：四川煤田地质制图印刷厂

成品尺寸　185 mm × 260 mm
总印张　21.5　　总字数　531 千
版次　2020 年 1 月第 1 版　　印次　2022 年 10 月第 4 次

书号　ISBN 978-7-5643-7362-7
套价　53.80 元

工程训练实训安全责任承诺书

（1）本人在实训期间，保证遵守国家的法律法规，严格按照学校和工训中心的有关规定，遵守实训纪律要求，听从指导教师安排，牢记实训安全教育内容，不做任何违纪违法、有损学校和工训中心形象的事情。

（2）实训期间不擅自外出参与与实训教学无关、存在安全隐患的活动。若有急事、要事需外出办理，应向实训指导教师和工训中心教务提交书面申请，经实训指导教师和工训中心教务同意后，方可离开，否则视为旷课，并自行承担由此产生的一切后果。

（3）在实训期间，保管好自己的钱、财、物等贵重物品，并对自身的安全负全部责任。同时，增强安全防范意识，采取必要的安全防护措施，保证自身的安全。

（4）在实训中如遇到本人难以处理的事情，及时向实训指导教师、工训中心教务报告。

（5）本人有特异体质或特定疾病，或有其他不宜参加实训活动的情况，应在实训开始前书面向实训指导教师和工训中心教务提出说明，并经工训中心教务确认同意，方可不参加本次实训活动。若无本人的事先书面说明，视为本人知晓并确认本人的身体、生理状况适合参加本次实训活动。

（6）按照工训中心的要求穿戴好工作服、工作帽或其他防护用品，严格遵守各实训项目的安全操作规程，因违规操作实训设备而产生的安全事故，责任自负，如果出现设备损毁则照价赔偿。

目　录

第一章　传统制造技术 ……………………………………………………………………… 1

　　实训一　铸　造 …………………………………………………………………………… 1

　　实训二　焊　接 …………………………………………………………………………… 3

　　实训三　热处理 …………………………………………………………………………… 5

　　实训四　机械测量技术 …………………………………………………………………… 7

　　实训五　车削加工 ………………………………………………………………………… 9

　　实训六　铣削加工 ………………………………………………………………………… 12

　　实训七　钳　工 …………………………………………………………………………… 14

第二章　先进制造技术 ……………………………………………………………………… 17

　　实训一　数控车削 ………………………………………………………………………… 17

　　实训二　数控铣削 ………………………………………………………………………… 20

　　实训三　数控线切割 ……………………………………………………………………… 23

　　实训四　数控雕刻 ………………………………………………………………………… 25

　　实训五　3D 打印 ………………………………………………………………………… 27

　　实训六　激光加工 ………………………………………………………………………… 30

第三章　机电控制技术 ……………………………………………………………………… 32

　　实训一　电气控制基础 …………………………………………………………………… 32

　　实训二　电子制作 ………………………………………………………………………… 34

　　实训三　开源硬件编程 …………………………………………………………………… 36

　　实训四　模块化机器人 …………………………………………………………………… 38

　　实训五　PCB 加工 ……………………………………………………………………… 40

实训总结报告 ………………………………………………………………………………… 42

第一章　传统制造技术

实训一　铸　造

一、判断题

1. 砂型铸造时，必须先制作模样，模样的尺寸和铸件尺寸完全相同。　　（　　）
2. 型砂的透气性是指气体通过铸型的能力。　　（　　）
3. 浇注系统的直浇道做成上大下小的圆锥形，可以保证金属液在直浇道中流动时不会吸入气体。　　（　　）
4. 在浇注过程中是不允许断流的。　　（　　）
5. 铸造圆角的主要作用是避免应力集中，防止开裂。　　（　　）

二、填空题

1. 铸造方法主要可分为_____铸造和_____铸造两大类，砂型铸造按造型方法可分为_____造型和_____造型两大类。
2. 型砂是由_____、_____、_____和_____按一定的比例混合制成，为了满足铸造生产工艺的要求，应具备如下的基本性能_____、_____、_____、_____、_____、_____、_____。
3. 铸造工艺参数主要有_____、_____、_____、_____、_____、_____。
4. 浇注系统由_____、_____、_____和_____组成。
5. 常用手工造型工具有_____、_____、_____、_____、_____、_____、_____、_____。

三、选择题

1. 模样上的分型砂必须扫净，否则铸件易产生缺陷是（　　）。
　　A. 渣眼　　　　　　　　　　B. 砂眼　　　　　　　　　　C. 裂纹
2. 铸造用的模样应比零件大，在零件尺寸的基础上一般需加上（　　）。
　　A. 模样材料的收缩量　　　　B. 机械加工余量
　　C. 铸件材料的收缩量　　　　D. 铸件材料的收缩量和机械加工余量

3. 在浇注系统中主要起挡渣作用的是（　　　）。

　　A. 直浇道　　　　　　　　　　B. 横浇道　　　　　　　　　C. 内浇道

4. 为使金属液产生静压力迅速充满型腔，应（　　　）。

　　A. 加大直浇道的断面　　　　　B. 增加直浇道的高度　　　　C. 多设内浇道

5. 为得到松紧程度均匀，轮廓清晰的型腔和减少舂砂的劳动强度，提高生产效率，要求型砂具有好的（　　　）。

　　A. 退让性　　　　　　　　　　B. 可塑性　　　　　　　　　C. 透气性

四、简答题

1. 通气孔为什么不能扎通到型腔？

2. 什么叫整模造型？有何优点？

3. 试列举铸件易产生的三个缺陷及产生的原因。

4. 试述浇注系统的组成及作用。

实训二　焊　接

一、判断题

1. 铆接比焊接更牢固，可靠性能更好。（　　）
2. 焊条的直径就是药皮外围的直径。（　　）
3. 电弧长度一定要超过焊条的直径。（　　）
4. 气焊火焰温度最高达 2 000 ℃。（　　）
5. 气焊火焰温度较低、热量分散，所以适用于焊接薄板和有色金属。（　　）
6. 气焊发生回火时，应迅速关闭乙炔阀，再关闭氧气阀。（　　）

二、填空题

1. 通过_____或_____或两者并用，并且用或不用填充材料，使焊件达到_____的一种加工方法称为焊接。
2. 根据焊接过程的特点，焊接可分为_____、_____和_____三大类。
3. 焊接接头形式有_____、_____、_____、_____四种，坡口形状分为_____、_____、_____、_____四种。
4. 手工电弧焊是利用_____所产生的_____来熔化母材和焊条的一种手工操作的焊接方法。
5. 你工程实践操作时，所用的型号为_____直流弧焊机，其初级电压为_____，空载电压_____，工作电压_____，额定电流_____，电流调节范围为_____。
6. 你在工程实践中所焊钢板厚度为_____mm，焊缝空间位置是_____，焊接接头形式是_____。
7. 焊缝空间位置有_____、_____、_____和_____。
8. 改变乙炔和氧气的混合比例可以得到_____、_____和_____三种火焰。

三、选择题

1. 熔池内温度分布的特点是（　　）。
   A. 均匀　　　　　　　　B. 不大均匀　　　　　　C. 极不均匀
2. 焊条规格的表示方法是（　　）。
   A. 焊芯直径　　　　　　B. 焊芯长度　　　　　　C. 焊芯加药皮的直径
3. 选择焊条直径主要取决于（　　）。
   A. 焊接电流　　　　　　B. 焊件厚度　　　　　　C. 焊件材料

4. 正常操作时，焊接电弧长度（　　　）。

    A. 约等于焊条直径两倍   B. 不超过焊条直径   C. 与焊件厚度相同

5. 氩弧焊主要焊接的金属材料为（　　　）。

    A. 碳素结构钢   B. 合金工具钢

    C. 铝及其合金、不锈钢、耐热钢

6. 点焊焊接接头形式常采用（　　　）。

    A. 对接   B. 搭接   C. 角接

四、简答题

1. 说明电焊条的组成部分及其作用。

2. 交流弧焊机和直流弧焊机各有何特点？

3. 在不翻动如图 1-2-1 所示工字钢梁焊件的情况下，1～5 焊缝分别属于何种接头和何种空间位置（填入表 1-2-1 中）？

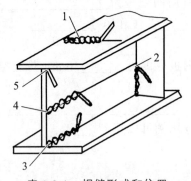

表 1-2-1　焊缝形式和位置

序号	接头形式	空间位置
1		
2		
3		
4		
5		

实训三 热处理

一、判断题

1. 热处理是机械制造中的重要工艺之一，在机械制造中应用很广。（　　）
2. 钢材经退火处理后硬度高。（　　）
3. 合金钢是在碳素钢的基础上，有意识地加入了一种或多种合金元素熔炼而成。（　　）
4. 调质即是淬火后加低温回火。（　　）
5. 热处理不仅可以改变钢材的内部组织结构，而且可以消除组织中的某些缺陷，改善工艺性能，提高使用性能。（　　）
6. 要求高硬度的零件可以在淬火后直接使用。（　　）
7. 一般情况下，随回火温度的升高，钢的硬度下降，塑性、韧性提高。（　　）
8. 加热、保温、冷却是热处理工艺的三要素。（　　）

二、填空题

1. 从理论上讲，钢的含碳量范围是_____。
2. 普通热处理基本工艺包括_____、_____、_____和_____。
3. 钢的淬火硬度随其含碳量的增加而_____。
4. 热处理主要的质量检测手段是_____。
5. 洛氏硬度的表示方法是_____。
6. 感应加热的原理是_____。

三、选择题

1. 表示金属材料表面抵抗硬物压入能力的指标是（　　）。
   A. 硬度　　　　　　　　B. 塑性　　　　　　　　C. 强度
2. 布氏硬度值用（　　）表示。
   A. HB　　　　　　　　B. HV　　　　　　　　C. HS
3. HRC 表示试验力为（　　）洛氏硬度值
   A. 588 N　　　　　　　B. 1 471 N　　　　　　C. 980 N
4. 钢材牌号后面加"A"，表示（　　）。
   A. 高级优质钢　　　　　B. 优质钢　　　　　　　C. 甲类钢
5. 下列热处理工艺中，硬度最高的是（　　）。
   A. 退火　　　　　　　　B. 淬火　　　　　　　　C. 正火

6. GCr15 为滚动轴承钢，其 Cr 含量为（　　　）。

    A. 1.5%　　　　　　　B. 15%　　　　　　　C. 0.15%

7. 感应加热淬火属于（　　　）。

    A. 整体热处理　　　B. 化学热处理　　　C. 表面淬火

8. 下列热处理工艺中，冷却速度最慢的是（　　　）。

    A. 淬火　　　　　　　B. 退火　　　　　　　C. 正火

四、简答题

1. 淬火后的零件能直接使用吗?为什么?

2. 30 钢和 T8 钢分别经淬火处理后，哪种硬度高？为什么？

实训四　机械测量技术

一、判断题

1. 精度是量具对测量所能显示出的最小读数的能力。　　　　　　　　（　　）
2. 轴和孔间隙配合时轴的直径可以大于孔的直径。　　　　　　　　　（　　）
3. 游标卡尺要轻拿轻放，不可以摔、碰。　　　　　　　　　　　　　（　　）
4. 三坐标测量仪的使用温度范围是（20±2）℃。　　　　　　　　　（　　）
5. 三坐标测量仪导轨需要每天用无水酒精擦拭，擦拭后加导轨油润滑。（　　）
6. 三坐标测量仪开机过程中先开主机电源，后开气源。　　　　　　　（　　）

二、填空题

1. 机械测量是利用各种不同精密度的量具或仪器去检验各种不同工件的_____或_____的程序。
2. 游标卡尺可用来测量_____、_____、_____和段差尺寸。
3. 三坐标测量仪主要由_____、_____、_____和_____四部分组成。
4. 三坐标测量仪主要结构形式有_____、_____、_____和水平悬臂式结构等四种。
5. 三坐标测量仪按操作模式分为_____和_____两种。

三、选择题

1. 可以测量圆度的设备（　　　　）。
    A. 三坐标测量仪　　　　　　B. 圆度仪
    C. A 和 B　　　　　　　　　D. 硬度仪
2. 环境因素引起的误差是指测量时环境或场地不同而产生之误差，对精密测量结果影响较大，主要表现在（　　　　）。
    A. 操作环境不稳定（如温度高低的影响）
    B. 测量仪器或被测件的突然振动（振动因素）
    C. A 和 B
3. 选择测量器具时应考虑与被测工件的（　　　　）相适应，所选测量器具的测量范围和精度应能满足这些要求，又要符合经济性的要求。
    A. 外形　　　　　　　　B. 位置　　　　　　　　C. 尺寸大小
    D. 尺寸公差　　　　　　E. ABCD

4. 轴与孔之间的配合方式不包含有（　　　）。

    A. 过盈配合　　　　　　　　B. 修整配合

    C. 过渡配合　　　　　　　　D. 间隙配合

四、简答题

1. 简述三坐标检测产品的工作流程。

2. 请绘制所测量零件的三视图（请将零件图纸粘贴在本页）。

实训五　车削加工

一、判断题

1. 方刀架最多可以同时安装 4 把车刀。　　　　　　　　　　（　　）
2. 端面作为工件轴向的定位、测量基准，在车削加工中一般都先将其车出。（　　）
3. 车台阶的关键是控制好外圆的尺寸。　　　　　　　　　　（　　）
4. 大批量生产中常用小刀架转位法车圆锥面。　　　　　　　（　　）
5. 滚花以后，工件的直径大于滚花前的直径。　　　　　　　（　　）
6. 钻中心孔时，不宜采用较低的机床转速。　　　　　　　　（　　）
7. 车外圆时也可以通过丝杠转动，实现纵向自动走刀。　　　（　　）
8. 切削速度就是机床的转速。　　　　　　　　　　　　　　（　　）
9. 在普通车床上钻孔，通常把钻头安装在尾座上，钻削时除了手动进给外，也可以自动进给。　　　　　　　　　　　　　　　　　　　　　　　（　　）

二、填空题

1. 车床上能加工各种_____表面和部分_____。
2. 通过光杠或丝杠，将进给箱的运动传给_____箱，自动进给时用____杠，车削螺纹时用_____杠。
3. 从用途来说，常用的车刀有_____、_____、_____、_____、_____、_____、_____、_____等。
4. 车刀由_____和_____两部分组成。其切削部分一般由_____面、_____刃和刀尖所组成。
5. 车刀从结构上分成三种，即_____式、_____式、_____式等。
6. 在车床上钻孔时_____为主运动，_____为进给运动。
7. 车床主要由_____、_____、_____、_____、_____、_____和_____等部分组成。
8. 车台阶实际上是_____和_____的组合加工。
9. 车床上安装工件的常用附件主要有_____、_____、_____、_____、_____和_____等。

三、选择题

1. 车床变速箱内，主轴变速由（　　　　）变速机构完成。
   A. 齿轮　　　　　　B. 链轮　　　　　　C. 皮带轮　　　　　　D. 凸轮

2. 车床能够自动定心的夹具是（　　　）。

   A. 四爪卡盘　　　　　B. 三爪卡盘　　　　　C. 花盘

3. 安装车刀时，车刀下面的垫片应尽可能用（　　　）。

   A. 多的薄垫片　　　　B. 少量的厚垫片

4. 用车削方法加工端面，主要适用于（　　　）。

   A. 轴、套、盘、环类零件的端面　　　　B. 窄长的平面

   C. 箱体零件的端面

5. 车削加工时如果需要变换主轴的转速，应（　　　）。

   A. 先停车，后变速　　　　　　　　　B. 工件旋转时直接变速

   C. 点动开关变速

6. 对正方形棒料进行切削加工时，最可靠的装夹方法是（　　　）。

   A. 三爪卡盘　　　　B. 花盘　　　　C. 两顶尖　　　　D. 四爪卡盘

7. 中心架和跟刀架主要用于（　　　）。

   A. 复杂零件的车削　　　　　　　　B. 细长轴的车削

   C. 长锥体的车削　　　　　　　　　D. 深内孔的镗削

8. 中拖板可带动车刀沿大拖板上导轨做（　　　）。

   A. 纵向移动　　　　　　　　　　　B. 横向移动

   C. 斜向移动　　　　　　　　　　　D. 任意方向移动

9. 普通车床上加工的零件一般能达到的尺寸公差精度等级为（　　　）。

   A. IT5 ~ IT3　　　　B. IT7 ~ IT6　　　　C. IT11 ~ IT6

10. 最后确定有公差要求的台阶长度时，应使用的量具是（　　　）。

   A. 千分尺　　　　　B. 钢尺　　　　　C. 游标卡尺

四、简答题

1. 简述用三爪卡盘安装工件的方法及注意事项。

2. 中拖板手柄刻度盘每转一格车刀横向移动 0.05 mm，试求把 $\phi 75$ mm 的工件一次进刀车至 $\phi 74^{-0.3}_{-0.6}$ mm，刻度盘应转过的最小和最大格数。

3. 请写出车削加工常使用的 5 种车刀及它们的用途。

4. 写出你所知道的车床安全操作规程（至少 5 条）。

实训六　铣削加工

一、判断题

1. 万能卧式铣床表示该铣床是既能完成立铣又能完成卧铣加工范围的铣床。（　　）
2. T形槽不能用 T 形槽铣刀直接加工出来。（　　）
3. 铣削前，应在停机状态将铣刀刀尖接触工件待加工表面进行对刀。（　　）
4. 铣直槽只能在立式铣床上用键槽铣刀或立铣刀进行。（　　）
5. 铣削深度越大，生产效率越高。（　　）
6. 如果锥柄立铣刀的锥度与铣床主轴孔的锥度相同，则可直接将铣刀装入主轴中，并用拉杆将铣刀拉紧。（　　）

二、填空题

1. 常用铣床有_____和_____两种，它们的主要区别是_____。
2. 铣削的主运动为_____，进给运动为_____、_____和_____。
3. 铣床常用附件有_____、_____、_____和_____等。
4. 铣床上常用的工件装夹方法有_____、_____、_____等。
5. 铣削加工的公差等级一般可达_____，表面粗糙度为_____μm。
6. 在铣床上铣直齿轮，其齿形精度取决于_____，齿的等分性取决于_____。
7. 立式铣床主要由_____、_____、_____、_____等组成。
8. 常用带柄铣刀有_____、_____、_____、_____等。

三、选择题

1. 使用分度头时，如要将工件转 10°，则分度头手柄应转（　　　）。
   A. 10/9 转　　　　　B. 1/36 转　　　　　C. 1/4 转　　　　　D. 1 转
2. XQ6125B 中 1 表示（　　　）。
   A. 无极　　　　　　B. 变速　　　　　　C. 卧式　　　　　　D. 万能
3. 铣床的工作灯使用电压为（　　　）。
   A. 380 V　　　　　B. 220 V　　　　　C. 36 V
4. 铣刀将靠近工件待加工表面时，宜使用（　　　）。
   A. 自动进刀　　　　B. 手动进刀　　　　C. 快速进刀
5. 在卧式铣床上安装带孔铣刀时应尽可能将铣刀安装在刀杆的（　　　）。

A. 靠近主轴孔或吊架处　　　　　　B. 刀杆的中间位置

C. 不影响切削工件的位置

四、简答题

1. 写出在工程训练中所操作铣床的型号，并简述其主要组成部分及各部分的作用。

2. 铣床能加工哪些表面？各用什么刀具？

3. 铣削时为什么一定要开机对刀和停机后变速？

4. 铣床的主要附件有哪些？其主要作用是什么？

实训七　钳　工

一、判断题

1. 锉削时，根据加工余量的大小，选择锉刀的长度。　　　　　　　（　　）
2. 锉削后工件表面的粗糙度主要取决于锉刀的粗细。　　　　　　　（　　）
3. 切不可用细齿锉刀作粗齿锉使用和锉软金属。　　　　　　　　　（　　）
4. 丝锥攻丝时始终需要加压旋转，方能加工出完整的内螺纹。　　　（　　）
5*. 装配成组螺钉时，应逐个一次完全旋紧。　　　　　　　　　　　（　　）
6. 用丝锥也可以加工出外螺纹。　　　　　　　　　　　　　　　　　（　　）
7. 用手锯锯割时，一般往复长度不应少于锯条长度2/3。　　　　　　（　　）
8. 台式钻床适合加工零件上的小孔。　　　　　　　　　　　　　　　（　　）
9. 当孔快要钻通时，必须减小进给量，目的是不使最后一段孔壁粗糙。（　　）

二、填空题

1. 钳工的基本操作包括_____、_____、_____、_____、_____、_____、_____、_____和_____等。

2. 常用的划线工具可分四大类：即_____工具、_____工具、_____工具和_____工具。

3. 锯条按齿距大小可分为_____、_____和_____3种，锯削软金属通常采用_____锯条，锯削中等硬度钢通常采用_____锯条。

4. 普通锉刀根据其截面形状可分_____、_____、_____、_____和_____等。

5. 用丝锥加工出的内螺纹的方法叫_____，用板牙在圆柱上加工出外螺纹的方法叫_____。

6. 常用的钻床有_____钻床、_____钻床和_____钻床三种。

7. 钻孔时经常将钻头退出，其目的是_____和_____，以防止_____。

8. 检验锉削工件尺寸可用_____或_____检查，工件的平直度及直角度可用_____是否能透过光线检查。

9*. 螺纹连接是一种常用的可拆卸连接形式，常用的连接零件有_____、_____、_____、_____、_____及各种专用螺纹紧固件。

三、选择题

1. 手工起锯的适宜角度为（   ）。
   A. 0°   B. 约 15°   C. 约 30°

2. 把锯齿做成向左或向右交错波浪排列的原因是（   ）。
   A. 增加锯缝宽度   B. 减少工件上锯缝与锯条间的摩擦阻力

3. 锉削铜、铝等软金属时，应选用（   ）。
   A. 粗齿锉刀   B 中齿锉刀   C 细齿锉刀

4. 安装手锯锯条时（   ）。
   A. 锯齿应向前   B 锯齿应向后

5. 锉削余量较大的平面时，应采用（   ）。
   A. 顺向锉   B. 交叉锉   C. 推锉

6. 攻丝时每正转 0.5～1 圈后，应反转 1/4～1/2 圈，是为了（   ）。
   A. 减小摩擦   B. 便于切削碎断和排屑
   C. 提高螺纹精度   D. 降低丝锥温度

7. 钻孔时，钻出的孔径偏大，其主要原因是指钻头的（   ）。
   A. 后角太大   B. 两条主切削刃长度不等   C. 横刃太长

8. 钻 ϕ30 的孔的较好方法是（   ）。
   A. 选用大钻头一次钻出
   B. 先钻小孔后用大钻头扩到所需直径

9*. 装配次序应为（   ）。
   A. 组件装配→部件装配→总装配
   B. 总装配→组件装配→部件装配
   C. 部件装配→组件装配→总装配

10*. 拆卸部件或组件时应依照（   ）。
   A. 从外到内，从上到下的依次拆卸
   B. 从内到外，从上到下的依次拆卸
   C. 先易后难，拆卸组件或零件

11*. 钉和螺母连接加垫圈的作用是（   ）。
   A. 不易损坏螺母   B. 不易损坏螺钉
   C. 提高贴合质量，不易松动

四、简答题

1. 划线的主要作用是什么？

2. 加工内螺纹时所需的底孔直径应如何计算？

3. 锯条有哪几种类别？分别应用在什么材料上？

4. 锉削平面有几种方法？分别适用于哪些情况？

第二章　先进制造技术

实训一　数控车削

一、判断题

1. 工件坐标系是以机床上固定的机床原点建立的坐标系。　　　　　（　）
2. 机床坐标系是以机床上固定的机床原点建立的坐标系。　　　　　（　）
3. 圆弧插补指令（G03）中的"R"表示圆弧半径。　　　　　　　　（　）
4. 数控车床的刀具补偿功能有刀尖圆弧半径补偿和刀具长度补偿。　（　）
5. M30 表示主轴正转。　　　　　　　　　　　　　　　　　　　　（　）
6. 零件的表面质量是指加工后的零件表面的粗糙度及尺寸形状精度。（　）

二、填空题

1. 数控机床主要由 _____、_____、_____三大部分组成，核心部分是_____。
2. 数控车床的主运动是_____。
3. 程序是由若干以段号大小依次排列的_____组成。程序段又由若干_____构成，指令字是构成程序段的 _____。
4. 在车床上表示 X 坐标值，通常采用_____编程。
5. 数控机床适合加工的对象为_____。
6. 数控切削编程中的坐标可以使用_____编程，也可以使用 _____编程，还可以使用_____坐标编程。
7. M05 指令表示 _____。
8. T0101 前两位 01 代表_____ ，后两位 01 代表_____ 。
9. 数控机床坐标系采用国际标准_____ 其中拇指、食指、中指分别代表_____轴，其指向为正方向。
10. 数控机床实现插补运算较为成熟并得到广泛应用的即_____插补和_____插补。

三、选择题

1. 车刀在一次走刀进给运动中，从工件上切下的金属层厚度称为（　　　）。
　A. 车削进给量　　　　　　B. 车削距离　　　　　　　C. 车削深度
2. 下面（　　　）卡盘具有自定心作用。

A. 三爪   B. 四爪

3. 数控车床的四方刀架一次最多可以装（   ）把刀。

A. 3   B. 4   C. 8

4. 数控车床系统的进给功能字"F"后的数字表示（   ）。

A. 每分钟进给量（mm/min）   B. 每秒进给量（mm/s）

C. 每转进给量（mm/r）   D. 螺纹螺距（mm）

5. 数控机床有不同的类型。编程中要考虑工件与刀具相对运动关系，编写程序时采用（   ）的原则来进行编写。

A. 刀具固定不动，工件移动   B. 有机床说明书指定

C. 工件固定不动，刀具移动

6. 数控机床开机后的"回零"操作是指（   ）。

A. 机床回到对刀点   B. 机床回到参考点

C. 机床回到程序原点

7. 数控机床中，转速功能 S 可指定（   ）。

A. mm/min   B. mm/r   C. r/min

四、简答题

1. 数控机床加工程序的编制方法有哪些？它们分别适用什么场合？

2. 数控车床有哪些特点？

五、编程题

请按图 2-1-1 所示的模拟零件尺寸编写其加工程序。

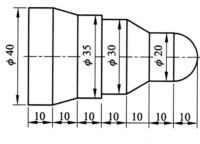

图 2-1-1 模拟零件

实训二　数控铣削

一、判断题

1. M04 指令主要用于攻螺纹。　　　　　　　　　　　　　　　（　　）
2. G00 指令可用于点定位，也可用于切削加工。　　　　　　　（　　）
3. 在 CAXA 制造工程师中，用【相关线】功能来提取加工轮廓线时，相应的轮廓线只能提取一次，不能出现重合线。　　　　　　　　　　　　　　（　　）

二、填空题

1. 数控编程指令：I=_____ - _____
   J=_____ - _____
2. 手轮的开关是操作面板上的_____按键。
3. 对刀的目的是_____。
4. CAXA 3D 实体设计的零件模型在设计过程中会进入_____、_____、_____这三种编辑状态，以提供不同层次的编辑和修改。
5. CAXA 3D 实体设计中的_____被誉为"万能工具"，设计中 70%以上的操作都可以借助它来实现。
6. CAXA 制造工程师提供的两种粗加工形式是_____和_____。
7. 自动编程时，可以通过_____检验加工轨迹是否合理。

三、选择题

1. 以下指令中主轴顺时针旋转是（　　　　）。
   A. M03　　　　　　B. M04　　　　　　　　C. M05
2. 顺时针铣削圆弧正确格式是（　　　　）。
   A. G02 X_Y_I_J_R_F_；　　　　　　　B. G02 X_Y_R_F_；
   C. G03 X_Y_I_J_F_；　　　　　　　　D. G03X_Y_R_F_；
3. 对数控机床起辅助控制作用的代码是（　　　　）。
   A. F 代码　　　　　B. M 代码　　　　　　C. S 代码
4. 数控铣床操作面板中（　　　）的意义为"复位"。
   A. DEL　　　　　　B. COPY　　　　　　C. RESET　　　　　　D. AuTo
5. CAXA 制造工程师中用于捕捉特殊点的快捷键是（　　　　）。
   A. F2　　　　　　　B. 空格键　　　　　　C. F5　　　　　　　D. 回车键

四、简答题

1．简述操作数控铣床的步骤。

2．CAD/CAM 的含义是什么？

3．简述用 CAXA 制造工程师自动编程的步骤。

五、编程题

图 2-2-1 所示的零件深 0.5 mm,忽略刀具直径,以给好的工件坐标系来编写数控程序。

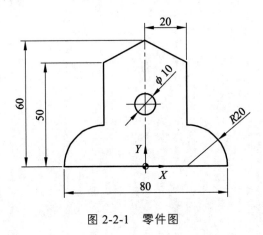

图 2-2-1　零件图

实训三　数控线切割

一、判断题

1. 电火花线切割可以加工任何硬、脆、软的材料和高熔点材料。（　　）
2. 电火花线切割可以加工各种型腔、通孔、平面形状的零件，但不能加工盲孔、台阶类、曲面类成型表面零件。（　　）
3. 线切割具有加工速度快，加工过程简便，加工效率高等特点。（　　）
4. 线切割在加工内封闭结构的工件时，可以直接切割进去。（　　）
5. 数控电火花线切割机床编程时，可以用任何编程绘图软件进行编程。（　　）
6. 线切割机床加工时，所采用的冷却液是自来水。（　　）
7. 电火花线切割机床加工时，工件厚度越厚，加工速度就越慢。（　　）
8. 线切割加工最适宜加工非金属硬脆材料，如玻璃、玛瑙、宝石等。（　　）

二、填空题

1. 线切割机床主要由＿＿＿＿＿＿、＿＿＿＿＿＿、＿＿＿＿＿＿、＿＿＿＿＿＿、＿＿＿＿＿＿＿＿＿和＿＿＿＿＿＿＿＿＿几部分组成。
2. 工作台主要由＿＿＿＿＿＿、＿＿＿＿＿＿、＿＿＿＿＿＿及齿轮箱等组成。
3. 线架包括立柱、上线架和＿＿＿＿＿＿＿等部分，其中上线架可以实现上下升降，从而调节＿＿＿＿＿＿间的距离，以适应加工不同厚度的工件需要。
4. 加工时，电极丝接脉冲电源＿＿＿＿＿＿＿，工件接＿＿＿＿＿＿。
5. 线切割加工时，工作表面熔化，甚至气化，局部温度可达＿＿＿＿＿＿＿＿。
6. 电极丝的材料有＿＿＿＿＿＿、＿＿＿＿＿＿等。
7. 电极丝的直径为＿＿＿＿＿＿mm。
8. 线切割加工工件时，电极丝与工件的放电间隙一般为＿＿＿mm。

三、选择题

1. 数控电火花线切割加工是利用（　　）带负极，工件带正极，通过电火花放电进行切割加工。
　　A. 成型电极　　　　　　B. 钼丝　　　　　　　C. 钢丝
2. 电火花线切割加工一般多用于二维平面的加工，也可以加工带（　　）的立体三维零件的切割。
　　A. 锥度　　　　　　　　B. 角度　　　　　　　C. 厚度

3. 数控电火花线切割机所采用的是（　　　）绘图系统。

    A. CAD　　　　　　　　　B. HF　　　　　　　　　C. CAPP

4. 线切割加工用的钼丝的使用寿命是由材料的（　　　）来决定的。

    A. 厚度　　　　　　　　　B. 硬度　　　　　　　　　C. 大小

5. 电火花线切割加工时由于电极丝和被加工部件没有任何接触，所以在加工时不会产生工件（　　　）问题。

    A. 受力变形　　　　　　B. 受热变形　　　　　　C. 弯曲

6. 电火花线切割加工是利用电极丝和工件之间保持一定（　　　）产生放电对材料加工的。

    A. 间隔　　　　　　　　　B. 距离　　　　　　　　　C. 间隙

7. 可以进行电极加工、带锥度加工的是（　　　）。

    A. 电火花加工　　　　　B. 超声加工　　　　　　C. 激光加工

8. 下列属于电火花加工特点的是（　　　）。

    A. 可加工导电材料　　　B. 刀具简单，切削力小

    C. 同台机床粗细通　　　D. 精密加工曲面　　　　E. 自动控制很方便

四、简答题

1. 简述电火花线切割加工的基本原理。

2. 线切割加工封闭结构工件时要经过哪些步骤？

实训四　数控雕刻

一、判断题

1. 在金属材料上雕刻时，使用冷却液可以改善雕刻产品的质量。　　（　　）
2. JDPaint 仅仅是一种 CAD 软件。　　（　　）
3. CNC 雕刻的特有专业优势为"小刀具的快速铣削"，擅长做"常规大刀具无法加工的业务"。　　（　　）
4. CAM 是 Computer Aided Manufacturing（计算机辅助制造）的缩写。　　（　　）
5. 输出刀具路径就是输出 NC 代码。　　（　　）
6. 在生成刀具路径前，一定要先选择雕刻加工图形，否则就不能启动路径向导命令。
　　（　　）

二、填空题

1. 在实训中使用的 CAD/CAM 软件是＿＿＿＿＿＿，在机床控制台上使用的雕刻控制软件是＿＿＿＿＿＿。

2. 若使用区域加工方法生成刀具路径时，加工深度设为 3.0 mm，吃刀深度设为 1 mm，每层加工的深度为＿＿＿＿mm。

3. 在手工控制机床运动时，要增加 Z 轴手工步长时键入＿＿＿＿＿＿，控制主轴电机在 Z 轴方向向下运动一个当前的 Z 轴手工步长时应键入＿＿＿＿＿＿。

4. 参数为 JD-10-0.20 的锥度平底刀是指刀具锥度为＿＿＿＿，底直径为＿＿＿＿mm 的锥度平底刀。

5. 数控雕刻软件 JDPaint 的设计文件后缀名为＿＿＿＿＿＿，输出路径后的文件后缀名为＿＿＿＿＿＿。

三、选择题

1. 在雕刻行业应用范围最广的刀是（　　　）。
   A. 平底刀　　　　　　　　　B. 球头刀
   C. 锥度平底刀　　　　　　　D. 钻头
2. 手工控制机床时，要减小 Y 轴步长，应按键盘上的（　　　）。
   A. PageUp　　　　　　　　　B. Ctrl+PageDown
   C. Alt + D　　　　　　　　　D. PageDown
3. 下面的雕刻加工方法一般不用于平面雕刻的是（　　　）。
   A. 单线切割　　　　　　　　B. 轮廓切割

C. 曲面精加工　　　　　　　D. 区域加工

4. 若雕刻加工的刀具为直径 2.0 mm 的平底刀，设计刀具路径时，路径间距不可能是下面的哪一项？（　　　）

A. 1.4 mm　　　　　　　　B. 2.5 mm

C. 1.5 mm　　　　　　　　D. 1.8 mm

四、简答题

1. 简述数控雕刻的加工特点。

2. 简述数控雕刻的雕刻流程。

实训五　3D打印

一、判断题

1. 为了缩短打印时间，可以将打印速度提高，减小填充率。　　　　　（　）
2. 三维模型的建模尺寸决定了打印尺寸，当在导出为 STL 后，就不能再更改打印尺寸了。　　　　　　　　　　　　　　　　　　　　　　　　　　（　）
3. 可以采用比 3D 打印材料的熔融温度高很多的温度来打印作品。　　（　）
4. 使用之前必须检查作为打印平台的亚克力板是否摆放正确，亚克力板必须放在打印平台的槽内，且向里靠拢。　　　　　　　　　　　　　　　　　　（　）
5. 三维模型设计中，应尽量避免悬空，若无法避免，选择添加辅助支撑。　（　）

二、填空题

1. 世界上最早出现的 3D 打印成型工艺是＿＿＿＿＿＿＿＿＿＿＿＿＿＿。
2. 世界上目前应用最广泛的 3D 打印成型工艺是＿＿＿＿＿＿＿＿＿＿＿。
3. 世界上最早开发出 3D 打印金属的成型工艺是＿＿＿＿＿＿＿＿＿＿＿。
4. 请列出 3 种 3D 打印材料：＿＿＿＿＿＿、＿＿＿＿＿＿、＿＿＿＿＿＿。
5. 3D 建模后，导入切片软件中最常用的文件处理格式是＿＿＿＿＿＿，切片软件经过进一步设计后输出给 3D 打印机的最常用文件处理格式是＿＿＿＿＿＿。在本实训所使用的 3D 打印机品牌中，为了保护知识产权并设置成只在该品牌中使用，还需第三次将模型保存成格式＿＿＿＿＿＿，方可输出给 3D 打印机。
6. 世界上最早的开源 3D 打印机项目是＿＿＿＿＿＿＿＿＿＿＿＿＿＿＿。
7. 本实训所使用的 3D 打印机成型极限尺寸是＿＿＿＿＿＿＿＿＿＿＿＿。

三、选择题

1. 在本课程教学中，所使用的 3D 打印机属于（　　　　）成型工艺。
　　A. SLA　　　　　　B. FDM　　　　　　C. LOM　　　　　　D. DMLS
2. 下面软件中，（　　　　）是 3D 打印切片软件。
　　A. SKetchup　　　B. 123D Design　　C. Cura　　　　　　D. 3D Max
3. FDM 类型的 3D 打印机，如果喷头孔径是 0.4 mm，则（　　　　）数据的设定，作为外壳层厚是恰当的。
　　　　A. 0.2 mm　　　B. 0.5 mm　　　　　C. 1.0 mm　　　　　D. 1.2 mm
4. 一台 FDM 类型的 3D 打印机，如果打印温度是 200 ℃，则可以推测出使用的材料可能是（　　　　）。

A. PLA　　　　　B. ABS　　　　　C. PP　　　　　D. PC

5.（　　）成型工艺，需要用到光敏树脂液体材料。

　　A. SLA　　　　　B. FDM　　　　　C. LOM　　　　　D. DMLS

四、简答题

1. 请简述 3D 打印的定义。

2. 简述 3D 打印技术在工程上的应用。

3. 我的 3D 打印项目：

（1）项目题目，简要介绍，设计草图和基本尺寸。

（2）结合切片软件 Cura-WEEDO 的基本参数设计。

打印质量

层高（mm）：

外壳层厚（mm）：

开启丝料回抽 □

填充

底部/顶部 厚度（mm）：

填充密度（%）：

细节填充 □

速度和温度

打印速度（mm/s）：

打印温度（℃）：

支撑

支撑类型：

打印平台黏附底座类型：

料丝

流动率（%）：

（3）结合项目过程，写出对本工种技术的思考与体会。

实训六　激光加工

一、判断题

1. 产生激光必备的三个条件为粒子反转、原子被激发、实现激发光放大及激光特性。
（　　）

2. 固体激光器具有稳定性高、维护成本低的特点。（　　）

3. 聚焦是指通过聚焦镜把平行的激光光束聚成焦点，产生高能量、聚焦精确且有一定能力的穿透性的单色光。（　　）

4. 光纤金属切割机采用随动切割头，要求板料非常平整，不能有变形。（　　）

5. 桌面型激光雕刻机 S6040 开机时，应先开水箱和主机电源开关，最后开激光电源开关。（　　）

6. 在 RDWorks 软件中，可以通过多个图层设置不同的工艺参数来达到不同的切割或雕刻要求。（　　）

7. 可以直接通过 RDWorks 软件的控制面板启动加工，也可以将加工数据传至机床存储器，由机床控制面板启动加工。（　　）

8. 激光内雕加工时，将电压调到最高时，加工质量最好。（　　）

9. 激光加工过程中，操作人员不得擅自离开，临时离开需托人代管。（　　）

二、填空题

1. 激光的 4 个显著特性包括_____、_____、_____、_____。

2. 激光设备中产生激光的部件是_____。

3. 激光传导方式主要有_____、_____、_____。

4. 桌面型激光雕刻机 S6040 使用的光路结构为_____。

5. 桌面型激光雕刻机 S6040 能同时完成_____和_____两种加工手段。

三、选择题

1. CO_2 激光器通常采用的冷却方式为（　　　）。
   A. 风冷　　　　　　　　B. 水冷　　　　　　　　C. 油冷

2. （　　　）不是 CO_2 激光器的特点。
   A. 不易维护　　　　　　B. 稳定性好　　　　　　C. 应用广泛

3. 通过 RDWorks 软件的菜单命令【设置】/【系统设置】，可以调整图形坐标原点的位置，系统提供了（　　　）个位置选项。
   A. 3　　　　　　　　　　B. 6　　　　　　　　　　C. 9

4. 实习使用的桌面型雕刻机的工作原点在左上角，若软件中显示的坐标原点在右上角，则需要对（　　　）轴的数据进行镜像设置。

  A. *X*   B. *Y*   C. *Z*

5. 实习使用的激光焊接机的工作焦距为（　　　）mm。

  A. 136   B. 146   C. 156

四、简答题

1. 简述激光加工的主要特点。

2. 列出激光切割加工的主要工艺参数并选择其中两项做简要分析。

第三章　机电控制技术

实训一　电气控制基础

一、判断题

1. 凡工作在交流电压 220 V 以上电路中的电器都属于高压电器。 （　　）
2. 三相交流电三相火线的电位在同一时刻是相同的。 （　　）
3. 在三相异步电动机控制电路中，热继电器是用来作短路保护的。 （　　）

二、填空题

1. 交流电的三要素是＿＿＿＿＿＿＿＿、＿＿＿＿＿＿＿＿和＿＿＿＿＿＿＿＿。
2. 常见的电气图分为三种：＿＿＿＿＿＿＿＿、＿＿＿＿＿＿＿＿和＿＿＿＿＿＿＿＿。
3. 电气原理图一般分为＿＿＿＿＿＿＿＿和＿＿＿＿＿＿＿＿两部分。
4. 短路是指＿＿＿＿＿＿＿＿＿＿＿＿＿＿＿＿＿＿＿＿＿＿＿＿＿＿＿。
5. 自锁是指＿＿＿＿＿＿＿＿＿＿＿＿＿＿＿＿＿＿＿＿＿＿＿＿＿＿＿。

三、选择题

1. 接触器线圈得电工作时，触点的状态（　　　）。
    A. 常开主触点断开，常开辅助触点断开，常闭辅助触点闭合
    B. 常开主触点闭合，常开辅助触点闭合，常闭辅助触点断开
    C. 常开主触点闭合，常开辅助触点断开，常闭辅助触点断开
    D. 常开主触点断开，常开辅助触点断开，常闭辅助触点断开
2. 有人低压触电时，应该如何处理（　　　）。
    A. 立即将他拉开　　　　　　　B. 立即将电源和触电者隔离
    C. 立即进行包扎　　　　　　　D. 不管他
3. 断路器除可接通与分断电路外，还具有（　　　）的保护功能。
    A. 过载保护　　　　　　　　　B. 短路保护
    C. 失压保护　　　　　　　　　D. 以上都有
4. 熔断路器在电路中的作用是（　　　）。
    A. 欠压保护　　　　　　　　　B. 过载保护
    C. 失压保护　　　　　　　　　D. 短路保护

5. 电气接线时，主电路的用线颜色配置为（　　　）。

    A. 红、绿、黄　　　　　　　　B. 蓝、绿、红　　　　　　　　C. 黑、黄、红

四、简答题

1. 如何区分常开、常闭触点？

2. 绘制本实训所用到的电器符号并写出其名称。

3. 画出实训接线使用的电气原理图，简述其工作原理。

实训二　电子制作

一、判断题

1. 对于集成电路的引脚没有方向，我们可以随意地焊接。　　　　　　　　（　　）
2. 装配过程中不用注意前后工序的衔接，只要操作者感到方便、省力和省时即可。
　　　　　　　　　　　　　　　　　　　　　　　　　　　　　　　　（　　）
3. 扬声器、传声器都属于电声器件，它们能完成光信号与声音信号之间的互相转换。
　　　　　　　　　　　　　　　　　　　　　　　　　　　　　　　　（　　）
4. 为了判断电烙铁是否工作，可以用手去触摸烙铁头。　　　　　　　　　（　　）
5. 发光二极管的引脚有正负极之分。　　　　　　　　　　　　　　　　　（　　）
6. 并非所有的电容都有正负极之分，所以有一些电容的方向可以随便焊接。（　　）

二、填空题

1. 电阻器的标识方法有＿＿＿＿＿、＿＿＿＿＿＿＿和＿＿＿＿＿＿＿。
2. 三极管又叫双极性三极管，它的种类很多，按 PN 结的组合方式分为＿＿＿＿＿型和
＿＿＿＿＿型。
3. 常见的电烙铁有＿＿＿＿＿＿＿、＿＿＿＿＿＿＿、＿＿＿＿＿＿＿等几种。
4. 万用表是电子电力部门不可或缺的测量仪表，一般以测量＿＿＿＿＿＿＿＿、＿＿＿＿＿＿＿＿
和＿＿＿＿＿＿＿＿＿为主要目的。

三、选择题

1. 电容器在工作时，加在电容器两端的交流电压的（　　　　）值不得超过电容器的额
定电压，否则会造成电容器的击穿。
　　　A. 最小值　　　　　　　　　　　　B. 有效值
　　　C. 峰值　　　　　　　　　　　　　D. 平均值
2. 元器件的安装固定方式有立式安装和（　　　　）两种。
　　　A. 卧式安装　　　　　　　　　　　B. 并排式安装
　　　C. 跨式安装　　　　　　　　　　　D. 躺式安装
3. 电烙铁正常工作的时候烙铁尖的温度为（　　　　）。
　　　A. 100 ~ 200 ℃　　　　　　　　　B. 200 ~ 280 ℃
　　　C. 300 ~ 360 ℃　　　　　　　　　D. 400 ~ 480 ℃

四、简答题

1. 简述五步焊接法的五个步骤。

2. 简述用数字型万用表检测电路有没有导通的方法。

实训三　开源硬件编程

一、判断题

1. 串口（Serial）的 RX 和 TX 分别是用来发送和接收串行数据的。　　　（　　）
2. Arduino UNO 数字输入编程的主要方法是使用"digitalWrite()"函数。　（　　）
3. Arduino UNO 上 14 个数字端口中每个都可以被用作输入或者输出。　（　　）
4. 使用 Arduino IDE 软件内置的串口查看器与 Arduino 板进行通信,波特率和在"begin()"函数中的设置可以不一致。　　　　　　　　　　　　　　　　　　（　　）
5. Arduino IDE 的串口监视器是用来显示从 Arduino 开发板（USB 或串口板）发回来的串行数据。　　　　　　　　　　　　　　　　　　　　　　　　　　（　　）

二、填空题

1. Arduino UNO 开发板的运行电压是＿＿＿＿＿＿＿＿。
2. 列举两种开源硬件（1）＿＿＿＿＿＿＿＿,（2）＿＿＿＿＿＿＿＿。
3. Arduino 的程序中,"pinMode()"函数配置引脚为输出或输出模式,函数有两个参数, 第一个是＿＿＿＿＿＿＿＿, 第二个是＿＿＿＿＿＿＿＿。
4. Arduino 的程序中,"digialWrite()"函数有两个参数,其中第二个参数的值是＿＿＿＿＿＿＿＿或者＿＿＿＿＿＿＿＿。
5. Arduino 的程序中,"delay()"函数用来表示延时, 延时的单位是＿＿＿＿＿＿＿＿。
6. Serial. begin 的第一个参数是＿＿＿＿＿＿＿＿。

三、选择题

1. 在 Arduino UNO 有一个内置 LED, 它是个数字引脚的（　　　）号端口相连。
   A. 13　　　　　　　　　　　　B. 12
   C. 11　　　　　　　　　　　　D. 10
2. Arduino UNO 模拟输入（Analog）的作用是用来测量（　　　）。
   A. 电流大小　　　　　　　　　B. 电流范围
   C. 电压大小　　　　　　　　　D. 电压范围
3. Arduino IDE 的编程语言类似与 C 语言,其中声明一个整型的变量用（　　　）数据类型。
   A. Char　　　　　　　　　　　B. byte
   C. int　　　　　　　　　　　　D. long

四、简答题

1. Arduino 程序必须包含的两个函数是什么？它们在程序里是怎么执行的？

2. 简述在 Arduino IDE 中安装第三方库的方法？

3. 现有 3 个 LED 灯，先让第一个灯亮亮 1 s，再让第二个灯亮 2 s，最好让第三个灯亮 3 s，接着循环这个过程。请写出上述完整的 LED 流水灯的程序。

实训四　模块化机器人

一、判断题

1. 在 Mixly 软件中，用超声波模块采集到的距离值单位是毫米。　　　　（　　）
2. 可以通过改变输入无源蜂鸣器的信号频率，来改变蜂鸣器的音调。（　　）
3. 在 Mixly 软件中读取光电开关的信号时，采用的"模拟输入"模块。（　　）
4. 光电开关能动态测量距离值。　　　　　　　　　　　　　　　　（　　）
5. Arduino 的源代码、PCB 设计图是开源的。　　　　　　　　　　（　　）

二、填空题

1. 用 Arduino 控制机器人，常用的程序编译软件有＿＿＿＿＿＿、＿＿＿＿＿＿等。
2. ETRobot 使用的超声波测距模块的型号是＿＿＿＿＿＿。
3. 在控制小车运行时，通过控制输入电机＿＿＿＿＿＿来控制电机运转方向。
4. 根据驱动方式不同，蜂鸣器可以分为＿＿＿＿＿＿和＿＿＿＿＿＿两种。
5. 根据光路不同，光电开关的类型可分为＿＿＿＿＿＿、＿＿＿＿＿＿和＿＿＿＿＿＿三种，ETRobot 上使用的光电开关的类型是＿＿＿＿＿＿。

三、选择题

1. 模块化机器人的控制系统采用的是 Arduino 哪个版本的开发板（　　　　）。
   A. Arduino UNO　　　　　　　　　　B. Arduino nano
   C. Arduino mega2560[atmega2560]　　D. Arduino mega2560[atmega1280]
2. 模块化机器人的显示屏选用的是（　　　　）。
   A. LCD1602　　　　　　　　　　　　B. LED12864
   C. TFT7.0　　　　　　　　　　　　　D. TFT10.4
3. 模块化机器人采用的是哪种类型的电机（　　　　）。
   A. 直流减速电机　　　　　　　　　　B. 步进电机
   C. 伺服电机　　　　　　　　　　　　D. 舵机
4. 中国机器人专家从应用环境出发，将机器人分为哪几类（　　　　）。
   A. 工业机器人和特种机器人
   B. 工业机器人、特种机器人和水下机器人
   C. 工业机器人、特种机器人、水下机器人和娱乐机器人
   D. 工业机器人、特种机器人、水下机器人、娱乐机器人、军用机器人

四、简答题

1. 写出"机器人三大定律"。

2. 简述机器人的组成部分，并且描述每一部分的功能和作用。

实训五　PCB 加工

一、判断题

1. 原理图只是描述了一个元件的外形，PCB 元件图则表示元件实际的大小，故 PCB 外形尺寸一定要正确，否则会影响电路板的制作。　　　　　　　　　　　（　　）

2. 自动布线时过孔不能自动生成，需要手动设置。　　　　　　　　　　（　　）

3. 在设计电路图时，若发现所有的元器件都被红色的波浪号标注，说明元器件的名称编号有冲突，可以点击菜单栏的工具/注解对元器件进行自动注释。　　（　　）

4. 电路原理图文件就是 PCB 文件。　　　　　　　　　　　　　　　　　（　　）

5. 在实训中设计电路图时，如果要改变元器件的任何参数，都可以直接用鼠标双击该参数进行更改。　　　　　　　　　　　　　　　　　　　　　　　　　（　　）

二、填空题

1. 印制电路板图中常用的库文件是＿＿＿＿＿＿＿＿＿＿。

2. AD 软件中 PCB 工程文件的后缀名是＿＿＿＿，原理图文件的后缀名是＿＿＿＿，PCB 图文件的后缀名是＿＿＿＿＿。

3. 实训中所用的 PCB 的 CAD 设计软件是＿＿＿＿＿＿，实训中所用的 CAM 软件是＿＿＿＿＿＿＿，PCB 雕刻机上的控制软件是＿＿＿＿＿＿＿，桌面型 PCB 雕刻机的型号是＿＿＿＿＿＿。

4. 一般 PCB 印制电路板的基本设计流程如下，请将正确的顺序填在横线上：
画原理图→＿＿＿→PCB 布局→＿＿＿→＿＿＿→＿＿＿→制板。
① 布线　　　② PCB 物理结构设计　　　③ 布线优化和丝印
④ 网络和 DRC 检查、结构检查

5. 实训中将设计的 PCB 文件以＿＿＿＿＿＿＿＿格式输出，然后再由 CircuitCAM 软件处理。

三、选择题

1. 下面说法错误的是（　　　）。
    A. PCB 是英文 Printed Circuit Board 的简称。
    B. 在绝缘材料上按预定设计，制成印制线路、印制元件或两者组合而成的导电图形称为印制电路
    C. 在绝缘基材上提供元器件之间电气连接的导电图形，称为印制线路。

D. PCB 生产任何一个环节出问题都会造成全线停产或大量报废的后果，不过印刷线路板如果报废是可以回收再利用的。

2. AD 软件中，除了常见的电阻、电容和数字逻辑器件外，其他的元器件都在右侧的（   ）。

    A. 剪贴板   B. 工具

    C. 库   D. 数字器件

3. 如果想在 PCB 版面上打一个长方形的孔，可以使用的办法是（   ）。

    A. 在禁止布线层上画一个方形的孔，并文字标注

    B. 在机械一层上画一个方形的孔，并文字标注

    C. 在顶层上画一个方形的孔，并文字标注

    D. 在底层上画一个方形的孔，并文字标注

4. 对于多层板，PCB 走线的一般原则是（   ）。

    A. 尽可能保持地平面的完整性

    B. 一般不允许有信号线在地平面内走线

    C. 在条件允许的情况下，通常更多地将信号线走在电源平面内

    D. 信号线跨越走线时一般将其放置在板的边缘

5. AD 软件的特点是（   ）。

    A. 原理图可以提供几万种元件

    B. 原理图可以提供电气法则检验

    C. PCB 可以自动布局、布线也可以手动

    D. PCB 提供设计法则检验

四、简答题

1. 简述利用 AD 印制电路板的流程。

2. 收集 10 个 AD 软件绘制原理图时常用的快捷功能键。

3. 简述电路原理图和 PCB 图的区别。

实训总结报告

1. 工程训练综述

2. 心得体会

3. 意见与建议